Power BI 数据分析与数据可视化

[美] 格雷格·德克勒 著

刘 君 译

清华大学出版社

北 京

内 容 简 介

本书详细阐述了与Power BI相关的解决方案，包括商业智能和Power BI简介，启动和运行Power BI Desktop，连接和塑造数据，创建数据模型和计算，解锁洞察结果，创建最终的报表，发布和共享，在Power BI Service中使用报表，理解仪表板、应用程序和安全性，数据网关和刷新数据集等内容。此外，本书还提供了相应的示例、代码，以帮助读者进一步理解相关方案的实现过程。

本书适合作为高等院校计算机及相关专业的教材和教学参考书，也可作为相关开发人员的自学教材和参考手册。

图书在版编目（CIP）数据

Power BI数据分析与数据可视化 /（美）格雷格·德克勒（Greg Deckler）著；刘君译. —北京：清华大学出版社，2021.1
书名原文：Learn Power BI
ISBN 978-7-302-56922-0

Ⅰ.①P… Ⅱ.①格… ②刘… Ⅲ.①可视化软件—数据分析 Ⅳ.①TP317.3

中国版本图书馆CIP数据核字（2020）第228132号

责任编辑：贾小红
封面设计：刘 超
版式设计：文森时代
责任校对：马军令
责任印制：刘海龙

出版发行：清华大学出版社
网 址：http://www.tup.com.cn，http://www.wqbook.com
地 址：北京清华大学学研大厦A座 **邮 编：**100084
社 总 机：010-62770175 **邮 购：**010-62786544
投稿与读者服务：010-62776969，c-service@tup.tsinghua.edu.cn
质量反馈：010-62772015，zhiliang@tup.tsinghua.edu.cn
印 装 者：三河市金元印装有限公司
经 销：全国新华书店
开 本：185mm×230mm **印 张：**17.5 **字 数：**349千字
版 次：2021年2月第1版 **印 次：**2021年2月第1次印刷
定 价：99.00元

产品编号：086628-01

译 者 序

Power BI 是一款商业智能（BI）软件，可轻松地准备数据并建模，从而节省大量的宝贵时间。此外，我们还可以借助于 Office 的熟悉度提供高级分析结果。如果读者熟悉 Office 操作，那么很容易就能使用 Power BI。其间，读者将能够深入挖掘数据，并使用快速度量、分组、预测和群集等功能。一旦我们理解了数据的本质，即可预测未来的数据趋势进而改进我们的业务成果。最后，Power BI 还可创建为企业量身打造的交互式报表，从而利用交互式数据可视化效果生成令人震撼的业务报表。

如果读者是一名 IT 经理、数据分析师或 BI 用户，并刚刚开始使用 Power BI 解决 BI 问题，那么本书将十分适合您。本书首先介绍 Power BI 的基础知识，随后将探讨 Power BI 的各种特性和业务洞察结果。随着学习任务的不断深入，我们还将考查如何使用 Power BI 获取、清洗和构建数据、通过 Power BI DAX 创建简单到复杂的计算过程、向报告中添加可交互的可视化内容，进而使得数据更具生命力。最后，读者还将获得可视化报表方面的实践经验，以供业务决策者参考。

在本书的翻译过程中，除刘君外，刘晓雪、王辉、刘祎、刘璋、张博、张华臻等人也参与了部分翻译工作，在此一并表示感谢。由于译者水平有限，错漏之处在所难免，在此诚挚欢迎读者提出任何意见和建议。

译　者

前　　言

为了在当今不断变化的商业世界中取得成功，组织机构需要具备某种商业智能（BI）能力，以便更快地制订更加明智的决策。本书将引领读者学习和使用数据建模、可视化分析等技术。

如果读者打算深入了解 Power BI 广泛的生态系统，那么本书将是一本理想的读物。本书首先介绍 Power BI 的基础知识。随后，我们将学习 Power BI 的各种特性，并考查业务洞察结果。随着过程的不断深入，本书将讲解如何使用 Power BI 获取、清洗和构建数据，并通过 Power BI DAX 创建简单到复杂的计算过程。除此之外，还可向报表中添加多种可交互的可视化内容，进而使得数据更具生命力。最后，读者还将获得可视化报表方面的实践经验，以供业务决策者参考。同时，我们还将考查如何安全地分享这些报表，并与其他人协同工作。

本书最后将利用 Power BI 的最新特性创建一个简单、高效的 BI 报表和仪表板。

适用读者

如果读者是一名 IT 经理、数据分析师或 BI 用户，并刚刚开始使用 Power BI 解决 BI 问题，那么本书将十分适合您。另外，当用户打算从其他 BI 工具中迁移，进而创建功能强大且具有交互特征的仪表板时，本书将十分有用。需要说明的是，在学习本书时，读者并不需要具备 Power BI 方面的工作经验。

本书内容

第 1 章将整体讨论 Power BI 生态圈中的各种组件，包括 Power BI Desktop、Power BI Service、Power BI Licensing、Power BI Premium、数据网关、Power BI Report Server、与其他微软技术的集成（如 Office 365、Flow、Visio 和 PowerApps）、第三方产品（如视觉产品和连接器）、Power BI Community，以及其他微软和第三方站点（如果存在足够的空间）等。

第 2 章将介绍如何下载和安装 Power BI Desktop。此外，我们还将考查 Power BI Desktop

的主要组件和界面，包括 Report、Data 和 Model 面板、菜单选项卡，以及 FILTERS、VISUALIZATIONS 和 FIELDS 面板。最后，本章还将介绍如何创建数据表和可视化内容。

第 3 章将考查如何利用 Query Editor 导入和转换数据，包括传输数据、创建自定义列、添加索引列、划分列、引用查询、添加和合并查询，以及其他转换功能。除此之外，本章还将学习如何利用关系编辑器创建数据模型。

第 4 章将展示如何向模型中添加附加数据并生成计算结果。其间将使用数据和计算结果创建更高级的视觉效果，并对数据进一步考查以理解所包含的重要信息。除此之外，我们还将使用 Q&A 和更加高级的特性对洞察结果予以考查。

第 5 章将探讨如何通过高级特性和数据讲述故事，如 Bookmark、SELECTION 面板、Button、Drillthrough 和报表页面工具提示功能。另外，我们还将学习 What if 参数等内容。

第 6 章将展示如何使用 Power BI 的格式化机制和其他特性，进而生成常规外观的报表，并添加 Flash、弹出和闪现（sizzle）效果。

第 7 章将介绍如何将报表发布至服务中，并与用户共享工作成果。

第 8 章将主要关注如何在 Service 中使用报表和仪表板，其间涉及各种报表功能，如编辑报表、嵌入和导出报表、书签、使用制表以及订阅功能。此外，读者还将学习如何创建和使用仪表板、将磁贴和页面固定到仪表板中，以及仪表板的全部功能。

第 9 章将讨论如何使用工作空间并与他人协作、如何以应用程序的形式发布联合作品，以及如何查找和使用其他应用程序。

第 10 章将再次讨论数据这一主题，并考查如何使用和管理 Service 中的数据集和工作簿。除此之外，本章还将介绍数据网关这一主题，并协助用户保持其本地数据源的最新状态。最后，本章还将探讨数据流这一概念。

如果读者对于解决 BI 问题有着浓厚的兴趣，这将对学习本书十分有帮助。另外，具有其他工具的使用经验也将是一件锦上添花的事情。

下载示例代码文件

读者可访问 www.packt.com，利用账户登录后即可下载本书的示例代码文件。如果读者购买了本书，还可访问 www.packtpub.com/support，注册后，我们将通过邮件方式将文件发送与读者。

下载过程包括以下步骤。

（1）访问 www.packt.com，并登录或注册。

（2）选择 Support 选项卡。

（3）单击 Code Downloads。

（4）在 Search 搜索框中输入本书书名进行搜索，并遵循后续各项指令。

在文件下载完毕后，可利用下列软件的最新版本解压或析取相关文件夹。

（1）对于 Windows 平台，为 WinRAR/7-Zip。

（2）对于 Mac 平台，为 Zipeg/iZip/UnRarX。

（3）对于 Linux 平台，为 7-Zip/PeaZip。

除此之外，本书代码包还发布于 GitHub 中，对应网址为 https://github.com/PacktPublishing/Learn-Power-BI。如果代码有更新，它将在现有的 GitHub 存储库中更新。

不仅如此，读者还可访问 https://github.com/PacktPublishing/以查看其他代码包和视频内容。

下载彩色图像

我们还进一步提供了本书中的截图/图表的彩色图像，读者可访问 http://www.packtpub.com/sites/default/files/downloads/9781838644482_ColorImages.pdf 进行查看。

本书约定

本书在文本内容方面包含以下约定。

代码块如下所示。

```
{
    "name": "LearnPowerBI",
     "dataColors":
          [
             "#EC670F",
             "#3C3C3B",
             "#E5EAEE",
             "#5C85E6",
             "#29BCC0",
             "#7EAE40",
             "#20B2E7",
             "#D3DCE0",
             "#FF6B0F"
          ],
```

对于希望引起读者足够重视的特定代码块，相关代码行采用了粗体显示。

图标表示较为重要的说明事项。

图标则表示提示信息和操作技巧。

读者反馈和客户支持

欢迎读者对本书的建议或意见予以反馈。

对此，读者可向 customercare@packtpub.com 发送邮件，并以书名作为邮件标题。

若读者针对某项技术具有专家级的见解，抑或计划撰写书籍或完善某部著作的出版工作，则可访问 authors.packtpub.com。

勘误表

尽管我们在最大程度上做到尽善尽美，但错误依然在所难免。如果读者发现谬误之处，无论是文字错误抑或是代码错误，还望不吝赐教。对此，读者可访问 www.packtpub.com/submit/errata，选取对应书籍，单击 Errata Submission Form 超链接，然后输入相关问题的详细内容。

版权须知

一直以来，互联网上的版权问题从未间断，Packt 出版社对此类问题异常重视。若读者在互联网上发现本书任意形式的副本，请告知网络地址或网站名称，我们将对此予以处理。关于盗版问题，读者可发送邮件至 copyright@packt.com。

问题解答

若读者对本书有任何疑问，均可发送邮件至 customercare@packtpub.com，我们将竭诚为您服务。

目　　录

第1部分　基 础 知 识

第 2 部分　Power BI Desktop

第 1 部分

基础知识

第 1 部分将讨论核心概念、示例方案并下载 Power BI 所支持的数据。

第 1 部分内容主要涉及以下 1 章。

第 1 章：商业智能和 Power BI 简介

第 1 章　商业智能和 Power BI 简介

Power BI 是微软推出的一款功能强大的商业智能生态圈工具和技术。简而言之，商业智能是指利用数据实现较优的决策方案，且不仅限于业务方面，在日常生活中，我们也可通过数据制订较好的决策方案。例如，当重新装修浴室时，可以从各家公司获得不同的报价，这些报价中的价格和细节信息均以数据的方式呈现，进而帮助我们做出明智的决定，最终选择一家满意的公司。此外，还可通过在线方式考查每一家公司——在决策的制订过程中，这将涉及更多的数据。

本章将考查商业智能的核心概念，以及为何商业智能对组织机构如此重要。除此之外，本章还将整体介绍 Power BI 生态圈、证书机制以及核心工具，如 Power BI Desktop 和 Power BI Service。

本章主要涉及以下主题。

- 商业智能的核心概念。
- Power BI 生态圈。
- Power BI 证书机制。
- Power BI Desktop 和 Power BI Service。

1.1　商业智能的核心概念

在组织机构环境下，商业智能将围绕业务制订较好的决策。与前述浴室示例不同，组织机构一般不关注此类问题，而是强调业务的结果、效率和利润。相对而言，提供浴室装修报价的商家需要回答以下问题。

- 当前业务如何吸引新的客户？
- 当前业务如何维护客户？
- 竞争对手是谁及其如何进行比较？
- 盈利的推动因素有哪些？
- 如何减少开支？

就业务而言，这些问题每天不计其数。这些业务问题需要在数据的基础上使用相应的商业智能和技术进行回答，并制订有效的运作和策略决策方案。

商业智能自身是一个较大的主题，其核心概念可划分为以下 5 个方面。

- 领域。
- 数据。
- 模型。
- 分析。
- 可视化。

1.1.1 领域

领域是指商业智能应用的上下文环境。大多数业务由相对标准的业务功能或部门组成，如下所示。

- 销售。
- 市场。
- 制造/生产。
- 物流。
- 研发。
- 采购。
- 人力资源。
- 会计/财务。

其中，每项业务功能或部门都体现了一个领域，在该领域中可以实施商业智能来回答上述问题，这些问题可帮助制订较好的决策方案。领域有助于缩小问题和决策的范围，例如，在销售环节中，可能需要了解销售人员的业绩。对此，商业智能可提供此类洞察结果，并确定表现优异者以对其他销售人员进行培训和指导。

在市场环境下，企业可以使用商业智能确定哪种营销活动能够最有效地吸引新客户，如电子邮件、广播、印刷、电视和网络。这等于告诉企业，他们应该把营销预算花在哪里。

在制造环境中，企业可以使用商业智能确定用于生产产品的机器的平均故障间隔时间（MTBF），企业可以使用这些信息确定预防性维护是否有益，以及应该进行这种预防性维护的频率。

显然，无数的例子表明，商业智能可提升组织机构的效率、有效性和利润。另外，决定在哪个领域使用商业智能技术是在组织机构内启用业务智能活动的关键步骤，因为对应领域规定了可以回答哪些关键问题、可能的收益以及回答这些问题需要哪些数据。

1.1.2　数据

一旦确定了具体领域，下一步就是识别和获取与该领域相关的数据，这意味着确定相关数据的来源。这些资源可能来自组织内部或外部，本质上可能是结构化的、非结构化的或半结构化的数据。

1. 内部数据和外部数据

内部数据是基于组织机构的业务流程和操作而形成的数据。其间，业务流程可生成大量的、特定于机构操作的数据。这些数据可以以净收入、面向客户的销售、新客户收购、员工离职、生产的单位、原材料成本，以及更多的时间序列或交易信息的形式出现。如果组织机构希望确定某种模式和趋势，以及预测和未来规划，这些历史和当前数据对于组织来说是十分有价值的。更为重要的是，与领域和问题相关的所有数据几乎从不存储在单一数据源中，组织通常不可避免地拥有多个相关数据源。

除了内部数据外，当内部数据与外部数据相结合时，商业智能往往是最有效的。更加重要的是，外部数据是在组织的操作边界之外生成的数据。这些外部数据包括企业的全球经济表现、普查信息和竞争对手的价格等。所有这些数据的存在与任何特定的组织机构无关。

每个领域和问题均涉及内部和外部数据，这些数据与所回答的当前问题相关或无关。需要注意的是，即使选择了制造/生产作为当前领域，其他领域（如销售和市场）仍会存在相关的数据源。当尝试预测所需的生产水平时，各渠道中的销售数据将变得更具相关性。类似地，表现整体经济增长的外部数据可能也具有相关性，而原材料成本等数据可能完全无关紧要。

2. 结构化、非结构化和半结构化数据

结构化数据符合正式的、基于行和列的表规范。考查一个电子表格，该表格可能包含针对事务 ID、客户、购买单位和单位价格的列。每行代表一项销售事务。结构化数据源是商业智能工具所使用和分析的最为简单的数据源。此类数据源通常是关系数据库，其中包括 Microsoft SQL Server、Microsoft Access、Azure 表存储、Azure SQL 数据库、Oracle、MySQL、IBM Db2、Teradata、PostgreSQL、Informix 和 Sybase 等技术。此外，这类数据源还包括关系数据库标准和 API，如开放数据库连接（ODBC）、对象链接和嵌入数据库（OLE DB）。

非结构化数据实际上是结构化数据的对立面。具体来说，非结构化数据无法组织为具有行和列的简单表。这一类数据包括视频、音频、图像和文本。另外，文字处理文档、

电子邮件、社交媒体帖子和网页也是非结构化数据的例子。相应地，非结构化数据源是商业智能工具使用和分析的最困难的数据源类型。这种类型的数据可存储为二进制大型对象（BLOB）、文件系统中的文件，如新技术文件系统（NTFS）或 Hadoop 分布式文件系统（HDFS）。

非机构化数据还包括所谓的 NoSQL 数据库，其中涉及诸如文档数据库、图数据库和键-值存储这一类数据存储。注意，此类数据库针对非结构化数据存储而设计。进一步讲，文档数据库包括 Microsoft Azure Cosmos DB、MongoDB、10Gen、Cloudant（IBM）、Couchbase、MarkLogic；图数据库包括 Neo4j 和 HyperGraphDB；键-值存储包括 Microsoft 推出的 Cosmos IB，Basho Technologies 推出的 Riak、Redis、Aerospike，Amazon Web Services 推出的 DynamoDB、Basho Technologies、Couchbase，Datastax 推出的 Cassandra、MapR Technologies 和 Oracle；最后，宽列存储则包括 Cassandra 和 HBase。

半结构化数据具有相应的结构，但不符合结构化数据的正式定义，即具有行和列的表。半结构化的例子包括制表符和分隔文本文件、XML、其他标记语言（如 HTML 和 XSL）、JavaScript 对象标记（JSON）和电子数据交换（EDI）。半结构化数据源具有自定义的结构，因而与非结构化数据源相比更易于使用和分析，但比真正的结构化数据源需要更多的工作。

半结构化数据还包括数据访问协议，如开放数据协议（OData）和其他表述性状态转移（REST）API。这些协议提供了数据源接口，如 Microsoft SharePoint、Microsoft Exchange、Microsoft Active Directory 和 Microsoft Dynamics；社交媒体系统，如 Twitter 和 Facebook；其他在线系统，如 MailChimp、Salesforce、Smartsheet、Twilio、Google Analytics 和 GitHub 等。这一类数据协议抽象了数据的存储方式，无论是关系型数据库、NoSQL 数据库还是简单的文件束（bunch）。

绝大多数商业智能工具（如 Power BI）都针对处理结构化和半结构化数据进行了优化。结构化数据源与商业智能工具的设计方式实现了本地集成。此外，商业智能工具的设计目的是获取半结构化数据源并将其转换为结构化数据。使用商业智能工具分析非结构化数据比较困难，但并非不可能。事实上，Power BI 涵盖了许多特性，这些特性旨在简化非结构化数据源的摄入和分析过程。尽管如此，分析这样的非结构化数据仍然包含了一定的局限性。

1.1.3　模型

模型或数据模型是指一个或多个数据源的组织方式，并在此基础上支持分析和可视化操作。模型通过转换和清洗数据、定义数据源中的数据类型，以及针对特定数据类型的数据分类定义进行构建。

1. 组织方式

模型有可能十分简单，如包含列和行的单一表。然而，商业智能往往涉及多个数据表，且大多数会包含源自多个数据源的多个数据表。因此，当必须将各种数据源和数据表整合为一个紧密的整体时，模型将变得十分复杂。对此，可通过定义不同数据源间的相互关系予以实现，例如，假设有两个数据源：第一个数据源表示客户的姓名、联系信息、收入和/或员工数量，这些信息可能来自组织机构的客户关系管理（CRM）系统；第二个数据源可能是订单信息，其中包括客户的姓名、购买单位和支付的价格，这个数据源可能来自组织机构的企业资源规划（ERP）系统。这两个数据源就可以基于客户的名称相互关联。

某些数据源已经预先建立了模型，包括用于结构化数据的传统数据仓库技术，以及用于在非结构化数据上执行分析的类似系统。传统的数据仓库技术一般建立在联机分析处理（OLAP）技术的基础上，包括 Microsoft 推出的 SQL Server Analysis Services（SSAS）、Azure Analysis Services、Snowflake；Oracle 推出的 Essbase、AtScale 多维数据集、SAP HANA 和业务仓库服务器，以及 Azure SQL 数据仓库等系统。对于非结构化数据分析，一般采用 Apache Spark、Databricks 和 Azure data Lake 存储等技术。

2. 转换和清洗数据

当构建数据模型时，通常需要清洗和转换源数据，进而移除或处理错误数据。例如，当处理源自 CRM 系统中的客户数据时，系统中往往会出现同一名客户包含多种拼写方式这种情况。另外，电子表格中的数据格式更容易输入数据，但可能并不适合用于商业智能用途。同时，数据可能会包含错误，也可能会丢失或者格式缺乏一致性，甚至会包含看似简单的尾随空格。在执行业务智能分析时，上述情况都可能导致问题。幸运的是，Power BI 等商业智能工具提供了数据的清理和重构机制以支持分析过程。其间可能会涉及替换或删除数据中的错误，旋转、反旋转或转置行和列，移除尾随空格或其他类型的转换操作。

转换和清洗技术通常被称为提取、转换、加载（ETL）工具，对应产品包括微软推出的 SQL Server Integration Services（SSIS）、Azure Data Factory、Alteryx、Informatica、Dell Boomi；Salesforce 推出的 Mulesoft、Skyvia；IBM 推出的 Infosphere Information Server、Oracle Data Integrator、Talend、Pentaho Data Integration；SAS 推出的 Data Integration Studio、Sybase ETL 和 QlikView Expressor。

3. 定义和分类

数据模型还正式定义了每个表中的数据类型。数据类型通常包括各种格式，如文本、小数、整数、百分比、日期、时间、日期-时间、时长、true/false 和二进制数据。由于定义了数据上执行的分析类型，因此数据类型的定义是十分重要的。例如，文本数据类型的求和和平均值计算毫无意义；相反，可使用诸如 count、first 或 last 之类的聚合函数。

最后，数据模型还定义了数据类型的数据分类。虽然诸如邮政编码之类的数据类型可能是数值型的，但对于该模型来说，较为重要的是模型必须定义数值型数据表示美国邮政编码。这进一步定义了可以在该数据上执行的分析类型，如在地图上绘制数据。同样，对于数据模型来说，定义文本数据类型表示 Web 或图像统一资源定位符（URL）可能也很重要。典型的数据分类包括地址、城市、州、省、大陆、国家、地区、地点、县、经度、纬度、邮政编码、Web URL、图像 URL 和条形码。

1.1.4 分析

一旦选择了相关领域并将数据源整合至模型中，下一步就是执行数据分析。这是商业智能中的一个关键过程，其间将试图使用内部和外部数据回答与业务相关的问题。仅仅持有与销售相关的数据并不能立即对企业产生作用。为了预测未来的销售收入趋势，以某种形式汇总和分析这些数据是很重要的。例如，分析可以确定产品的平均销售额、购买频率以及哪些客户比其他人购买得更频繁。这些信息可以帮助组织机构制订更好的决策。

数据分析可以采用多种形式，如对数据进行分组、创建简单的聚合（如总和、计数和平均值），以及创建更复杂的计算，以确定趋势、相关性和预测结果。很多时候，组织机构拥有或希望拥有关键性能指标（KPI），这些指标由业务进行跟踪，以帮助确定组织机构的健康状况或性能。KPI 可能包括员工保留率、净推荐值、每月新客户的获取量、毛利率、利息、税项、折旧和摊销前收益（EBITDA）等。此类 KPI 通常需要聚合数据、对其执行计算，或者两者都需要。这些聚合和计算称为指标或度量结果，用于识别可以为业务决策提供信息的趋势或模式。

某些编程语言针对数据分析加以设计，或者旨在开发健壮的数据分析包或扩展。这个领域中最流行的两种语言是 R 和 Python 语言。此外，其他流行的语言还包括 SQL、多维表达式（MDX）、Julia、SAS、MATLAB、Scala 和 F#。

除此之外，还存在各种各样的机器学习和数据挖掘工具和平台，用于执行数据分类、回归、异常检测、聚类和决策的预测分析。这些系统包括 TensorFlow，微软推出的 Azure ML、DataRobot、Alteryx Analytics、H2O.ai、KNIME、Splunk、RapidMiner 和 Prevedere。

流分析在处理物联网（IoT）数据时变得十分重要，因而将使用 Striim、StreamAnalytix、TIBCO Event Processing、Apache Storm、Azure Streaming Analytics 和 Oracle Stream Analytics 等工具。

当处理非结构数据时，一些较为流行的工具包括 PIG 和 HIVE，以及针对计算机视觉、语音和情感分析的 Apache Spark 和 Azure Cognitive Services 等工具。

当然，如果不包括 Microsoft Excel，那么任何关于数据分析工具的讨论都将是不完整的。电子表格一直以来都是商业用户的首选分析工具，当前最流行的电子表格是 Microsoft Excel。其他电子表格程序还包括 Google Sheets、Smartsheet、Apple Numbers、Zoho Sheet 和 LibreOffice Calc。

1.1.5　可视化

在商业智能中，最后一个关键的概念是可视化，或者是分析结果的真实体现。人类是一类视觉动物，因此往往更加关注以图表、报表或仪表板的形式展现的分析结果。因此，可采用表格、矩阵、饼图、条形图和其他可视化形式帮助提供分析过程中的上下文和含义。俗话说，一图胜千言，可视化可以让成千上万、数百万甚至数万亿的数据点以简洁的方式呈现出来，并且易于理解和使用。可视化允许分析师或报表作者令数据讲述一个故事。这个故事回答了最初由业务提出的问题，从而提供了让组织制订更好决策的见解性内容。

单张图表或可视化结果一般可显示聚合结果、KPI 以及其他底层数据的计算结果，这一类计算结果通过某种分组形式进行汇总。这些图表用于在特定的上下文中显示数据的特定要素或指标。例如，一张图表可显示网站的访问量；而另一张图表则可显示每个浏览器访问网站页面的人数。商业智能工具允许在单个页面或报表中组合多个单独的表和图表。

现代商业智能工具（如 Power BI）支持个体可视化之间的交互性，以进一步增强发现和分析过程。这种交互性可使报表的使用者单击可视化的某部分内容，如条形图、地图和表，以深入了解所呈现的信息，或者确定图表当前部分内容与报表中其他内容之间的影响关系。这远远超出了之前的一些可视化工具，如 SQL Server Reporting Services（SSRS）或 Crystal Reports，这些工具仅在预定义过滤器中进行选择时提供了最低程度的用户交互性。例如，针对之前引用的两张图表，报表使用者可单击第一张图表中的特定国家，并在第二张图表中显示针对该特定国家的每个浏览器的页面访问细节信息。

最后，仪表板提供了企业机构易于理解的 KPI 可视化内容。例如，一家公司的首席执行官可能希望从销售、市场、运营和人力资源中获得特定的信息。每个部门可能都提交了自己的详细报表，但是 CEO 只希望在每个报表中跟踪一两项单独的可视化结果，而仪表板则支持此项功能。

可视化软件包含了一些优秀的开发工具，如 SSRS、Crystal Reports、Birst、Domo、MicroStrategy、Qlik Sense、Salesforce Einstein Analytics、SAS Visual Analytics、SiSense、Tableau、ThoughtSpot 和 TIBCO Spotfire 等。

1.2　Power BI 生态圈

虽然 Power BI 常被划分为可视化工具，但实际上它并非是一种单一工具，而是一类相互关联的工具和服务的集合，这些工具和服务形成一个完整的商业智能生态圈，这一生态圈跨越了商业智能的全部领域，包括数据源、建模机制、分析和可视化操作。除此之外，该生态圈还包含特定于 Power BI 自身、与 Power BI 集成的其他微软技术以及第三方集成的组件。这种与其他微软工具和第三方内容的交互操作使得 Power BI 成为一种强大的商业智能平台，其价值远超于市场上更为单一的商业智能工具。

尽管 Power BI 生态圈涉及广泛且相对复杂，但该生态圈可划分为以下几个类别。

- 特定于 Power BI 的核心内容。
- 非特定于 Power BI 的核心内容。
- 特定于 Power BI 的非核心内容。
- 本地集成的微软技术。
- 扩展的 Power BI 生态圈。

1.2.1　特定于 Power BI 的核心内容

Power BI Desktop 是一款基于 Windows 的免费应用程序，并安装于本地桌面和笔记本电脑上。Power BI Desktop 是一类主要工具，用于摄取、清理和转换各种数据源，可将数据整合至模型中，随后通过创建计算、可视化和报表结果实现数据的分析和可视化操作。在 Power BI Desktop 中生成报表后，通常会发布至 Power BI Service 中以供分享和协作。

Power BI 服务是一个基于云的软件即服务（SaaS）在线平台。最初，Power BI 被称作 Office 365，当前则被广泛地称作 powerbi.com 或 Power BI。Power BI Service 可用于轻量级的报表编辑、共享、协作和视图报表。某些数据源可直接从 Power BI Service 中进行连接，但其数据的建模和分析能力较为有限。

1.2.2　非特定于 Power BI 的核心内容

Power Query 是一项微软技术，并提供了数据连接和转换功能。这一项技术使得商业用户可访问超过 100 个不同的数据源，并在不编写代码的前提下转换数据。Power Query 支持的数据源包括多种文件类型、数据库、Microsoft Azure 服务和第三方服务。此外，Power Query 还提供了软件开发工具包（SDK），该工具包允许创建自定义连接器，以便第三方能够创建自己的数据连接器，从而与 Power Query 实现无缝集成。Power Query 的应用领域包括 Power BI Desktop、Microsoft Excel、针对 Visual Studio 的 Microsoft SQL Server Data Tools，以及针对应用程序的微软 Common Data Service（CDS）。

数据分析表达式（DAX）是一种编程语言，它由一组函数、运算符和常量构成，这些函数、运算符和常量可用于编写返回计算结果值的公式或表达式。与 Excel 函数或 SSAS MDX 从模型中已有的数据创建新信息的方式类似，DAX 是 Power BI 的等效工具。

本地数据网关是安装在本地的一款软件，以便从 Power BI Service 中访问本地数据源。据此，Power BI Service 可从驻留在本地系统中的一个或多个数据源刷新数据。相应地，本地数据网关包含两种模式，即个人模式和企业模式。其中，个人模式只能在 Power BI 上使用；而企业模式既可以在 Power BI 上使用，也可以在 Microsoft Flow、Microsoft PowerApps、Azure Analysis Services 和其他 Azure Logic App 上使用。

SSAS（表格式）是微软多维数据集的进化技术。该技术在 Power BI 之外的 SSAS 和 Azure Analysis Services 中可用，但也是 Power BI 的基础内容。在 Power BI 中构建的模型实际上是使用 SSAS 表格构建的，而且可以说，Power BI Desktop 运行了一个完整的 SSAS Tabular 实例。因此，在 Power BI Desktop 中构建模型时，实际上是在构建一个 Analysis Services Tabular 模型。在 Power BI 中，AppSource 托管自定义视觉效果，可以下载并添加到在 Desktop 中编写的 Power BI 报表中。Power BI 服务也支持这些视觉效果，但不能直接从服务中使用。

1.2.3　特定于 Power BI 的非核心内容

Power BI Report Server 是一项本地技术，同时是 SSRS 的一个超集。类似于 Power BI Service 功能，Power BI Report Server 允许 Power BI Desktop 和 Excel 中授权的 Power BI 报表在本地保留的前提下予以发布和查看。由于 Power BI Report Server 是 SSRS 的超集，因此 Power BI Report Server 还可托管分页报表（.rdl）。

Power BI Embedded 是一个 REST API 系统，可用于为组织外部客户提供服务的定制应用程序中显示可视化内容、报表和仪表板。Power BI Embedded 通常被独立软件供应商（ISV）和开发人员使用。

Power BI 移动应用程序是本地 Android、iOS 和 Windows 应用程序，它可从各自的平台商店（如 Google Play、Apple App Store 和 Microsoft Store）中被下载。针对 Power BI 报表（发布至 Power BI Service）的查看与交互，Power BI 移动应用程序已对触摸行为进行了优化。

Power BI for Mixed Reality 是基于 Power BI Windows 移动应用，但它具有某些附加功能，此类功能已被设计为与 Microsoft HoloLens 协同工作。HoloLens 的功能允许在 Mixed Reality 环境中全息投影数据，此外还能够查看 Power BI Service 中发布的报表和仪表板并与之交互。

1.2.4　本地集成的微软技术

Office 365 是应用广泛的订阅服务，包括传统的 Office 应用程序，以及通过云（互联网）提供的其他生产服务。订阅用户是 Office 365 的核心概念，即一个组织自己的 Office 365 部分。Power BI 采用本地方式与 Office 365 集成，因此当用户订阅 Power BI 时，将检查现有 Office 365 订阅用户的电子邮件地址，如果订阅用户存在，Power BI 用户将被添加至该订阅用户中；如果 Office 365 订阅用户不存在，Power BI 将提供一个新的 Office 365 订阅用户（有时称为影子订阅用户），然后 Power BI 用户将被添加至该订阅用户中。

Excel 集成了许多底层的 Power BI 技术作为本地外接程序，其中包括将 Excel 文件发布至 Power BI Service 的 Power BI Publisher；用于地图可视化的 Power Map；提供对 Power Query 访问的 Power Pivot；针对其他可视化内容的相同的底层数据模型，以供 Power BI（SSAS Tabular）和 Power View 使用（用于附加的可视化内容）。Excel 也是 Power BI Service 中的“一等公民”，被称作 Workbooks。

Microsoft Flow 是一种工作流技术，它为 Power BI 提供了一个支持触发器和操作的本地连接器。相应地，触发器基于 Power BI Service 的数据警报，而操作则支持服务中的流数据集和非流数据集。Flow 实际上是微软内部同一组应用程序的一部分内容，即业务应用程序组（Business Application Group）。

PowerApps 是一种来自 Microsoft 的技术，它提供了一个到 Power BI 的本地连接器，以及一个定制的可视化程序。此外，Power BI 单元还可以嵌入 PowerApps 应用程序中。最后，PowerApps 使用 Power Query 技术作为其数据集成特性的一部分。同样，PowerApps 也是微软内部 Business Application Group 的一部分内容。

微软桌面应用程序 Visio 为 Power BI 提供了一个由微软构建的自定义可视化程序。

此类可视化行为可将 Power BI 中的数据作为在 Visio 绘图中显示的值或颜色链接到 Visio 关系图中。

SharePoint 提供了通过本地 Power BI Web 部件将 Power BI 报表嵌入 SharePoint 内部的能力。

Dynamics 365 采用本地方式将 Power BI 可视化嵌入 Dynamics 365 报表和仪表板中。除此之外，Power BI 还包含了针对 Dynamics 的本地连接器。最后，Power BI Service 中存在许多应用程序可供 Dynamics 使用。

CDS 实际上是 PowerApps、Flow、Dynamics 365 和 Power BI 的核心内容。CDS 允许组织机构将全部商务应用程序中的数据在一组标准的、自定义的应用程序中进行存储和管理。实体允许组织机构创建一个数据的业务定义，并在应用程序中使用此类数据。Power BI 针对 CDS 包含了一个本地连接器。

如前所述，Azure Analysis Services 和 SSAS Tabular 背后的底层技术也是 Power BI 的一部分内容。除此之外，Power BI 还针对 Azure Analysis Services 包含了本地连接器。最后，Azure Analysis Services 的一个实例包含在 Power BI Premium 订阅中。

Azure ML 技术在 Power BI 中的应用越发广泛，例如从 Power Query 中的示例中创建列，以及自定义的可视化内容（如 AppSource 中提供的 Key Influencers 可视化内容）。

Power BI Dataflows 实现了与 Azure Cognitive Services 的本地集成，这也使得 Azure Cognitive Services 可在 Power BI 中使用 Sentiment Analysis。

源自 Azure Streaming Analytics 的本地输出之一是 Power BI，这允许用户通过运行 Azure Streaming Analytics 实现流式数据，并将其显示在 Power BI 的仪表板单元上。

前述内容曾有所提及，Power BI Report Server 是 SSRS 的超集。

Report Builder 是创建分页报表（RDL）的微软工具，此类报表可发布于 Power BI Premium 实例中，并在 Power BI Service 中予以显示。

1.2.5　扩展的 Power BI 生态圈

微软已经创建了多个 API 和 SDK，它们支持生成自定义可视化内容、数据源连接器和自动化机制。相应地，这将产生由第三方自定义可视化内容、连接器、应用程序和基于 Power BI 的附加产品构成的大型扩展生态圈。除此之外，Power BI 还集成了其他的非微软编程语言，如 Python、R 和可缩放的矢量图（SVG）。

Power BI 社区是一个大型的用户生态圈，主要关注教育和本地社区内 Power BI 应用方面的问题。读者可访问 https://www.pbiusergroup.com 查找所在区域内的 Power BI 用户组。

除了本地用户组之外，还存在一个通用的社区网站，该网站提供了相关论坛和图库，Power BI 用户可从中获得 Power BI 应用方面的答案，对应网址为 https://community.powerbi.com。

1.3　Power BI 证书机制

Power BI 的证书技术涉及以下内容。

- Power BI Free。
- Power BI Pro。
- Power BI Premium。
- Power BI Embedded。
- Power BI Report Server。

1.3.1　Power BI Free

Power BI Desktop 可以免费下载、安装和使用。除了简单地共享 Power BI 文件（.pbix，此类文件由 Power BI Desktop 程序创建）之外，微软还提供了一种免费使用 Power BI Service 的方法，以便通过 Publish to Web 这一特性发布和共享报表。Publish to Web 将创建一个指向报表的链接或 URL，该报表将发布于 Power BI Service 中。虽然该 URL 较长且含义不明，但这些报表并未被搜索引擎索引化。但是，任何持有该链接的用户都可匿名浏览该报表。这意味着，除了简单的混淆技术之外，此处并不存在切实的安全性。

需要注意的是，Publish to Web 是 Power BI 免费许可机制下唯一可用的共享机制。其他共享、协作和导出特性在 Power BI Service 中均不可用，这包括针对协作、报表和仪表板共享的应用程序工作区，以及针对 PowerPoint/CSV 的导入机制和 Microsoft SharePoint 中的嵌入机制。

Power BI 的免费许可还对数据的自动刷新进行了一定的限制。其中，仅在线数据源可以自动刷新，即通过互联网在线访问的数据。而本地数据源则不被支持，这一类数据源需要使用本地数据网关或实时（DirectQuery）数据源。另外，即使是在线数据，每天也只能刷新 8 次，且刷新之间的最短时间是 30 分钟。

最后，Power BI 免费许可将发布至 Power BI Service 中的单个数据模型的整体大小限制为 1GB，而针对每位用户发布至 Power BI Service 中的全部数据模型的整体大小限制为 10GB。

1.3.2 Power BI Pro

典型的 Power BI 许可方式是 Power BI Pro，它提供了更加安全的共享机制和其他特性。当在 Power BI Service 中创建和使用共享报表时，Power BI Pro 则是一个订阅许可证书，创建和使用共享报表的每位用户每月需要缴纳 9.99 美元用于购买 Power BI Pro。

Power BI Pro 的许可机制支持全部共享、协作和导出特性，而免费许可机制则对此不予支持。除此之外，Power BI Pro 还可刷新在线和本地数据源。

最后，Power BI Pro 在数据集大小和总容量方面具有与 Power BI 免费许可机制相同的限制。这意味着，发布至 Power BI Service 中的单个数据模型的总大小被限制为 1GB，每位用户发布至 Power BI Service 中的所有数据模型的总大小不能超过 10GB。

1.3.3 Power BI Premium

Power BI Premium 是一种基于容量的订阅许可机制，其概念类似于 Power BI Embedded。与 Power BI Embedded 一样，这意味着以虚拟 CPU 内核和内存的形式购买容量增量。与 Power BI Embedded 不同的是，这些容量是按月而非按小时购买的。这一类容量增量被称作节点类型和大小范围，包括持有 8 个虚拟内核和 25GB RAM 的 P1（每月缴纳大约 5000 美元），以及持有 128 个虚拟内核和 400GB RAM 的 P5（每月缴纳大约 80000 美元）。除了容量许可机制之外，报表作者还需要获取 Power BI Pro 许可，即每位用户每月缴纳 9.99 美元的标准许可费用。

与 Power BI Embedded 不同，全部 Power BI Premium 的 SKU 提供专用容量，旨在为内部和外部用户提供服务。此外，Power BI Premium 还将单一数据集的大小增至 10GB，并支持每天最多 48 次刷新，且刷新时间至少为 1 分钟。最后，Power BI Premium 还解锁了企业特性，如发布分页报表、增加刷新量并支持多个地理位置。

Power BI Premium 的 SKU 还提供了针对 Power BI Report Server 的许可机制。在云计算中，为 Power BI Premium 提供的相同数量的虚拟内核也可以用于 Power BI Report Server，虽然应检查来自微软的最新文档，因为最终的许可模型可能会随时间发生变化。

1.3.4 Power BI Embedded

Power BI Embedded 是一种基于容量的订阅许可机制，这意味着，以虚拟 CPU 内核和内存形式出现的容量增量是按小时购买的，这些容量增量被称作节点类型和大小范围，包括仅一个虚拟内核和 3GB RAM 的 A1（约为 750 美元/月），以及持有 32 个虚拟内核和 100GB RAM 的 A6（约为 24000 美元/月）。Power BI A SKU 按小时计费，同时也提供了每月大致的价格。另外，Power BI Embedded A SKU 是通过 Azure Portal 购买的。除了容量许可机制之外，报表作者还需要获得 Power BI Pro 许可，即每位用户每月需缴纳 9.99 美元的标准许可费用。

Power BI Embedded 适用于开发人员和独立软件供应商，他们通过 API 将 Power BI 可视化内容、报表和仪表板嵌入自定义 Web 应用程序中。随后，外部客户可访问此类应用程序。虽然 Power BI 的嵌入技术可用于创建内部用户可以访问的应用程序，但需要使用不同的 SKU，如结尾包含 EM 的 Power BI Premium SKU。

最后需要注意的是，A1 和 A2 节点运行于非专用容量上；而 A3～A6 节点则运行于专用容量上。这一点十分重要，因为专用容量可避免影响总体性能的噪声环境。

1.3.5　Power BI Report Server

Power BI Report Server 适用于希望将数据完全保存在本地的客户。Power BI Report Serve 是 SSRS 的超集，因此，可以通过购买带有 Software Assurance（SA）的 SQL Server Enterprise Edition 许可证，或购买任何 Power BI Premium SKU 获得许可。SQL 许可机制的细节内容不在本书的讨论范围内，但是一般费用为每个内核 4000～7000 美元。此外，报表作者还需要获得 Power BI Pro 许可，即每位用户每月需要缴纳 9.99 美元的标准许可费用。

重要的是，Power BI Report Server 未提供与 Power BI Service 相同的功能级别。例如，Power BI Report Server 不支持 Power BI Service 中的报表创建和编辑操作。此外，Power BI Report Server 不支持工作区应用程序、仪表板、实时流、Q&A、快速洞察结果和 R 可视化等功能。然而，Power BI Report Server 可以在不使用网关的条件下访问和刷新在线和本地数据源。

1.4　Power BI Desktop 和 Power BI Service

前述内容讲述了 Power BI 的生态圈和许可机制。但是，限于篇幅，本书并不打算涵盖 Power BI 的全部内容。其他书籍也仅仅专注于某一个主题（如 Power Query、DAX 或 Power BI Embedded），甚至某些声称完全引用了 Power BI 的书籍也会不可避免地遗漏 Power BI 生态圈中的某些组件。因此，本书的目标是那些希望学习 Power BI 生态圈中核心组件的读者，其中包括以下内容。

- Power BI Desktop。

  - Power Query。
  - DAX。
- Power BI Service。
  本地数据网关。

学习这一类核心技术，同时学习如何使用有意义的商业智能洞察结果来构建和共享报表，这意味着，在阅读完本书后，读者将掌握全部的核心组件，并成为 Power BI 生态圈的有力参与者。

1.4.1 Power BI Desktop

如前所述，Power BI Desktop，或简称为 Desktop，是一款基于 Windows 的免费应用程序，该应用程序可被安装在本地桌面或笔记本电脑上。Desktop 是分析师使用的主要工具，用于获取、塑造分析和可视化数据。Power BI Desktop 的优点主要体现在以下几个方面。

- 获取数据。
- 创建数据模型。
- 分析数据。
- 创建和发布报表。

1. 获取数据

当与 Power BI Desktop 协同工作时，第一步是连接数据源，当前有超过 100 个连接器可被用于连接不同的数据源，包括许多通用连接器，如 Web 连接器、OData feed 连接器和 JSON 连接器，这些连接器可以连接至数百个（甚至数千个）不同的数据源。

2. 创建数据模型

连接数据源将在称为 Query Editor 的工具中生成一个查询，Query Editor 采用 Power Query 技术并提供了一个图形界面，以使用户可创建一系列可记录的步骤，并在每次从数据源加载或刷新数据时重新呈现。这意味着，数据总是以期望的格式结束。

查询将数据载入 Power BI Desktop 的结构化数据表中。当此类数据表加载完毕后，即可通过关联这些表构建数据模型。

3. 分析数据

模型中使用的数据并不一定仅来自数据源。Power BI 使用一种称为 DAX 的技术允许用户以计算列、度量结果，甚至整个表的形式创建计算过程。这使得分析师可以创建毛利率和总利率等简单指标，也可以创建年收入等更复杂的指标。

4. 创建和发布报表

一旦数据模型构建并分析完毕，就可以通过将字段拖曳至报表画布（canvas）上来创建报表页面上的可视化内容。可视化内容是模型中数据的图形化表达方式。Power BI Desktop 中包含了 32 种默认的可视化内容，同时还可从 Microsoft AppSource 中导入数百项可视化内容，并用于 Power BI Desktop 中。相应地，多个可视化项可整合至一个或多个页面中以创建报表。当用户在报表中进行单击操作时，此类可视化内容和页面可彼此间交互。当报表最终完成后，即可发布至 Power BI Service 中，以供其他用户共享。

1.4.2　Power BI Service

Power BI Service，或简称为 Service，是一类托管 Web 应用程序，并运行于微软的云平台 Azure 上。该 Service 可通过 https://app.powerbi.com 予以访问，但当前暂且不要访问该地址。Service 也可免费使用，但在报表共享、数据模型大小和本地数据源刷新方面存在一定的限制。Service 的优点主要体现在以下几方面。

- 查看和编辑报表。
- 创建仪表板。
- Service 间的共享和协作。
- 访问和创建应用程序。
- 刷新数据。

1. 查看和编辑报表

发布至 Service 中的报表可在 Web 浏览器中查看，这提供了与 Desktop 相同的交互方式。除此之外，报表还可被标记为收藏夹，经订阅后通过电子邮件方式发送，或者以 PDF 或 PowerPoint 文件的形式下载。另外，还可对已有的报表进行编辑，并可从已发布的数据集中创建报表。

2. 创建仪表板

Service 支持源自一个或多个报表中的可视化内容，并整合至仪表板中。这里，仪表板用于强调重要的信息和指标。相应地，仪表板可被标记为收藏夹，经订阅后通过电子邮件方式发送，并在超出阈值后生成警告以通知用户。

3. Service 间的共享和协作

报表和仪表板可彼此间共享，这使得报表作者发表的作品可以很容易地传播给更广泛的用户。其他用户可以设置自己的个人报表书签，并参与有关仪表板的讨论。多名用户甚至可在工作区内协同工作，进而创建报表和仪表板。另外，安全设置可使作者和协作者精准地控制查看仪表板、报表和数据的用户。

4．访问和创建应用程序

微软和第三方厂家在 Service 中创建了内置应用程序，以提供大量的数据、报表和仪表板。此类应用程序可在 Service 中订阅，并添加至个人的 Power BI 工作区中。作者甚至可以将自己的数据、报表和仪表板绑定到一个应用程序中，并分发给组织机构中的其他用户。

5．刷新数据

Service 支持自动刷新在线和本地数据，这意味着，一旦为已发布的报表配置了刷新操作，数据就会始终处于最新状态，报表作者无须参与进一步的操作。Service 针对在线数据提供了自己的刷新网关；而本地数据则需要在局域网络上安装本地数据网关。

1.5　本章小结

本章介绍了商业智能及其核心概念。随后，我们广泛考查了 Power BI 生态圈。最后，本章介绍了 Power BI Desktop 和 Power BI Service 中的一些特定功能。

第 2 章将探讨 Power BI Desktop 的安装过程、界面以及相关功能。

1.6　进一步思考

下列问题供读者进一步思考。

- 商业智能的含义是什么？
- 商业智能的功能是什么？
- 商业智能的 5 个核心概念是什么？
- 5 种不同的数据类型是什么？
- 哪个词最适合描述由 Power BI 构成和集成的一切内容?
- 本书涉及哪些工具？
- Power BI 的应用主要体现在哪些方面？

1.7　进一步阅读

- 商业智能的含义以及商业智能的策略和解决方案：https://www.cio.com/article/

2439504/business-intelligence-definition-and-solutions.html。

- 商业智能：https://en.wikipedia.org/wiki/Business_intelligence。
- Power BI 的价格机制：https://powerbi.microsoft.com/en-us/pricing/。
- Power BI Premium 白皮书：https://go.microsoft.com/fwlink/?LinkId=874413clcid=0x409。
- Power BI Report Server 的含义：https://docs.microsoft.com/en-us/power-bi/report-server/get-started。
- 基于 Power BI 的嵌入式分析：https://docs.microsoft.com/en-us/power-bi/developer/embedding。

第 2 部分

Power BI Desktop

第 2 部分内容将讨论如何启动和运行 Power BI Desktop、了解 Power BI Desktop 界面中的主要组件，以及考查其中的各项特性和功能。

第 2 部分内容主要涉及以下 5 章。

- 第 2 章：启动和运行 Power BI Desktop
- 第 3 章：连接和塑造数据
- 第 4 章：创建数据模型和计算
- 第 5 章：解锁洞察结果
- 第 6 章：创建最终的报表

第 2 章　启动和运行 Power BI Desktop

在通过 Power BI 执行各项任务之前，首先需要启动和运行 Power BI Desktop，并加载某些数据以供创建可视化内容使用。本章将展示 Power BI 的快速启动和运行方式，即讨论如何下载和安装 Power BI Desktop、了解 Power BI Desktop 界面、如何与某些简单的数据和可视化内容协同工作。

本章主要涉及以下主题。

- 下载和安装 Power BI Desktop。
- Desktop 概述。
- 生成数据。
- 创建可视化内容。

2.1　技术需求条件

本章涉及的需求条件如下。

- 连接至互联网。
- 需要使用 Windows 10、Windows 7、Windows 8、Windows 8.1、Windows Server 2008 R2、Windows Server 2012 或 Windows Server 2012 R2。
- Microsoft Power BI Desktop 需要使用 IE 10 或更高版本。
- Microsoft Power BI Desktop 支持 32 位（x86）或 64 位（x64）平台。

2.2　下载和安装 Power BI Desktop

实际上，Power BI Desktop 应用程序存在 3 种不同的版本，每种版本包含自身的下载和安装方法，如下所示。

- Power BI Desktop（可信的 Microsoft Store 应用程序）。
- Power BI Desktop（MSI）。
- Power BI Desktop（Report Server 版本）。

2.2.1　Power BI Desktop（可信的 Microsoft Store 应用程序）

Power BI Desktop（可信的 Microsoft Store 应用程序）是推荐安装和使用的 Power BI Desktop 应用程序版本。由于针对 64 位、Windows 10 构建并可自动升级，因此微软推荐使用该版本的 Power BI Desktop。

注意：

Microsoft Store 中可信的 Power BI Desktop 应用程序仅支持 64 位（x64），因而需要运行 Windows 10 版本 14393 或更高版本。

该桌面版本的工作方式类似于其他 Windows 应用程序，并在新版本出现时自动更新（更新频率为每个月）。安装该版本的桌面应用程序涵盖了 3 种方法。

第一种方法采用下列步骤下载 Power BI。

（1）在 Web 浏览器中，将 http://aka.ms/pbidesktop 输入浏览器栏中并按 Enter 键。

（2）Microsoft Store 应用程序将自动打开至 Power BI Desktop 应用程序处。

（3）单击 Install 按钮后将开始下载和安装过程。

（4）当下载和安装完毕后，Install 按钮将变为 Launch 按钮。

（5）单击 Launch 按钮。

第二种方法采用下列步骤下载 Power BI。

（1）按键盘上的窗口键，输入 Microsoft Store，随后按 Enter 键。

（2）此时将启动 Microsoft Store 应用程序。

（3）单击页面右上角的 Search 图标，输入 Power BI Desktop，随后选择下拉菜单中对应的应用程序。

（4）此时将加载 Power BI Desktop 应用程序页面。

（5）单击 Install 按钮，这将启动下载和安装过程。

（6）当下载和安装完毕后，Install 按钮将变为 Launch 按钮。

（7）单击 Launch 按钮。

第三种方法采用下列步骤下载 Power BI。

（1）在 Web 浏览器中，将 https://powerbi.microsoft.com/en-us/desktop/输入浏览器栏中并按 Enter 键。

（2）单击 DOWNLOAD FREE 按钮。

（3）Microsoft Store 应用程序将自动打开至 Power BI Desktop 应用程序处。

（4）单击 Install 按钮，这将启动下载和安装过程。

（5）当下载和安装完毕后，Install 按钮将变为 Launch 按钮。

（6）单击 Launch 按钮。

2.2.2　Power BI Desktop（MSI）

鉴于多种因素，有时可能不需要安装可信的、Power BI Desktop 的 Microsoft Store 应用程序版本。这种情况可能源自公司的相关政策，或者是用户已经安装了 32 位（x86）的桌面应用程序。

安装 Power BI Desktop 的 MSI 版本需要执行下列各项步骤。

（1）在 Web 浏览器中，将 https://powerbi.microsoft.com/desktop/输入浏览器栏中并按 Enter 键。

（2）单击 SEE DOWNLOAD OR LANGUAGE OPTIONS 按钮。

（3）此时将打开一个新的浏览器选项卡。

（4）选择相应的语言，随后单击 Download 按钮。

（5）选择 PBIDesktop.msi 或 PBIDesktop_x64.msi，随后单击 Next 按钮。

提示：

需要注意的是，_x64 版本适用于 64 位操作系统，而另一个文件则适用于 32 位操作系统。另外，用户很可能希望安装与 Microsoft Office 装置相同类型的应用程序。如果用户不确定，则可选择_64 版本；如果选择错误，还可卸载当前程序并重新安装其他版本。

（6）当下载完毕后，运行 MSI 安装程序。

（7）安装启动后，遵循相关的提示命令。

2.2.3　Power BI Desktop（Report Server 版本）

Power BI Desktop 的 Report Server 版本经优化后可与 Power BI Report Server 协同工作。如果打算使用 Power BI Report Server，那么 Power BI 的 Report Server 版本即可满足要求。

下载和安装 Report Server 版本需要执行下列各项步骤。

（1）在 Web 浏览器中，将 https://powerbi.microsoft.com/report-server/输入浏览器栏中并按 Enter 键。

（2）单击 Advanced download options 按钮。

（3）此时将打开一个新的浏览器选项卡。

（4）选择相应的语言，并单击 Download 按钮。

（5）选择 PBIDesktopRS.msi 或 PBIDesktopRS_x64.msi，随后单击 Next 按钮。

（6）当下载完毕后，运行 MSI 安装程序。

（7）安装启动后，遵循相关的提示命令。

2.2.4　运行 Power BI Desktop

当首次运行 Power BI Desktop 时，将会显示一系列的欢迎画面。当前，可简单地单击 No thanks 按钮或右上角的 X 按钮关闭此类欢迎画面。相应地，欢迎画面中提供了某些有用信息，但就桌面的操作和配置来说，这些信息并非必需。

在考查 Power BI Desktop 的各项功能之前，我们首先快速激活全部预览特性，以确保本书中的所有示例和特性按照期望方式操作。当激活预览特性时，可执行下列各项步骤。

（1）选择菜单中的 File 并启动。

（2）将鼠标悬停于 Options and settings 上，随后单击 Options。

（3）单击 Preview features。

（4）选中有效 Preview features 一侧的复选框，随后单击 OK 按钮。

（5）此时接收一条提示信息，且需要重启 Power BI。

（6）单击 OK 按钮。

（7）通过选择 File 命令并执行菜单中的 Exit 命令关闭 Power BI。

当重启 Power BI 时，可简单地按键盘上的窗口键，输入 Power BI 并按 Enter 键。当 Power BI Desktop 启动时，可像前述操作那样关闭欢迎屏幕。

2.3　Desktop 概述

如果读者熟悉 Microsoft Office 程序，那么将不会对 Power BI Desktop 中的许多用户界面元素感到陌生。

图 2.1 显示了 Power BI 的 9 个主要界面。取决于桌面的版本和 Windows 主题设置，具体颜色可能稍有不同。虽然颜色有所不同，但功能仍然保持一致。

Power BI Desktop 用户界面由 9 个区域组成，下面将对此逐一讨论。

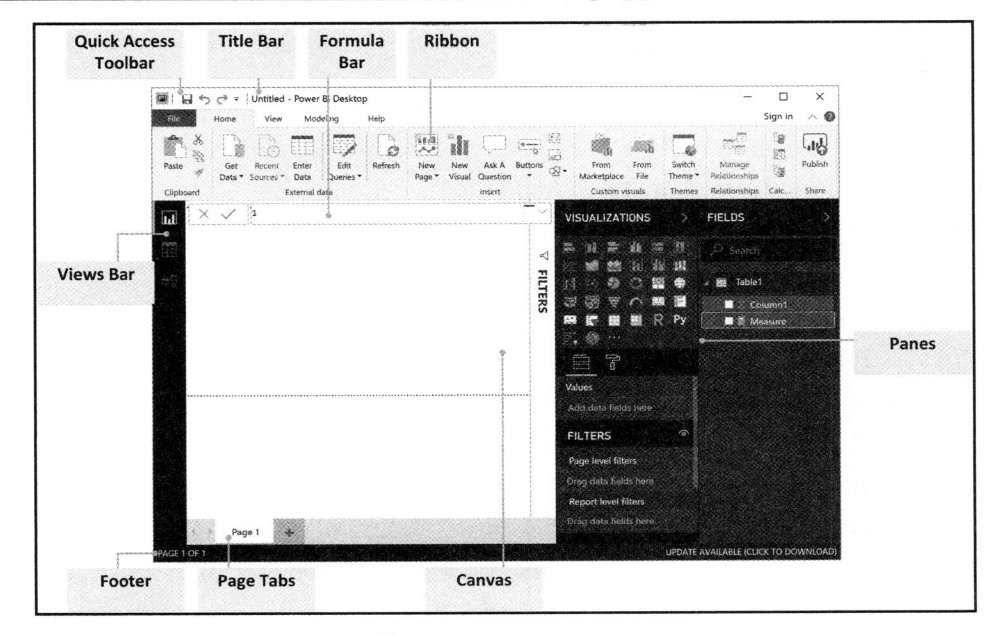

图 2.1　Power BI Desktop

2.3.1　Title Bar 和 Quick Access Toolbar

在图 2.1 中，Title Bar 表示为 Power BI Desktop 上方的带状区域，同时也是 Windows 应用程序的标准区域。单击左侧的应用程序图标可以提供标准的尺寸和大多数 Windows 程序常见的退出命令，如最小化、最大化和关闭命令。

Quick Access Toolbar 实际上可以显示在功能区的上方或下方，右击功能区中的图标并选择 Add to Quick Access Toolbar，可以将功能区内的命令添加到该工具栏中。

Quick Access Toolbar 的右侧是当前打开的文件的名称，旁边是应用程序的名称。对于 Power BI Desktop 来说，这将是 Power BI Desktop；而对于 Power BI Desktop Report Server，这将包含发布的月份和桌面版本的年份。最后，最右侧则是标准的最小化、最大化/恢复和关闭图标。

提示：

在将功能区中的命令添加至快速访问工具栏时，可右击功能区中的按钮，并选择 Add to Quick Access Toolbar。快速访问工具栏可针对每个 Power BI Desktop 加以自定义。因此，如果在一个 Power BI Desktop 文件中向快速访问工具栏中添加按钮，那么除非再次添加，否则这些按钮将不会出现在另一个文件的快速访问工具栏中。

2.3.2 Ribbon

在图 2.1 中，Ribbon 位于 Title Bar 的下方。了解 Microsoft Office 的用户可能比较熟悉这一区域的功能，尽管所显示的控制内容可能会有所变化。

功能区包含 4 个固定的选项卡和 3 个上下文选项卡。其中，固定选项卡如下所示。

- File：File 选项卡实际上会显示一个弹出菜单，单击后可执行所有的文件操作，如打开和保存 Power BI Desktop 文件。Power BI Desktop 文件包含.pbix 文件扩展名。其他操作还包含导入数据、导出机制和发布功能。
- Home：Home 选项卡提供了大多数常见的操作，如复制和粘贴、获取数据、插入可视化内容、创建计算过程以及其他常见操作。
- Modeling：Modeling 选项卡提供数据建模过程的常见操作，包括创建计算过程、排序、格式化和数据列分类，以及与安全、分组和 Q&A 相关的操作。
- Help：Help 选项卡包含了 Power BI 帮助链接，包括 Power BI 社区网站、学习教程和实训视频。

需要说明的是，3 个上下文选项卡仅在 Report 视图中可用，如下所示。

- View：View 选项卡提供了页面尺寸控制、格式化功能（如启用网格）、将对象吸附至网格和锁定对象，以及激活其他面板等操作。
- Format：Format 选项卡用于格式化可视化内容间的交互方式或相互间的显示方式。
- Drill/Data：Drill/Data 选项卡提供的操作主要关注于 Power BI 的数据钻取能力，以及查看形成可视化内容的原始数据的能力。

在 Report 视图中，第一个选项卡会立即激活；而其他两个选项卡则在选中一项可视化内容时显示。另外，最后两个选项卡显示于标题 Visual Tools 下方。

2.3.3 Formula Bar

Formula Bar 是一个上下文元素，这意味着，Formula Bar 仅在创建新的计算列、度量结果和计算表时出现。

Formula Bar 使得用户可输入 Data Analysis Expressions（DAX）代码，进而创建与数据模型相关的元素。DAX 是一类公式语言，由函数、运算符和数值构成，并可用于 Analysis Services（Tabular）、Power BI Desktop 和 Excel 的 Power Pivot 中。

2.3.4　理解 DAX

DAX 的语法与 Excel 的函数语言基本一致。实际上，许多函数的名称和工作方式与 Excel 的公式语言几乎相同。然而，不要被这种相似性而蒙蔽。实际上，DAX 是一种功能强大的编程语言，其工作方式与 Excel 的公式语言截然不同。

Excel 的公式语言被优化为处理电子表格中的单元格，而 DAX 被优化为处理由列和行组成的数据表。因此，DAX 无法引用表中独立的单元格，这一点与 Excel 有所不同。相反，可使用 DAX 标识表和列，然后过滤为单个行或多个行。

如前所述，DAX 支持计算列、度量结果和计算表的创建。计算列表示为可被添加至数据模型的现有的表中的列，这些列是由为列输入的 DAX 公式定义的，而对应公式则针对表中的每行创建一个计算值。

相反，度量值表示为 DAX 公式，且未绑定至任何特定的表中，除非在 DAX 公式自身中引用了它。这些计算过程均是动态的，并且可以根据其中计算公式的上下文更改值。最后，计算表是数据模型中的整个表，其列、行和值由 DAX 公式定义

相应地，超过 250 个 DAX 函数可用于公式中，此类函数可无限嵌套，进而创建极其复杂的计算。

全部 DAX 公式均包含相同的格式，如下所示。

```
Name = Formula
```

其中，等号左侧表示所创建的对象的名称；等号右侧表示 DAX 函数和运算符组成的实际的公式计算。

DAX 函数总是以括号开始和结束。在输入过程中，Power BI 将提供上下文帮助，如可用的函数名，以及 DAX 函数的输入参数。使用 Tab 键可接受某项建议，并使 Power BI 自动完成建议内容的其余部分。当前，读者不必为此而担心，稍后读者将会学习编写 DAX 并贯穿全书。

2.3.5　Views Bar

在图 2.1 中，Views Bar 当前提供了 3 种不同的数据模型视图，此类视图主要用于修改 Canvas 区域中显示的内容，同时也根据上下文确定 Ribbon 中的有效选项卡和操作，以及调整所显示的 Panes。

下列内容列出了 3 种不同的视图。

- Report：Report 视图通过在一个或多个页面上创建可视化内容而生成报表。
- Data：Data 视图提供了一个界面，用于考查数据模型的各个表中包含的数据。

- ❑ Model：Model 视图可整体查看数据模型中的所有表，以及表之间的相互关系。

2.3.6 Panes

在图 2.1 中，Panes 在应用程序中是上下文相关的。这里，仅有一种面板是无处不在的，即 FIELDS 面板。该面板显示数据模型中的表、列和度量结果列表。

其他面板还包括以下几个。

- ❑ FILTERS：FILTERS 面板可用于 Report 视图中，并显示当前在报表、页面和可视化内容上处于活动状态的过滤器列表。
- ❑ VISUALIZATIONS：在 Report 视图中也可以使用 VISUALIZATIONS 面板，并可访问报表中各种有效的可视化类型。子面板适用于配置和格式化可视化内容，并向可视化内容中添加分析结果；此外，还可针对报表、页面和可视化内容配置过滤器和钻取功能。
- ❑ BOOKMARKS、SELECTION、SYNC SLICERS、FIELD PROPERTIES：BOOKMARKS、SELECTION、SYNC SLICERS 和 FIELD PROPERTIES 面板仅在 Report 视图中有效，并提供了有些附加功能，稍后将对此加以讨论。
- ❑ PROPERTIES：PROPERTIES 面板仅显示于 Model 视图中，该面板提供了关联数据模型表中各个字段或列的元数据（即与数据相关的数据）的能力，包括指定同义词、描述、数据类型、数据分类、默认的聚合和摘要。

2.3.7 Canvas

在图 2.1 中，Canvas 表示为桌面内的主工作区，取决于当前视图，该区域是上下文相关的。在 Report 视图中，该区域可创建可视化内容并构建报表；在 Data 视图中，该区域针对数据模型中所选的表显示底层数据；最后，在 Model 视图中，该区域显示数据模型中的所有表及其相互关系。

2.3.8 Page tabs

在图 2.1 中，Page Tabs 区域仅适用于 Report 视图。Page Tabs 区域可创建新的页面、重命名页面并记录报表中的页面。

2.3.9 Footer

在图 2.1 中，Footer 区域是基于当前视图上下文相关的。在 Report 视图中，页脚提供了与报表中页面数量、用户当前所选页面相关的基本信息；在 Data 视图中，页脚提供了所选表和/或列的基本统计信息，包括表中的行数量，以及列中唯一值的数量；最后，在 Model 视图中，页脚提供了各种视图控制，如放大和缩小、重置视图，以及将当前模型与对应的显示区域进行适配。

2.4 生成数据

Power BI Desktop 涉及连接至数据、对数据建模，随后可视化数据。因此，如果缺少数据，则很难在 Power BI 中执行后续操作。

因此，本节将尝试创建生成某些数据，以使读者了解 Desktop 中的某些基本操作。

2.4.1 创建计算表

本节首先创建一个计算表，如下所示。

（1）选择 Modeling 选项卡。

（2）选择功能区的 Calculations 部分中的 New Table。随后将显示 Formula 框并包含“Table =”。在 Formula 框中，鼠标指针处于活动状态。

（3）在 Formula 框中输入下列公式，并全部替换已有的文本内容。

```
Calendar = CALENDAR( DATE(2017 ,1 ,1), DATE(2019 ,12 ,31) )
```

本书前述和后续公式均针对 Windows 和 Power BI Desktop 的英文版本创建和测试。对于 Windows 或 Power BI，不同的语言设置可能会对公式产生些许影响。为了使公式更具兼容性，逗号前需要添加空格，进而顾及小数点采用逗号表示这一情形。这可能看起来有些奇怪，但也是不同状况间最为兼容的一种方案。

上述公式生成了一个名为 Calendar 的表，其中包含了单一列 Date。相应地，该表和列将显示于 FIELDS 面板中。其中，CALENDAR 函数被定义为一个 DAX 函数，该 DAX 函数接收开始和结束日期作为输入。此处，我们使用另一个 DAX 函数 DATE 以指定日历的开始和结束日期。DATE 函数采用数字形式的年、月和天，并返回代表所提供数值输入的日期/时间数据类型。

对应结果如图 2.2 所示。

至此，我们完成了第一个 DAX 公式。

（4）按 Enter 键以在数据模型中生成 Calendar 表。随后切换至 Data 视图以查看所创建的表，如图 2.3 所示。

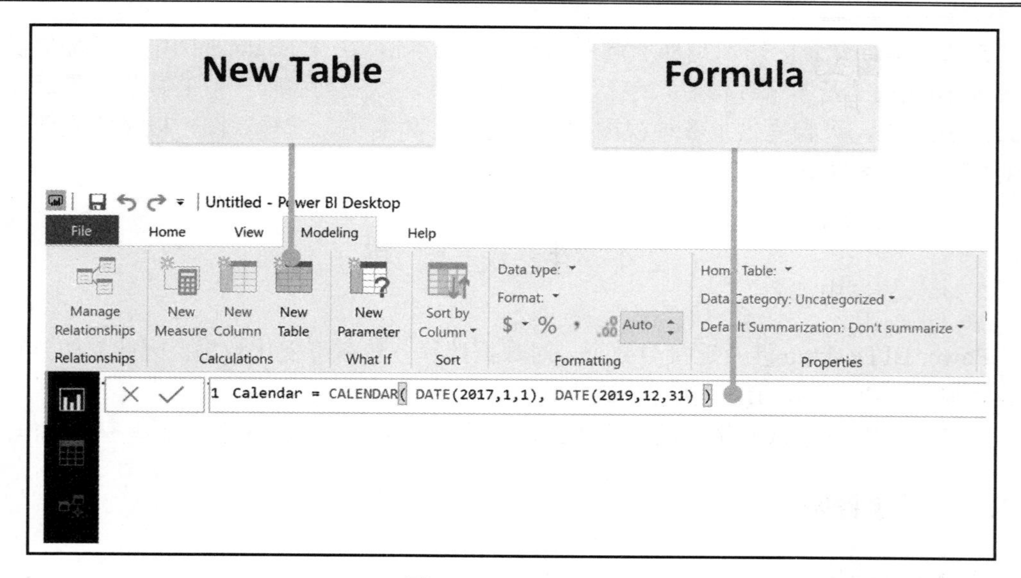

图 2.2　DAX 公式框

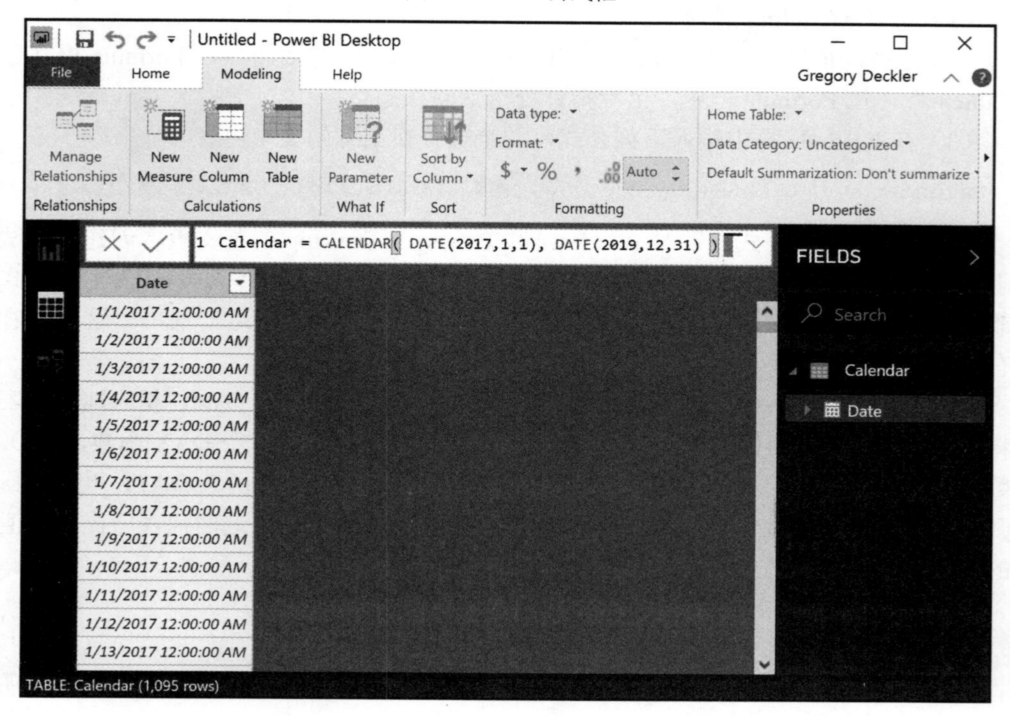

图 2.3　Calendar 表

注意，在图 2.3 的底部页脚中可以看到，该表包含了 1095 行数据。实际上，该表包含了 2017 年 1 月 1 日至 2019 年 12 月 31 日之间的每个日期行。如果未看到页脚中的该信息，则应确保在 FIELDS 面板中选择当前表。

2.4.2　创建计算列

在 Data 视图中，我们将向当前较为简单的单表数据模型中添加某些附加数据。

（1）选择 Modeling 选项卡。

（2）单击 New Column 列，随后将在表中显示名为 Column 的新列。

（3）将新公式输入当前公式框中，完全替换已有的所有文本，随后按 Enter 键创建列，如下所示。

```
Month = FORMAT([Date],"MMMM")
```

这里，我们使用了 FORMAT 函数创建针对用户友好的月份名称，如 January（而非 1）。在上述公式内，我们通过方括号间的列名引用了之前创建的 Date 列。当引用 DAX 公式中的列或度量值时，对应列和度量值名称需要方括号围起来。此时，表中应包含了新列 Month，该表中的每一行都有诸如 January、February 和 March 之类的值。

（4）重复上述过程以创建新列。具体来说，使用下列 DAX 公式创建 6 个新列。

```
Year = YEAR([Date])
MonthNum = MONTH([Date])
WeekNum = WEEKNUM([Date])
Weekday = FORMAT([Date],"dddd")
WeekdayNum = WEEKDAY([Date],2)
IsWorkDay = IF([WeekdayNum]=5 ,1, 0)
```

Calendar 表中的 8 个列如图 2.4 所示。

在图 2.4 中包含了原始的 Date 列、文本 Month 列以及其他 6 个列。这里，前 5 个列（Year、MonthNum、WeekNum、Weekday 和 WeekdayNum）均引用了原始的 Date 列并使用了简单的 DAX 函数，该函数返回年份、月份值、年份的星期值、工作日名称，最后返回工作日为一个 1（Monday）～7（Sunday）的数值。另外，最后一列 IsWorkDay 则使用了 DAX IF 函数。

IF 函数与 Excel 中的 IF 函数的工作方式相同。其中，第一个输入参数为 true/false 表达式；第二个参数为表达式计算为 true 时返回的结果；最后一个参数表示为表达式计算为 false 时返回的结果。在当前示例中，表达式针对 Monday～Friday 返回 1，并针对 Saturday 和 Sunday 返回 0。

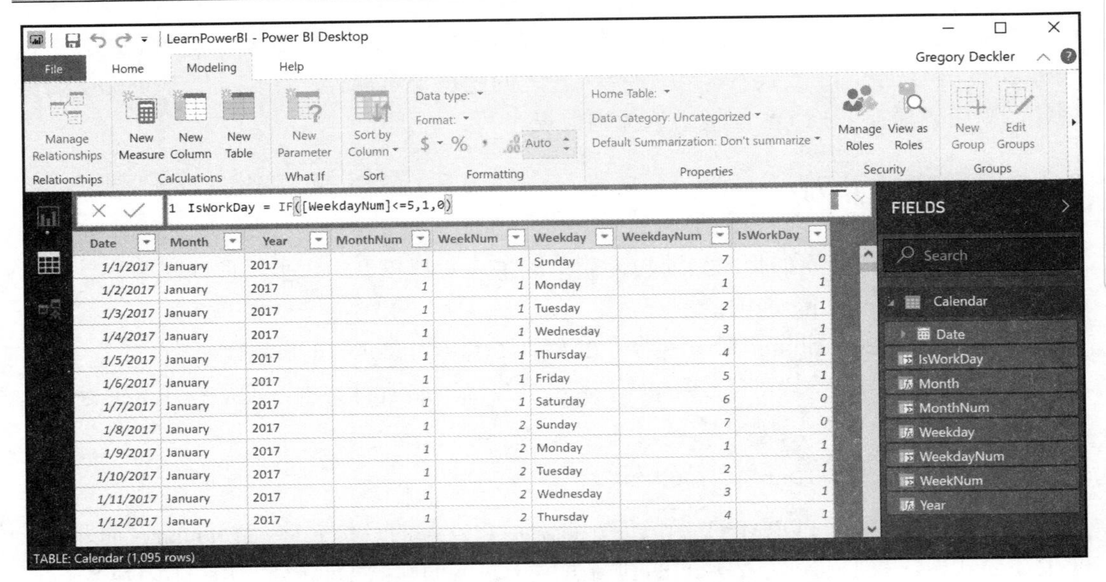

图 2.4　包含 8 列的完整的 Calendar 表

2.4.3　格式化列

当前，我们持有一个单表数据模型和一些列，本节将对其中的数据进行处理。

（1）单击 Date 列。

（2）单击下拉列表箭头并选择 Date 进而修改 Data type。对应格式将自动调整为“*Wednesday, March 14, 2001 (dddd, MMMM,d, yyyy)”。需要注意的是，取决于语言设置，实际内容可能稍有不同，如图 2.5 所示。

注意：

在 Modeling 选项卡的 Formatting 区域中，数据类型读取 Date/Time；相应地，其下方的格式将读取“*3/14/2001 1:30:55 PM (G)”。

表各行中的 Date 列的所有值均已自动更新并匹配于读取模式。

（3）在 Format 下拉列表中，选取 Date Time 并选择第一个列出的格式，即“*3/14/2001 (M/d/yyyy)”。

注意：

读者应留意所支持的日期格式的数量。相应地，表各行中的 Date 列将再次被刷新以匹配相应的新格式。

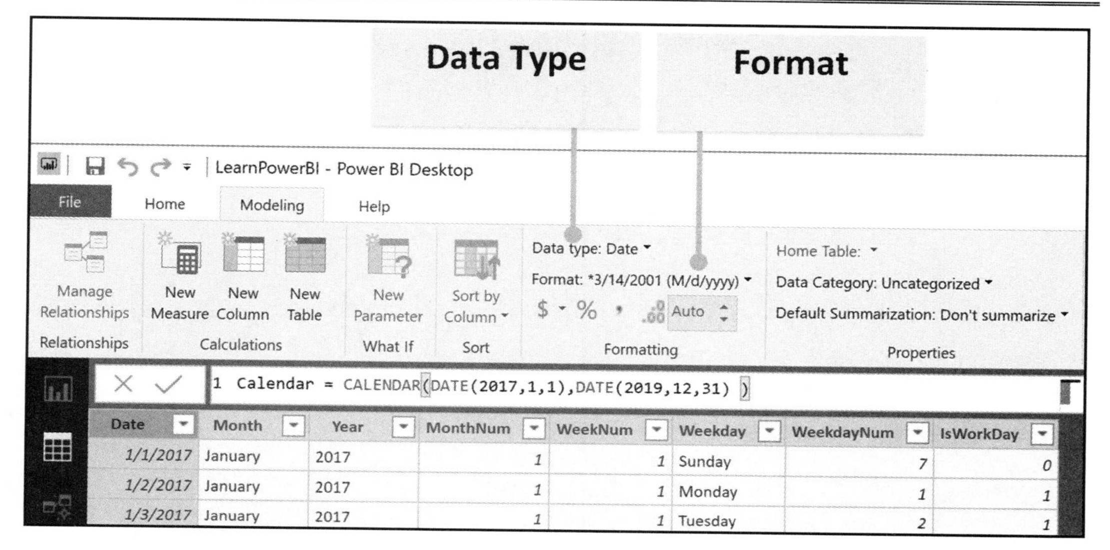

图 2.5 功能区中的数据类型和格式选项

（4）单击 Month 列。

注意：

Data type 和 Format 均读取 Text。另外，表中 Month 列中的字母并不是斜体，也不是左对齐的。这可被视为一种视觉提示，表明该列是文本内容。

（5）单击 Year 列，注意，Date type 和 Format 均读取 Whole Number。可以看到，表中的字母采用斜体且右对齐。再次说明，这可被视为一种视觉线索，以表明该列为数字类型。

（6）针对 Date 类型单击下拉列表并选择 Text。虽然年份是一个确定的数字，但对其执行求和、平均值或聚合计算并不存在实际意义，因而可将该列指定为文本。

（7）单击 MonthNum 列。在 Modeling 选项卡的 Properties 属性中，应注意 Default Summarization 被设置为 Sum。再次强调，分析过程中一般很少对月份值列执行求和计算，因而可将 Default Summarization 设置为 Don’t summarize。针对 WeekNum 和 WeekdayNum 列重复执行相同的处理过程。

至此，我们构建了第一个数据模型。可以肯定的是，这是一个非常简单的数据模型。在第 3 章中，我们还将继续添加更多的数据表和关系，因而该 Calendar 表还将会涉及许多重要的内容。

在讨论创建可视化内容之前，首先需要通过 File→Save 保存当前工作。具体来说，可利用文件名 LearnPowerBI 保存当前文件内容，且对应的文件扩展名为.pbix。在保存完毕后，可以看到，Title Bar 将从 Untitled 变为 LearnPowerBI。

2.5　创建可视化内容

在持有了一定量的数据后，即可开始创建数据模型的可视化内容。对此，可单击 Views 选项卡中的 Report 视图。

2.5.1　创建第一项可视化内容

执行下列各项步骤创建第一项可视化内容。

（1）在 FIELDS 面板中，如果尚未展开 Calendar 表（以便看到表中的列名），则可简单地单击表名加以展开。

（2）单击 IsWorkDay 列并将该列拖曳至画布（canvas）上。随后即可得到一个聚合列表，其 y 轴为 0～800。如果将鼠标悬停于该列上，即可看到显示的文本 IsWorkDay 782，这一弹出内容被称作工具提示信息（tooltip），表明 2017 年、2018 年、2019 年中存在 782 个联合工作日（星期一～星期五）。当然，由于尚未考虑假期，因而这一数字略高，但稍后将对此加以讨论。

注意：

在 VISUALIZATIONS 面板中，IsWorkDay 已被添加至 Value 字段中，且文本内容 IsWorkDay 显示于可视化内容的左上角。

图 2.6 显示了第一项可视化内容。

显而易见，这仅仅是一个开始，且尚未涵盖任何复杂内容。

（3）将 FIELDS 面板中的 Month 拖曳至当前可视化内容中。当前，可视化内容包含了高度不同的 12 个列。在 VISUALIZATIONS 面板中，Month 列被添加至 Axis 字段中。然而，读者可能已经注意到，月份以较为奇特的顺序排列。实际上，月份按照 IsWorkDay 值进行排序。下面将对此加以调整。

（4）单击右上角或右下角的省略号（...），然后选择 Sort by，接着选择 Month。再次单击省略号，这一次选择 Sort ascending。注意，此时仍未呈现正确的结果。当前可视化内容按照 Month 排序，但从期望角度来看，月份名称的顺序仍是错误的，其原因在于，

Month 列被定义为文本内容，因此，月份名称将以字母顺序排序而非期望中的年份顺序。

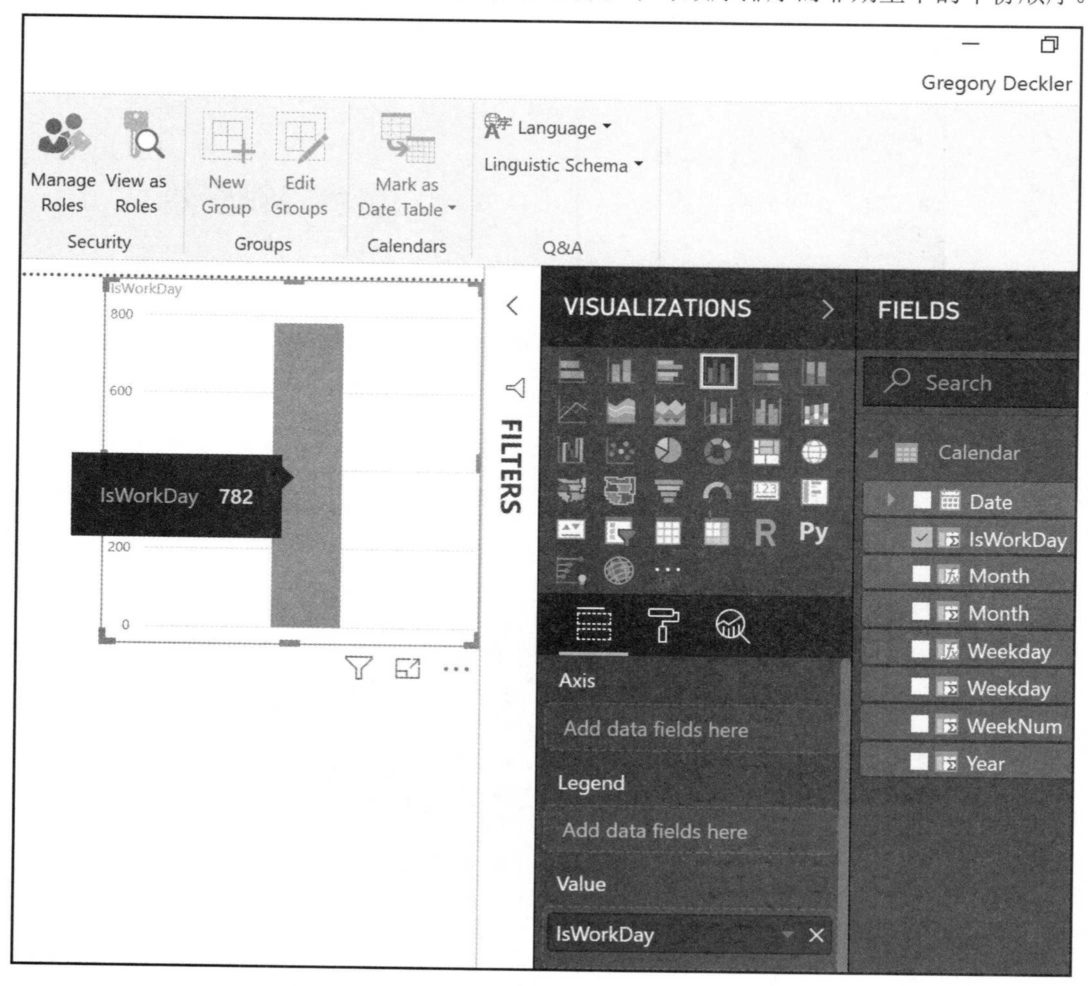

图 2.6　第一项可视化内容——简单的列图表

（5）在 FIELDS 面板中，单击 Month 列。然后选择功能区中的 Modeling 选项卡，在 Sort 部分中单击 Sort by Column，随后选择 MonthNum，如图 2.7 所示。

可以看到，上述问题已经得到解决。当前，可视化内容的 x 轴以正确的顺序列出了月份名称，此时，可视化内容应类似于如图 2.8 所示。其中，y 轴的特定值可能会发生变化。

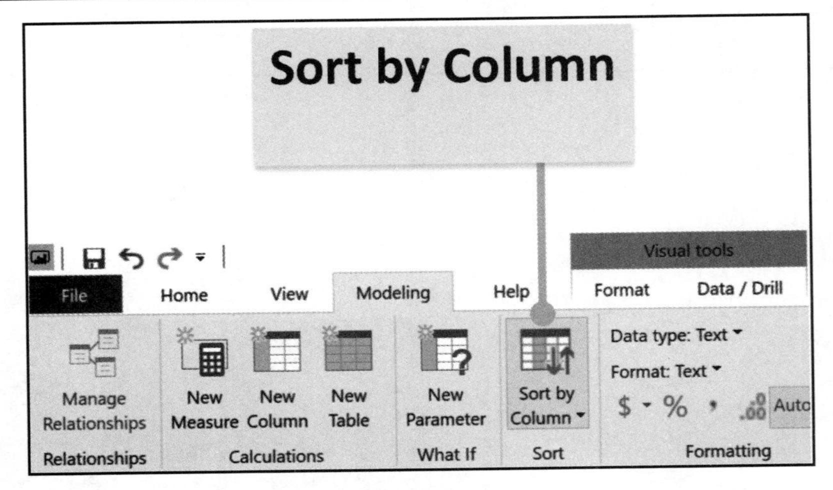

图 2.7　按照列进行排序

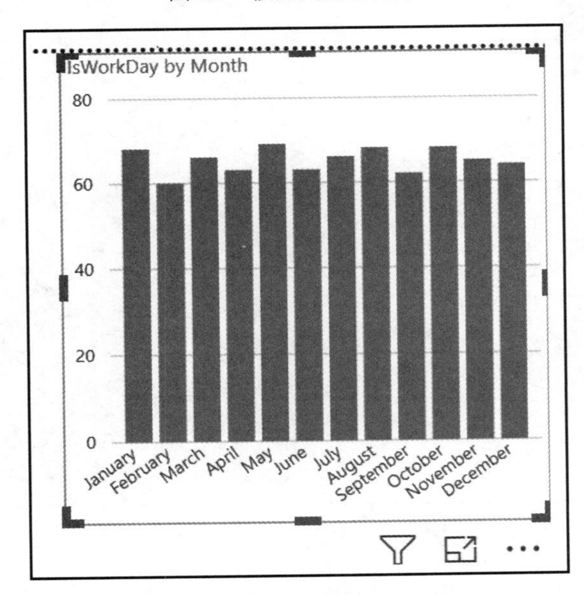

图 2.8　包含正确的排序列的图表

提示：

当选取 VISUALIZATIONS 面板中画布的可视化内容时，最上方一行中右侧的第 4 个图标将呈高亮显示，表示当前显示的可视化类型。通过选取不同的可视化图标，还可对可视化内容进行调整。

2.5.2 格式化可视化内容

在生成了可视化内容后，本节将讨论一些简单的格式化操作，首先是移动和调整。

（1）在可视化内容内的任意位置单击，并将可视化内容拖曳至画布的左下角。

（2）查看可视化内容边缘处的尺寸句柄（sizing handle），并将鼠标悬停于尺寸句柄的上方。可以看到，鼠标指针从标准指针样式转换为双箭头。

（3）单击尺寸句柄，并将该句柄拖曳至右上方或左下方，具体拖曳方向取决于可视化内容的大小。当前目标是重置可视化尺寸，并正好占据屏幕的 1/4 面积。拖曳句柄直至出现两条红线，即水平直线和垂直直线，随后释放单击操作。其中，红线表示画布何时被平分。当前，可视化尺寸已被调整，且正好占据画布的 1/4。

接下来处理可视化中的字号过小这一类问题。默认状态下，Power BI Desktop 的字号较小，下面将对其进行适当调整以便于阅读。

（1）确保选中画布中的第一项可视化内容。如果显示了轮廓线和尺寸句柄，则表明可视化内容已被选中。考查 VISUALIZATIONS 面板，在可视化图标的调色板下方，可以看到 3 个图标，类似于 Excel 电子表格中的单元格、画刷和放大镜，即 FIELDS、Format 和 Analytics 子面板，如图 2.9 所示。

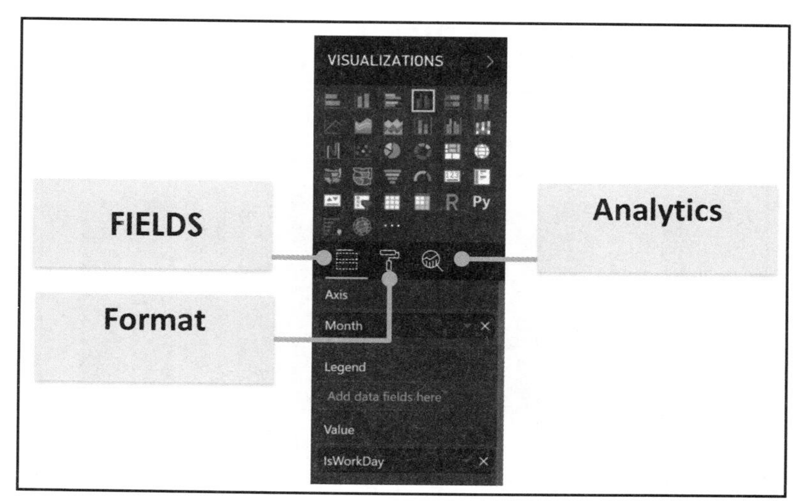

图 2.9　VISUALIZATIONS 面板的 FIELDS、Format 和 Analytics 子面板

当前，默认 FIELDS 面板将显示一条黄线，表明这是 VISUALIZATIONS 面板中当前选中的子面板。

（2）选择 Format 图标，且可以看到画刷下方显示一条黄色下画线。该子面板中包含了多个可展开的部分。

（3）展开 X axis 区域并将 Text size 修改为 14。下拉并展开 Y axis 部分，再次将 Text size 修改为 14。随后下拉并展开 Title 部分，并将 Text size 设置为 14。在 Text size 上方，选择中间的 Alignment 图标，以将可视化内容中的标题置于中间位置。

注意：

当执行上述各项操作时，应注意可视化内容中的变化。其中，x 和 y 轴的文本尺寸和标题文本尺寸均增加。随后调整 Title 文本以读取 Number of Working Days by Month。

接下来调整其他的格式化内容。

（4）向上滚动并展开 Data labels 部分，此时，全部内容均呈现为灰色且无法被修改。

（5）使用 Data labels 文本右侧的切换（toggle）图标激活该部分内容。在当前可视化内容中，数字值显示于列的上方。接下来，将 Text size 增至 14，并将 Position 修改为 Inside end。最后，打开 Show background。

注意：

Show background 下方还包含了一些附加设置。这里，可将 Background color 调整为默认的顶部黄色，并将 Transparency 设置为 25%。

图 2.10 显示了当前可视化内容。

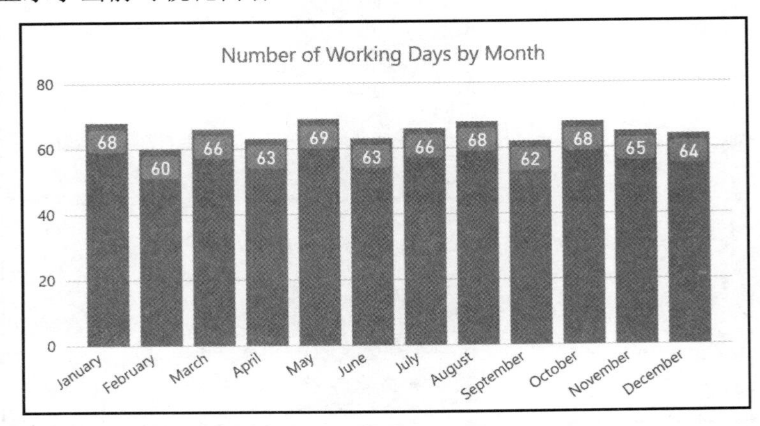

图 2.10　改进后的列图表可视化内容

2.5.3　向可视化中添加分析内容

在可视化内容格式化完毕后，本节将向其中加入简单的分析内容。对此，将使用

VISUALIZATIONS 面板中的 Analytics 子面板。

（1）确保第一项可视化内容在当前画布中被选中。

（2）单击 Analytics 子面板，此处可再次看到，其中包含了多个可展开的部分。

（3）展开 Average Line 部分，随后单击+Add。此处应注意可视化内容上显示的虚线。

（4）将文本 Average Line 1 修改为 Average Working Days。在其下方，注意 Measure 被设置为 IsWorkDay。

（5）在 Measure 下方，将 Color 修改为黑色，随后将 Position 修改为 Behind。最后，打开 Data label，将其 Color 修改为黑色，随后将其 Horizontal Position 修改为 Right。

对应的可视化内容如图 2.11 所示。

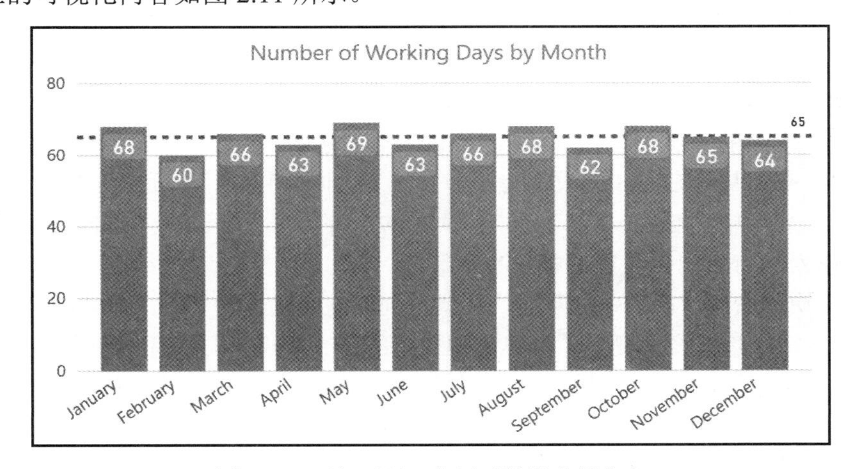

图 2.11　添加至月工作日天数的分析内容

2.5.4　创建和使用切片

如前所述，2017 年、2018 年、2019 年全年平均每月有 65 个工作日。实际上，将 3 个不同年份的每个月的工作日相加看起来有点奇怪，用户真正想了解的内容是每一年每个月的工作天数，这正是切片的用武之地。

切片是 Power BI 中的一种可视化类型，主要用于提供用户选择的过滤器，并细化报表中所显示的、数据模型中的数据，其工作方式如下所示。

（1）单击画布的空白部分，即除可视化内容之外的任何位置，这将取消选择可视化内容。

（2）找到 VISUALIZATIONS 面板中的可视化图标，该图标中包含了一个小漏斗状的图形，如图 2.12 所示。

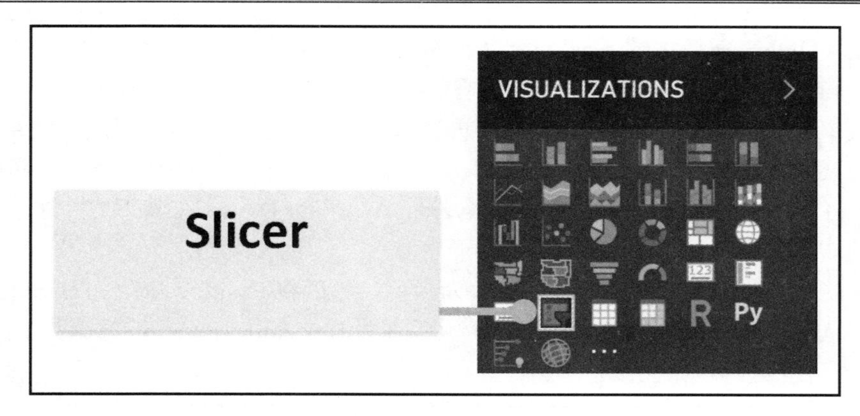

图 2.12　切片可视化图标

（3）将鼠标悬停于该图标上，随后在一个弹出框中将显示 Slicer 字样。单击该可视化后将创建一个新的、不包含任何内容的可视化结果。

（4）将 Year 从 FIELDS 面板拖曳至步骤（3）中创建的新的可视化中，当前应该有一个显示于垂直列中的 2017 年、2018 年和 2019 年的年份列表，其旁边均有个小框体。单词 Year 作为当前可视化内容的标题出现。

（5）依次单击切片中的每个年份。注意，列的高度发生了变化。此外，y 轴和数据标签以及平均分析线均会产生变化。当单击切片上的某个年份时，切片将数据模型中的对应数据仅筛选为该年份，这将与列图表可视化内容交互，以便仅通过该年份进行过滤。因此，列图表从显示全部的 3 个年份变为仅单一年份。如果需要查看两个年份，则可选取其中的一个年份，同时按 Ctrl 键选取另一个年份。当前，两个年份在切片中均被选中，相应地，列图表针对这两个年份显示数据。另外，切片也可被进行格式化，下面将对此予以尝试。

（6）确保新的切片在画布中被选中，随后单击 VISUALIZATIONS 面板的子面板 Format，且具体内容在原有基础上有所变化。

（7）展开 Selection controls 部分。

（8）开启 Show “Select all” option，可以看到，一个新项被添加至上方切片（读取 Select all）中。选取切片中的该选项将选择所有的切片选项。

（9）开启 Single select。可以看到，其他选项将消失，且切片选择控制将从复选框变为单选按钮。这一切片模式仅在切片中强制执行单向选择，以便在按 Ctrl 键时不再在切片中选取多个选项。

接下来针对切片的格式执行最终的编辑操作，步骤如下。

（1）在 Slicer header 和 Items 下，将两个位置的 Text size 均增至 14。

（2）在 General 部分中，将 Orientation 修改为 Horizontal。

（3）移动并重置切片的尺寸，也就是说，将该切片移至页面的左上角。

使用中向右的尺寸句柄扩展可视化内容，直至达到页面的中点（采用出现的红色虚线表示）；使用底向中的尺寸句柄缩小可视化内容，直至所有的切片选择结果出现于一行。

图 2.13 显示了切片的当前效果。

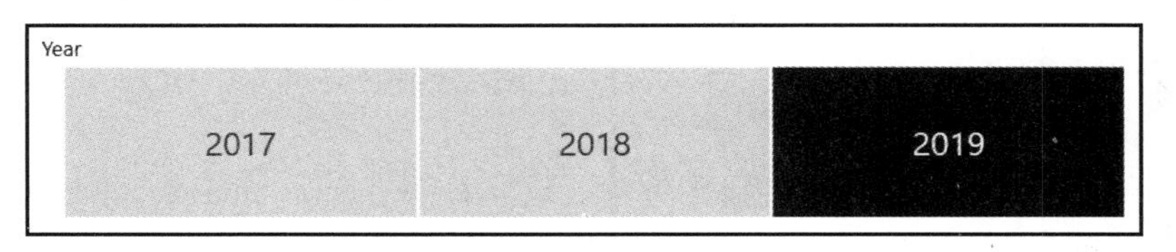

图 2.13　水平切片

2.5.5　创建更多的可视化内容

本节将创建一些附加的可视化内容。对此，可执行下列各项步骤。

（1）单击画布上的空白区域，确保未选中任何可视化内容。

（2）将 Date 列拖曳至当前画布上。

（3）将可视化类型切换至切片。注意，对应的切片产生了较大的变化——Date 类包含了日期数据类型，而当前切片默认为 Between 日期切片。

（4）将鼠标悬停于该可视化内容上，可以看到，其右上角出现了一个较小的 Chevron 图标，如图 2.14 所示。

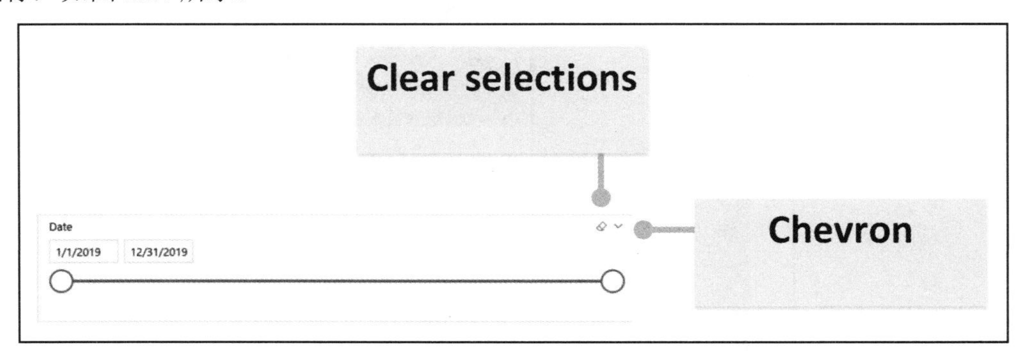

图 2.14　切片标题选项

（5）单击 Chevron，可以看到，切片的不同模式包括 default、Between、Before、After、List、Dropdown 和 Relative。当前可将它保留为 Between 模式，可以在 Chevron 左侧看到一个小图标，该图标应该是一个橡皮擦图标，也被称作清除选项图标，其作用是清除切片中的所有选项。

（6）将当前切片移至页面的右上角。

（7）首先通过中向左尺寸句柄展开切片进而重置该切片的大小，以便在水平方向上占用页面的一半。随后，使用底向中尺寸句柄在垂直方向上缩小可视化内容，直至出现一条红色的虚线，这表明与第一个切片具有相同的高度。

下面生成两项附加的可视化内容。

（1）对于第一项可视化内容，将 Weekday 拖曳至画布的空白区域。注意，这将出现一个星期内各天的单列表。

（2）将 Date 拖曳至当前可视化内容中。这将针对 Year、Quarter、Month 和 Day 自动生成 4 个列。在 FIELDS 子面板的 VISUALIZATIONS 面板中，以及标记为 Values 的部分中，可以看到显示了 Weekday 和 Date，且 Date 下面包含了缩进的 Year、Quarter、Month 和 Day。Power BI 针对日期默认创建了日期层次结构，但当前示例暂不需要使用这一特性。

（3）使用 Date 字段一侧小箭头激活菜单，并将 Date Hierarchy 切换为 Date，如图 2.15 所示。

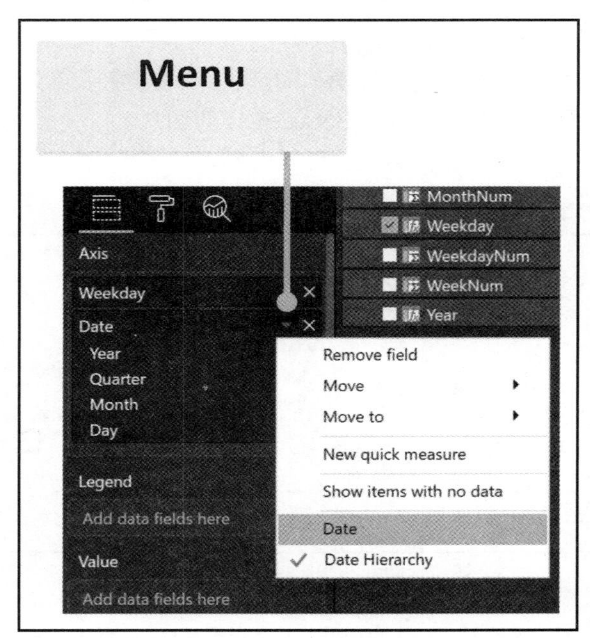

图 2.15　菜单

（4）将当前可视化内容修改为 Clustered bar chart，即第一行中的第三项可视化内容。

（5）在 FIELDS 子面板中，将 Date 从 Legend 拖曳至 Value 中。注意，此时文本变化为 Count of Date。

（6）拖曳可视化内容，使可视化线的顶部与原始列图表的可视化内容一致，然后调整大小，使可视化内容水平延伸至页面的中间，同时一直延伸至页面的底部。

需要注意的是，此时 Weekday 并未按照顺序排列。

（1）使用省略号（...）将 Sort by 调整为 Weekday 和 Sort ascending。

（2）单击 FIELDS 面板中的 Weekday 列，随后在 Modeling 选项卡中依次选择 Sort by Column 和 WeekdayNum，这一新的可视化更新行为将在上方显示 Monday，并在下方显示 Sunday。

（3）格式化当前可视化内容以显示 Data labels。

针对最后一项可视化内容，执行下列操作。

（1）单击画布的空白区域并选择 Card 可视化区域，具体位置为上方第 4 行和左侧第 5 列。

（2）将 Date 拖曳至该可视化区域中。

（3）在 VISUALIZATIONS 面板的 FIELDS 子面板中，通过 Earliest Date 一侧的下拉箭头将其修改为 Count of Date。

针对新的可视化内容，读者可尝试使用 Format and Analytics 选项。可以看到，某些可视化内容并不包含相应的分析内容，如切片和卡片。当完成此项工作后，可通过选择功能区内的 File 和 Save 保存结果。图 2.16 显示了当前的画布效果。

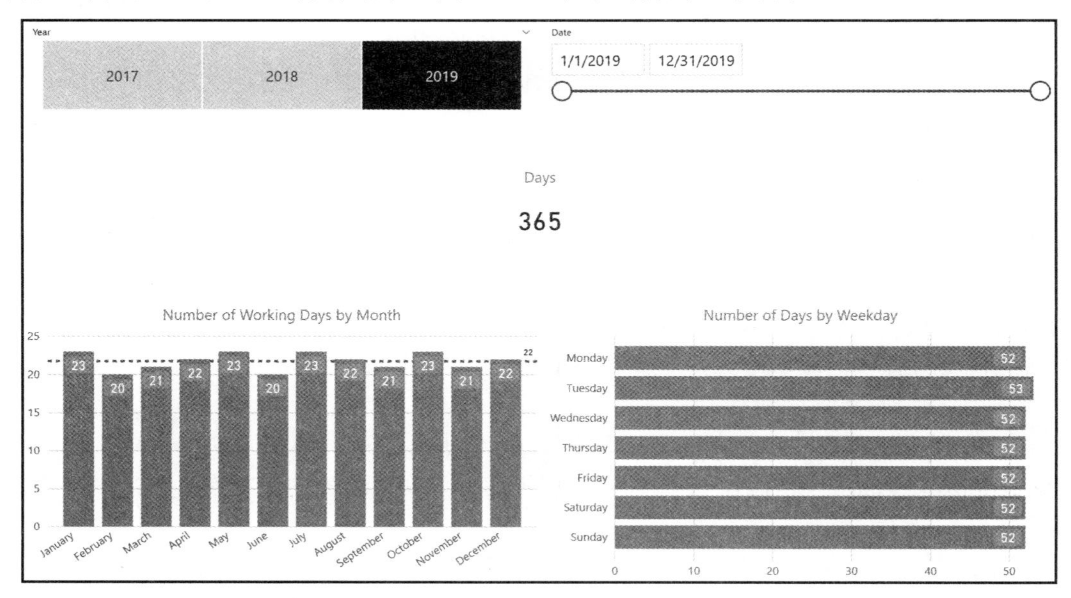

图 2.16　可视化页面

2.5.6　编辑可视化交互行为

当前，页面上显示了不同的可视化内容，本节将考查可视化间的交互行为，以及如何控制这一类交互行为。

（1）确保选中页面左上角切片中的 2019。

（2）单击页面左下角的列图表。当前，July 呈高亮显示状态。注意，卡片的可视化内容变为显示 31，条形图各栏缩小以凸显 2019 年 7 月的每个工作日的数量。该过程称作交叉过滤或交叉凸出显示。

（3）再次单击 July 以将图表返回至初始状态。

（4）单击条形图中的 Monday。再次，Monday 呈高亮显示，卡片可视化内容变为 52，列图表变为显示一年中每月的 Monday 数量。

注意：

默认状态下，当前过滤机制不具备附加性。例如，对于条形图中所选的 Monday，将鼠标悬停于列图表中 July 的高亮显示部分，可以看到，附加信息显示于工具提示中。除了 Month 和 IsWorkDay 的求和结果之外，还将显示 Highlighted 并读取 5。

（5）单击列图表的高亮显示部分。这里，可能希望过滤器只针对 Monday，即 July 中的 5 天。相反，图表仅选择了 July，但是，我们依然可添加这些过滤器。

（6）单击条形图中的 Moday，再次将鼠标悬停于 July 上，但这一次按 Ctrl 键并再次执行单击操作。注意，卡片的可视化内容变为读取 5。通过 Ctrl 键，可使在可视化中选择的过滤相互添加。

但是，如果不希望可视化内容实现彼此间的交叉过滤，情况又当如何？相应地，我们可对这一类情况加以控制。如果仔细观察的话，可以看到，当选择其他可视化元素时，右上角的日期切片并未发生变化。如果一直密切关注，还可以看到，当选择某项可视化内容时，功能区将变为显示 Visual Tools 区域，并包含 Format 和 Data/Drill 选项卡。针对可视化间交互操作的编辑行为，下面查看 Format 选项卡。

（1）选择左上角的切片。

（2）单击功能区中的 Format，随后单击 Edit interactions，即左侧的按钮。注意，Edit interactions 按钮将成为阴影，小图标将出现于其他可视化内容的上方或下方，如图 2.17 所示。

图 2.17 中，其中一个图标看起来像带有一个小漏斗状的列图表，另一个图标则是一个一条线贯穿其中的圆。当鼠标悬停于此类图标上时，可以看到图表图标被称作 Filter，

圆形图标被称作 None。相应地，包含灰色阴影的图标被视为处于活动状态的图标。

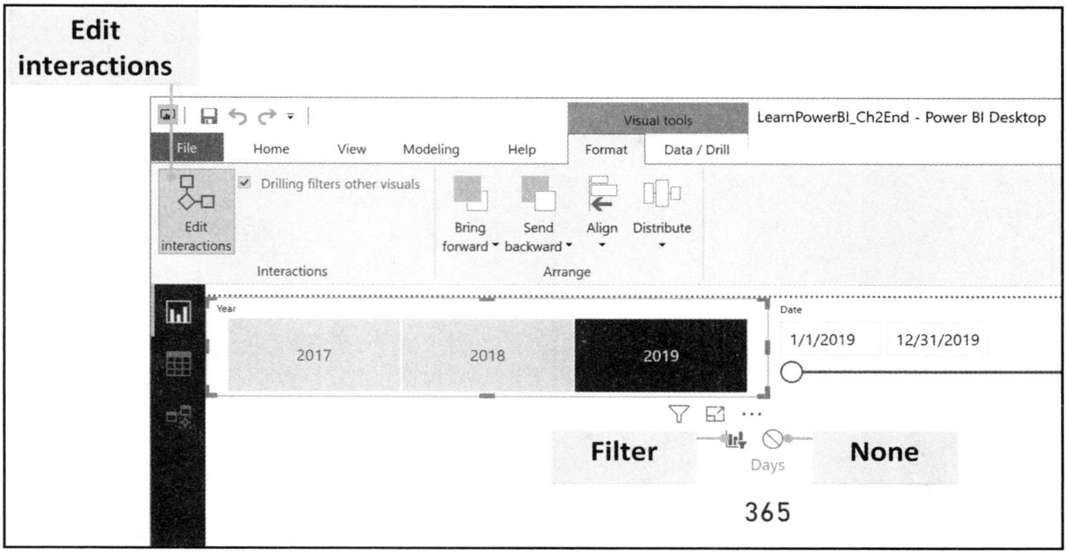

图 2.17　编辑交互行为

（3）鼠标悬停于日期切片可视化内容上，随后单击 Filter 图标。此时，Filter 图标变为活动状态，而 None 则处于非活动状态。

（4）单击卡片可视化内容，并单击 None 图标。

（5）选择日期切片可视化内容，鼠标悬停于其上并选择 None 图标。

（6）选择列图表可视化内容，并将鼠标悬停于条形图上。此时将会显示第 3 个图标，即 Highlight 图标，当单击列图表中的月份时，该图标用于解释图表的相关行为，如图 2.18 所示。

（7）将鼠标悬停于卡片可视化内容上，并选择 None 过滤器图标。

（8）针对条形图可视化内容重复上述过程，以便条形图不会过滤掉卡片可视化内容。此时，当前列图表更改为 Filter 而非 Highlight。

（9）单击卡片可视化内容，可以看到，所有的 Filter 和 None 图标均消失。其原因在于，卡片可视化内容无法过滤其他可视化内容。

（10）选择功能区的 Format 选项卡，通过单击 Edit interactions 按钮对其取消选择。

下面考查单击可视化内容中的元素时的对应结果。

（1）单击切片中的 2017，可以看到日期切片变为一个范围且包含 2017 年。

（2）单击回到 2019，日期切片仅包含 2019 年。注意，在整个过程中，卡片可视化内容一直保持显示 1095，其原因在于，切片不再过滤卡片的可视化内容。

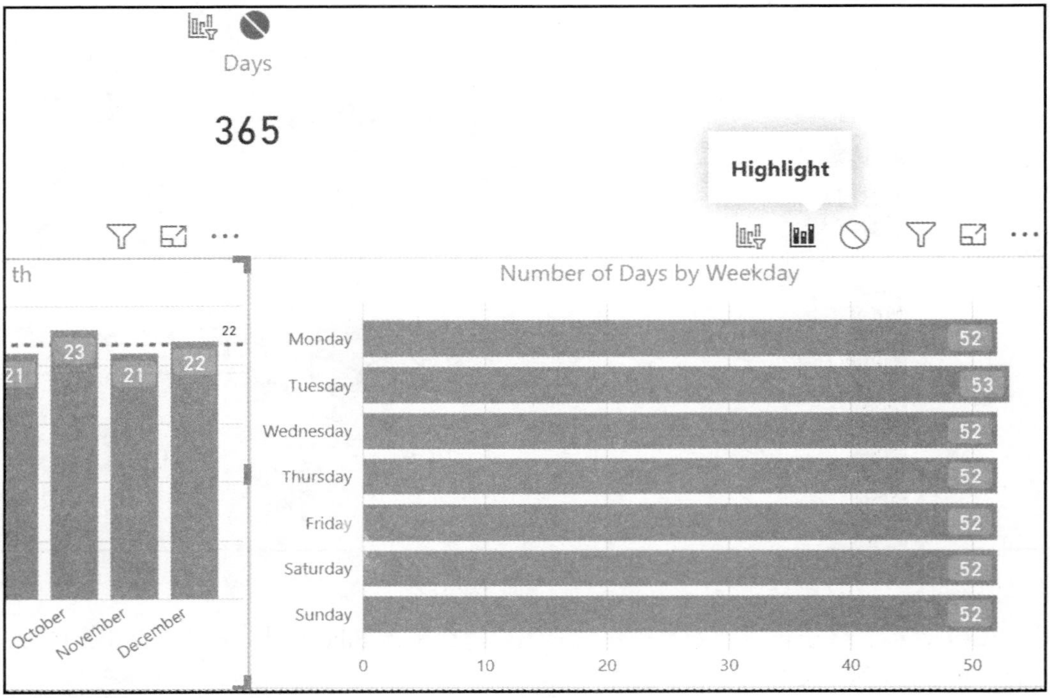

图 2.18　Highlight 图标

（3）移动日期切片中的日期范围。注意，原始切片持有 3 个选项，即 2017、2018、2019。另外，卡片可视化内容变为数字，其原因在于，日期切片过滤了卡片可视化内容。

（4）单击条形图中的工作日。注意，列图表可视化内容不再高亮显示且已被过滤。单击列图表可视化内容中的某个月份，以查看 Filter 和 Highlight 间的不同行为。

再次强调，使用功能区中的 File 和 Save 保存当前结果。

2.6　本章小结

本章下载并安装了 Power BI Desktop。随后，我们快速浏览了桌面应用程序的主要用户界面组件，生成了某些工作数据以创建简单的数据模型，同时还创建了该数据模型的基本的可视化内容。除此之外，本章还学习了如何对这些可视化内容进行格式化并向其中添加分析内容，以及如何控制页面上可视化内容间的交互方式。

第 3 章将考查 Power BI Desktop 数据摄取功能，并向数据模型中添加更多的数据。

2.7　进一步思考

下列问题供读者进一步思考。

- Power BI Desktop 的 3 个不同版本是什么？
- Power BI Desktop 用户界面的 9 个主要区域是什么？
- Power BI Desktop 中可获得的 3 个不同的视图是什么？
- DAX 的含义是什么？
- DAX 的应用场合是什么？
- Power BI Desktop 中显示的 5 个不同的面板是什么？
- VISUALIZATIONS 面板中可用的 3 个子面板是什么？
- 试解释可视化内容间的交互行为。

2.8　进一步阅读

- Power BI Desktop：https://docs. microsoft.com/en-us/power-bi/desktop-get-the-desktop。
- Power BI Desktop 入门指南：https://docs.microsoft.com/en-us/power-bi/desktop-getting-started。
- Power BI Desktop 中与 DAX 相关的基础知识：https://docs.microsoft.com/en-us/power-bi/desktop-quickstart-learn-dax-basics。
- 向 Power BI 中添加可视化内容（第 1 部分）：https://docs.microsoft.com/en-us/power-bi/visuals/power-bi-report-add-visualizations-i。
- 向 Power BI 中添加可视化内容（第 2 部分）：https://docs.microsoft.com/en-us/power-bi/visuals/power-bi-report-add-visualizations-ii。

第3章　连接和塑造数据

前述内容讨论了 Power BI 的基础知识。然而，要真正地释放 Power BI 的能量，还需要进一步扩展数据模型。对此，需要了解查询编辑器，以及如何将多个数据表相互关联，进而创建更复杂的数据模型。注意，每个良好的可视化报表均始于较好的数据模型，因而需要学习如何正确地摄取、转换和加载数据至 Power BI 中。

本章主要涉及以下主题。

- 获取数据。
- 转换数据。
- 合并、复制和添加查询。
- 验证和加载数据。

3.1　技术需求

为了成功地实现本章示例，需要满足以下需求条件。

- 连接互联网。
- 操作系统：Windows 10、Windows 7、Windows 8、Windows 8.1、Windows Server 2008 R2、Windows Server 2012 或 Windows Server 2012 R2。
- Microsoft Power BI Desktop。
- 访问 https://github.com/gdeckler/LearnPowerBI/tree/master/Ch3 下载 LearnPowerBI.pbix、Budget and Forecast.xlsx、People and Tasks.xlsx 和 Hours.xlsx 文件。
- 访问 https://github.com/gdeckler/LearnPowerBI/tree/master/Ch3 下载 LearnPowerBI_Ch3Start.zip，随后解压 LearnPowerBI_Ch3Start.pbix 文件。
- 在本章结束时，Power BI 文件为 LearnPowerBI_Ch3End.pbix 文件，该文件包含于 LearnPowerBI_Ch3End.zip 中，读者可访问 https://github.com/gdeckler/LearnPowerBI/tree/master/Ch3 下载该压缩文件。

注意：

为了使 Power BI 示例更具真实性，本书剩余部分将采用真实案例，相关场景涉及包含多处位置和多项服务的专业服务公司。例如，近期进行的年度员工调查显示，员工强烈要求调整个人休假（PTO）的灵活性。因此，人力资源部门决定实施无限制的 PTO。尽管休假仍需要得到批准，但员工每年不再限制为固定的 PTO 天数。这对员工来说无疑是一条好消息，但是为了保持盈利，组织机构需要记录和汇报休假数据，以便管理者以此制订明智的业务决策。

3.2 获取数据

Power BI 主要关注数据的操作和可视化问题，因此需要将某些附加数据引入当前的数据模型中。

注意：

确保已持有 3.1 节中下载的 Excel 文件，并在 Power BI Desktop 中打开 LearnPowerBI.pbix 文件。

3.2.1 创建第一个查询

当批准 PTO 时，有必要了解公司的预算情况和近期规划。在批准或拒绝休假请求时，公司或部门应将是否达到预算目标作为一个重要的考虑因素。

与第 2 章讨论的日历表不同（其间使用 DAX 创建计算表），此处将利用查询将数据导入数据模型中。

当创建一个查询时，需要实现下列各项步骤。

（1）从功能区的 Home 选项卡中选择 Get Data。其中可以看到默认的数据源列表，这里在列表底部选择 More...，如图 3.1 所示。

图 3.1 中存在超过 100 个连接器可用于摄取数据，这一类连接器可通过下列方式实现多个分类。

- All：这将列出全部有效的连接器。
- File：即文件连接器，包括 Excel、Text/CSV、XML、JSON、Folder、PDF 和 SharePoint folder。
- Database：该数据库列出了相关资源，如 SQL Server、Access、Oracle、IBM Db2、IBM Informix、IBM Netezza、MySQL、PostgreSQL、Sybase、Teradata、SAP、Impala、Google BigQuery、Vertica、Snowflake、Essbase 和 AtScale。
- Power BI：Power BI 包括 Power BI 数据集和数据流。
- Azure：Azure 列出了多项不同的服务，如 Azure SQL、Database、Data Warehouse、

Analysis Services、Blob Storage、Table Storage、Cosmos DB、Data Lake Storage、HDInsights、Spark、Data Explorer 和 Azure Cost Management。

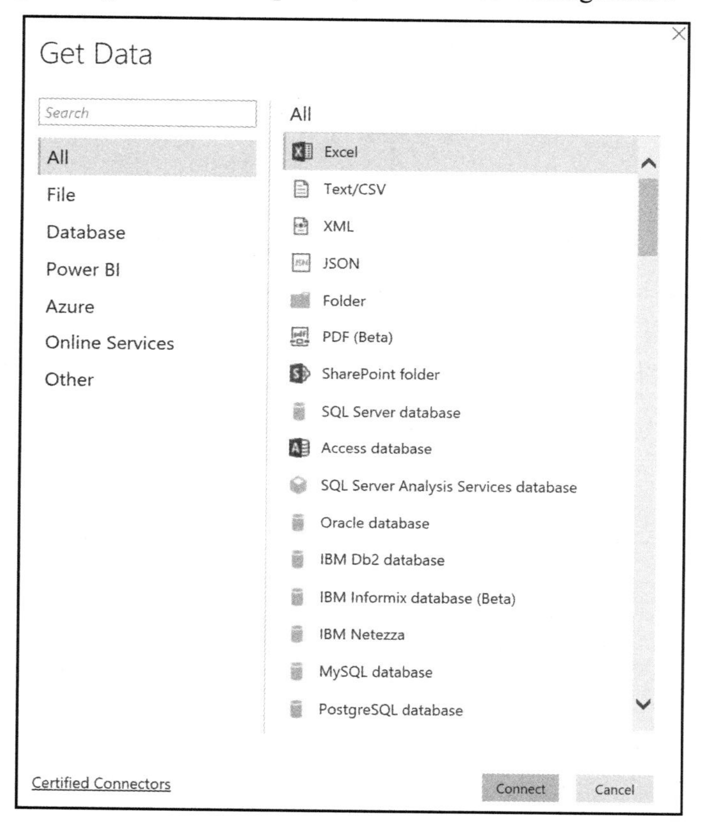

图 3.1　Get Data 部分

- ❑ Online Services：在线服务数量众多，包括微软技术（如 SharePoint Online、Exchange Online、Dynamics、Common Data Service、DevOps 和 GitHub）以及其他第三方技术（如 Salesforce、Google、Adobe、Facebook、MailChimp、QuickBooks 和 Smartsheet 等）。
- ❑ Other：其他连接器，包括 Web、OData、Spark、Hadoop（HDFS）、ODBC、R、Python 和 OLEDB。

除此之外，还可将连接器划分为专用连接器和通用连接器，如下所示。

- ❑ 专用连接器一般连接至某些专有技术，包括 IBM Db2、MySQL、Teradata 等。
- ❑ 通用连接器位于 Other 分类下，并可连接至任意技术，此类技术支持诸如 ODBC、

ODataWeb、Web 和 OLEDB 这一类工业标准。

由于没有被特别列出的支持这些标准的数据源有数百个（如果不是数千个），因此在 Power BI 中可以连接的数据源数量几乎是无限的。

图 3.1 的底部显示了一个 Certified Connectors 链接。也就是说，Power BI 包含了诸多可用的数据源连接器的原因之一是，微软针对客户和第三方通过自定义连接器扩展了 Power BI 所支持的数据源。

注意：

默认状态下，Power BI 仅支持微软认证的连接器，进而用于 Power BI 中。这种情况可通过 File > Options and settings > Options，选择 Security 并调整 Data Extensions 进行修改。相应地，自定义连接器被置于[Documents]\Power BI Desktop\Custom Connectors 文件夹下的 Power BI Desktop 安装文件夹中。该文件夹在安装并运行 Power BI 后被创建。

（2）单击 All 分类并选择该列表中的第一项，即 Excel。

（3）访问 Budgets and Forecasts.xlsx 文件并单击 Open 按钮，这将显示如图 3.2 所示的对话框。

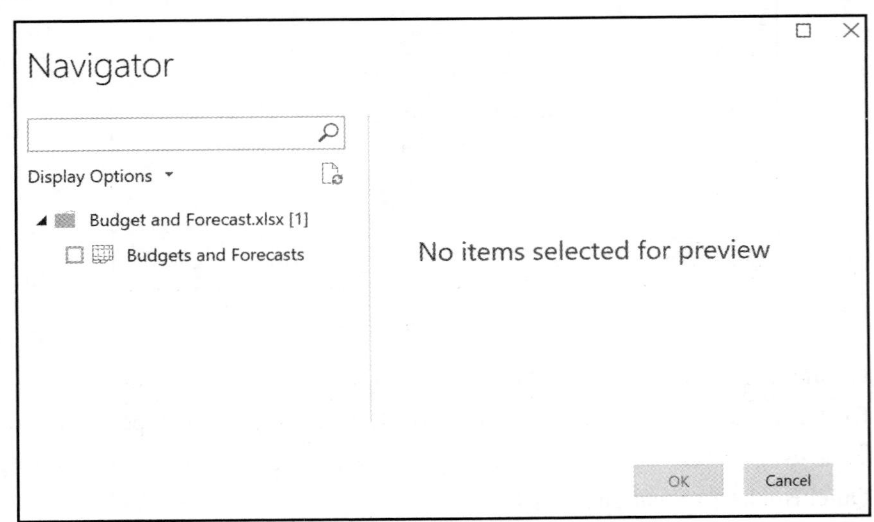

图 3.2　Navigator 对话框

注意：

对于 Excel 文件，Navigator 对话框将列出 Excel 文件中所有的页面和表。

（4）选中 Budgets and Forecasts 一侧的复选框，可以看到，数据预览内容已被载入右侧面板中，如图 3.3 所示。

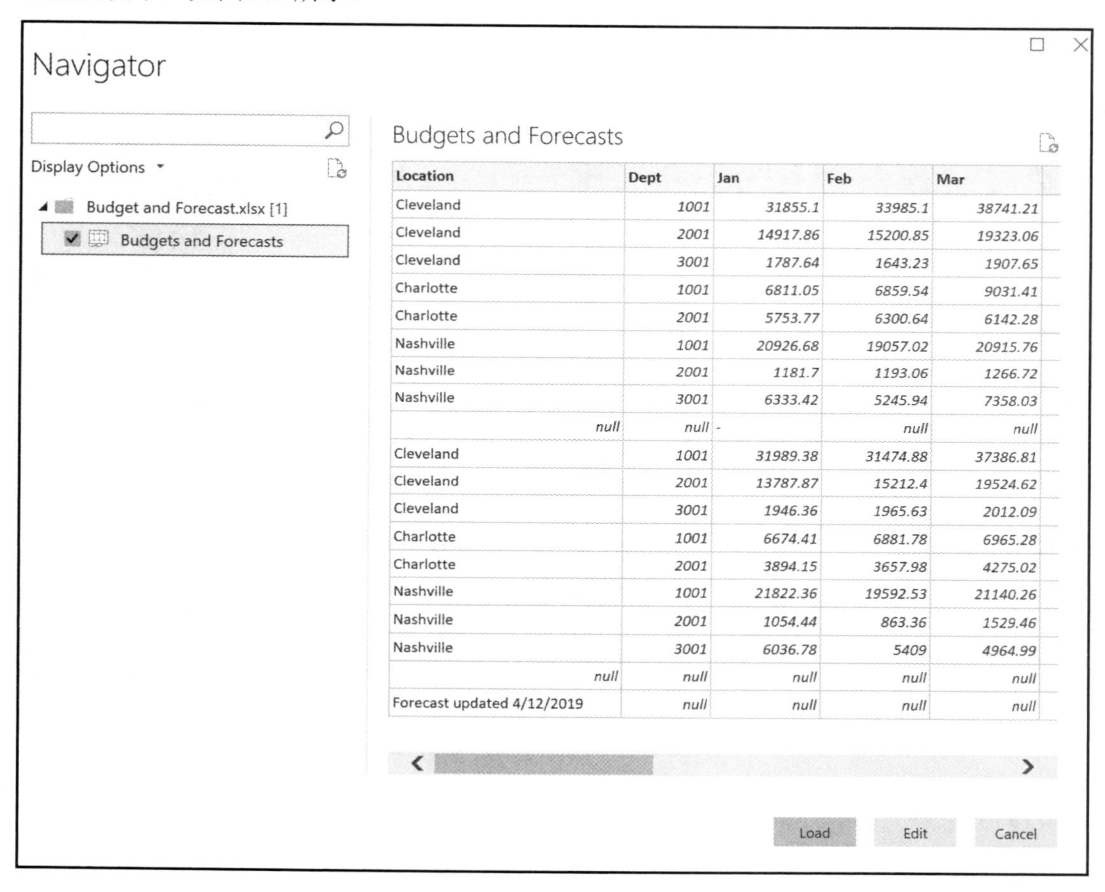

Location	Dept	Jan	Feb	Mar
Cleveland	1001	31855.1	33985.1	38741.21
Cleveland	2001	14917.86	15200.85	19323.06
Cleveland	3001	1787.64	1643.23	1907.65
Charlotte	1001	6811.05	6859.54	9031.41
Charlotte	2001	5753.77	6300.64	6142.28
Nashville	1001	20926.68	19057.02	20915.76
Nashville	2001	1181.7	1193.06	1266.72
Nashville	3001	6333.42	5245.94	7358.03
null	null	-	null	null
Cleveland	1001	31989.38	31474.88	37386.81
Cleveland	2001	13787.87	15212.4	19524.62
Cleveland	3001	1946.36	1965.63	2012.09
Charlotte	1001	6674.41	6881.78	6965.28
Charlotte	2001	3894.15	3657.98	4275.02
Nashville	1001	21822.36	19592.53	21140.26
Nashville	2001	1054.44	863.36	1529.46
Nashville	3001	6036.78	5409	4964.99
null	null	null	null	null
Forecast updated 4/12/2019	null	null	null	null

图 3.3　包含数据预览的 Navigator 对话框

不难发现，图 3.3 下方包含了 3 个按钮，即 Load、Edit（或 Transform Data）和 Cancel。

注意：

取决于具体的版本，Edit 按钮可能显示为 Transform Data。

（5）单击 Load 按钮。一旦数据加载完毕，就可单击 Data 视图和 Budgets and Forecast 表，以查看加载至当前数据模型中的对应数据，如图 3.4 所示。

图 3.4 中的数据展示了专业服务公司的预算和预测信息。而在背后，Power BI 创建了一个查询，并尝试制订与数据相关的智能决策，包括标识列名和数据类型。

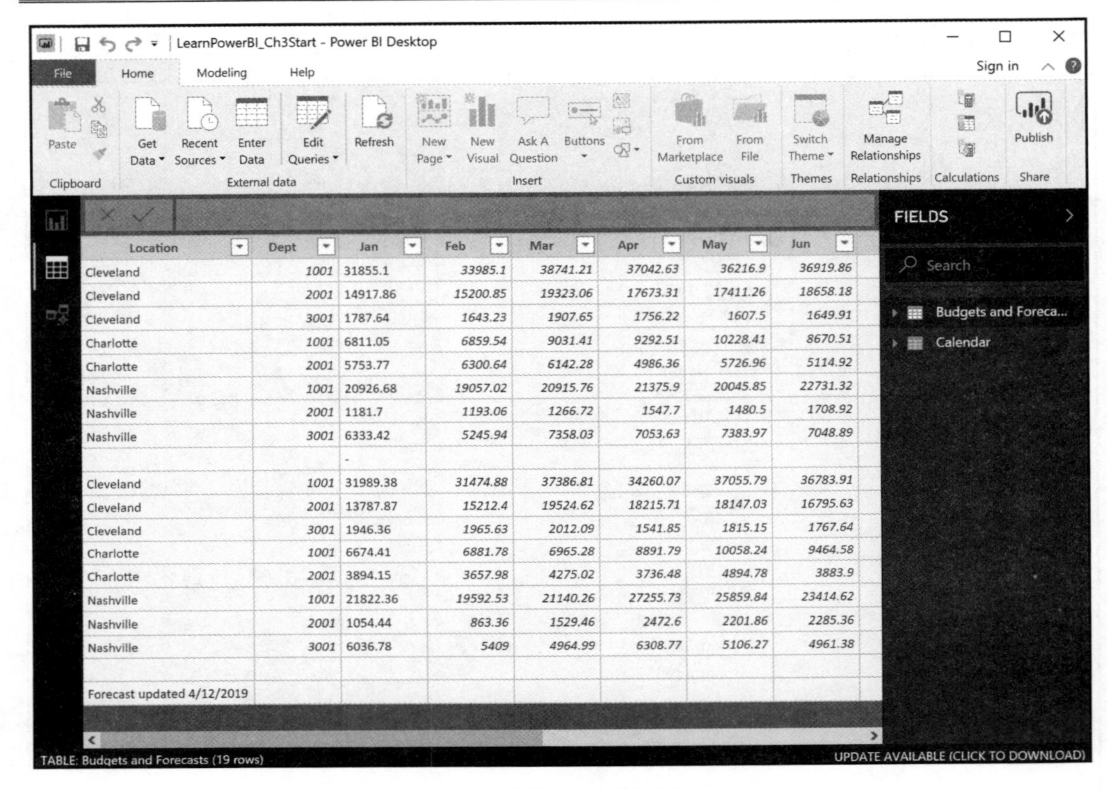

Location	Dept	Jan	Feb	Mar	Apr	May	Jun
Cleveland	1001	31855.1	33985.1	38741.21	37042.63	36216.9	36919.86
Cleveland	2001	14917.86	15200.85	19323.06	17673.31	17411.26	18658.18
Cleveland	3001	1787.64	1643.23	1907.65	1756.22	1607.5	1649.91
Charlotte	1001	6811.05	6859.54	9031.41	9292.51	10228.41	8670.51
Charlotte	2001	5753.77	6300.64	6142.28	4986.36	5726.96	5114.92
Nashville	1001	20926.68	19057.02	20915.76	21375.9	20045.85	22731.32
Nashville	2001	1181.7	1193.06	1266.72	1547.7	1480.5	1708.92
Nashville	3001	6333.42	5245.94	7358.03	7053.63	7383.97	7048.89
		-					
Cleveland	1001	31989.38	31474.88	37386.81	34260.07	37055.79	36783.91
Cleveland	2001	13787.87	15212.4	19524.62	18215.71	18147.03	16795.63
Cleveland	3001	1946.36	1965.63	2012.09	1541.85	1815.15	1767.64
Charlotte	1001	6674.41	6881.78	6965.28	8891.79	10058.24	9464.58
Charlotte	2001	3894.15	3657.98	4275.02	3736.48	4894.78	3883.9
Nashville	1001	21822.36	19592.53	21140.26	27255.73	25859.84	23414.62
Nashville	2001	1054.44	863.36	1529.46	2472.6	2201.86	2285.36
Nashville	3001	6036.78	5409	4964.99	6308.77	5106.27	4961.38
Forecast updated 4/12/2019							

图 3.4　预算和近期规划表

至此，我们创建了第一个 Power BI 查询。

3.2.2　获取附加数据

本节讨论如何获取附加数据。鉴于我们正在记录员工的 PTO，因而需要持有与公司员工相关的某些数据，以及所执行的各项任务。为了获取此类数据，可执行下列各项操作。

（1）在功能区的 Home 选项卡中，依次选择 Get Data 和 Excel。

（2）选取 People and Tasks.xlsx 文件并单击 Open 按钮，随后将显示如图 3.5 所示的 Navigator 对话框。

（3）单击 People 和 Tasks 页面，随后单击 Load 按钮。

在 Power BI Desktop 的 Data 视图中可以看到，当前持有两个附加表，即 People 和 Tasks。

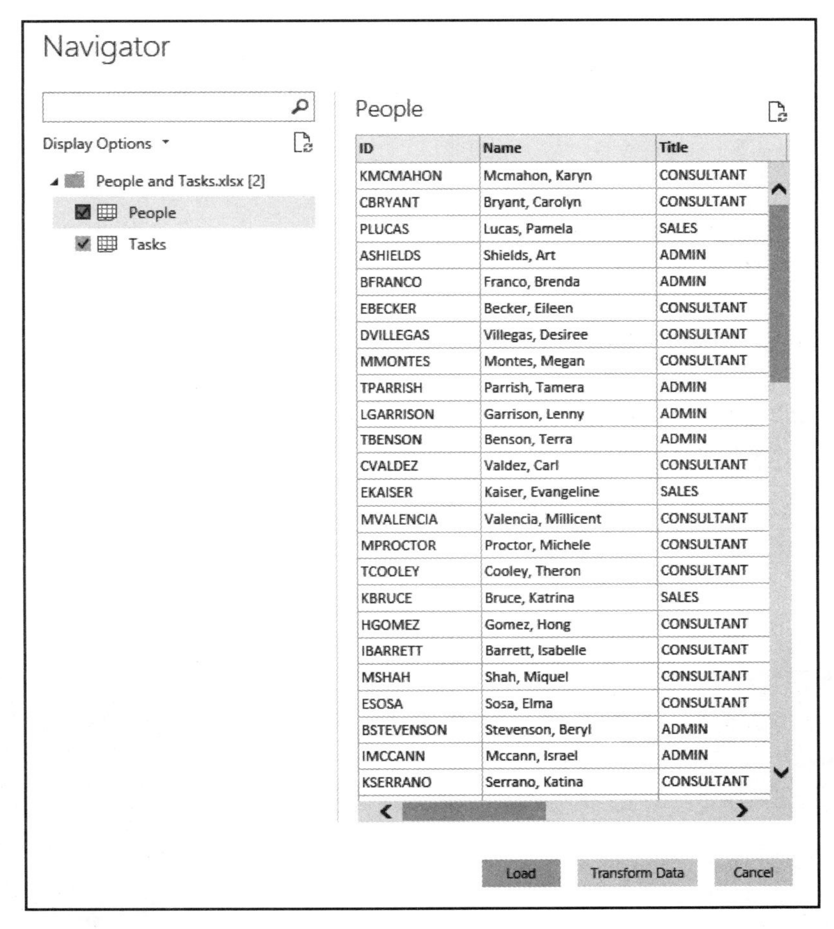

图 3.5　针对 People 和 Tasks 创建查询

其中，People 表包含了与公司员工相关的信息。当查看 People 表时可以发现，该表中涵盖了诸如 ID、Name、Title、EmployeeType、TermDate、HireDate 和 Location 等信息。

Tasks 表则包含了与员工工作的项目或任务相关的信息（如参与情况或是否计费）。Tasks 表中设置了 TaskID 和 Category，但并非当前列名，稍后在转换数据时将对这一问题进行处理。

最后一项所需数据是员工工作的小时数。对此，可执行下列任务。

（1）选择功能区的 Home 选项卡，依次选择 Get Data 和 Excel。

（2）此处选择 Hours.xlsx 文件并单击 Open 按钮。

（3）在 Navigator 对话框中选择 January 并单击 Load 按钮。

3.3 转 换 数 据

虽然 Power BI 在自动识别和分类数据方面表现良好，但数据的格式并不符合分析要求，因此需要调整数据与模型间的载入方式。换而言之，需要对数据进行转换。对此，可使用功能强大的子应用程序 Power Query Editor。

3.3.1 Power Query Editor

通过执行 External Data 部分中的 Edit Queries 命令，即可启动功能区的 Home 选项卡中的 Power Query Editor。

图 3.6 显示了启动后的 Power Query Editor。

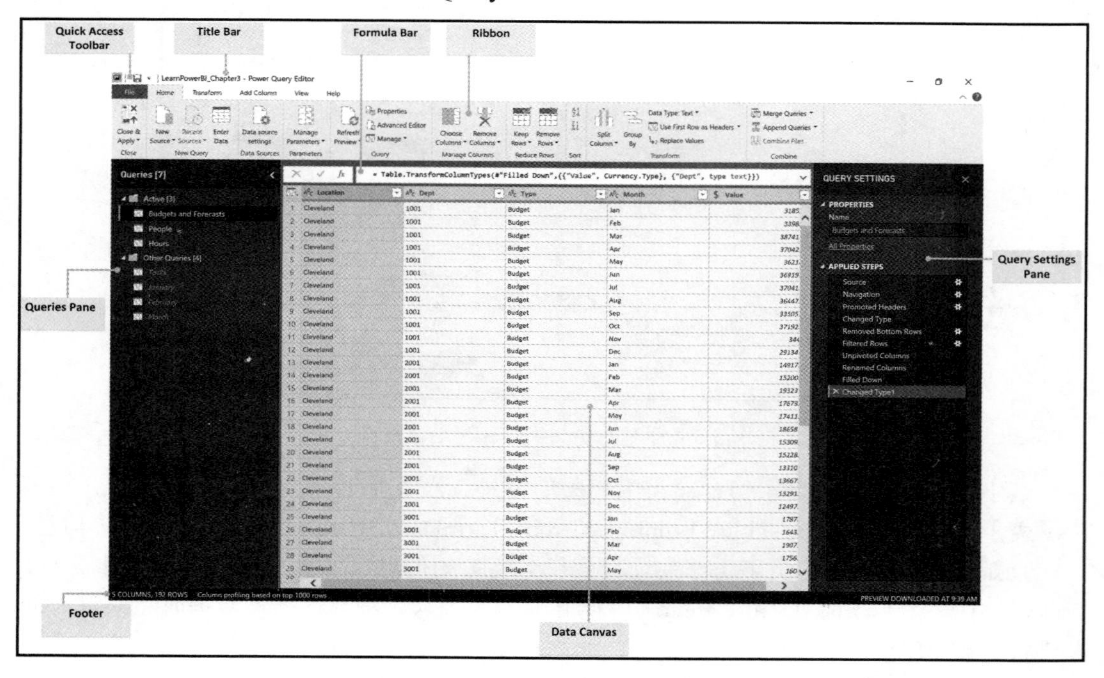

图 3.6　Power Query Editor

Power Query Editor 的界面类似于 Desktop，并与 Desktop 共享公共元素。Power Query Editor 的用户界面包含了 8 个区域，稍后将对此进行简要介绍，其间读者可参考图 3.6 中的内容。

1．Title Bar 和 Quick Access Toolbar

等同于 Desktop，Title Bar 是 Power Query Editor 上方的一个小型功能区，且符合 Windows 应用程序标准。单击左上角的应用程序图标将提供标准大小的尺寸和退出命令，如最小化、最大化和关闭命令。

相应地，图标一侧是 Quick Access Toolbar，该工具栏可显示于功能区的上方或下方。另外，可以通过右击功能区中的图标并选择 Add to Quick Access Toolbar，将功能区中的命令可添加至该工具栏中。

Quick Access Toolbar 右侧是当前开启文件的名称，随后是应用程序名称，即 Power Query Editor。最后，最右侧是标准的最小化、最大化/恢复和关闭图标。

提示：

Quick Access Toolbar 与 Power BI Desktop 的 Quick Access Toolbar 无关。另外，类似于 Desktop 的 Quick Access Toolbar，添加至当前 Quick Access Toolbar 中的功能特定于当前的工作文件。因此，如果在一个 Power BI Desktop 文件中向 Quick Access Toolbar 中添加按钮，这些按钮不会出现于不同文件的 Quick Access Toolbar 中，除非再次添加。

2．Ribbon

Ribbon 位于 Title Bar 下方，熟悉 Microsoft Office 的用户可以识别该区域的功能，尽管显示的控件会稍有不同。具体来说，功能区涵盖下列 6 个选项卡。

- File：File 选项卡将显示一个弹出菜单，单击时可保存 Power BI Desktop 文件、关闭 Power Query Editor，以及应用 Power Query Editor 中所产生的修改内容。
- Home：Home 选项卡提供了各种常见的操作，如连接至数据源、管理参数和常见的转换功能，如移除行和列、划分列和替换数值。
- Transform：Transform 选项卡提供了数据操控功能，包括转置行和列、透视/逆透视列、移动列、添加 R 或 Python 脚本，以及科学、统计、三角函数、日期和时间计算。
- Add Column：Add Column 选项卡所提供的操作主要集中于添加计算列、条件列和索引列。除此之外，许多 Transform 选项卡中的功能也出现于该功能区中。
- View：View 选项卡包含了控制 Power Query 界面层的控件，如是否显示 Query Settings Pane，以及是否显示 Formula Bar。
- Help：Help 选项卡包含了有用的 Power BI 帮助链接，如 Power BI Community 网站链接、文档、指导教程、培训视频等。

提示：

当向 Quick Access Toolbar 中添加 Ribbon 中的命令时，可右击功能区中的按钮，并选择 Add to Quick Access Toolbar。

3. Formula Bar

Formula Bar 使得用户可查看、输入和修改 Power Query（M）代码。Power Query 公式语言，通常称为 M，是一种函数式编程语言，由函数、运算符和值组成，用于连接 Microsoft Flow、PowerApps、Power BI Desktop 中的数据源，以及 Excel 中的 Power Query。

注意：

M 是 Power BI 中查询操作背后的语言。当在 Power Query Editor 中构造一项查询时，其幕后实际上构建了一个 M 脚本，并执行数据的连接、转换和导入工作，稍后将对此加以讨论。

4. Queries Pane

Queries Pane 显示与当前 Power BI 文件关联的查询列表。在生成了查询后，相关的查询行为将于此处予以显示。另外，该区域还支持查询分组，以及查询中数据行生成的错误信息。

5. Query Settings Pane

Query Settings Pane 提供了查询的属性访问操作，如查询名称。默认情况下，查询的名称将成为数据模型中表的名称。

查询操作实际上是一系列的数据应用步骤或转换。当转换查询所导入的数据时，将针对每次转换生成一个步骤。因此，执行查询并刷新数据源中的数据将重复执行此类步骤，或者使用转换操作。在实际操作过程中，每一个步骤即是一行 Power Query M 语言代码。

6. Data Canvas

Data Canvas 是 Power Query Editor 中的数据预览区，并显示导入模型中的数据。该区域与上下文相关，并针对当前查询所选步骤显示数据表。这一区域类似于 Power BI Desktop 中的 Data 视图，同时也是查看和转换查询中的数据的主要工作区。

7. Footer

Footer 区域是上下文相关的，且基于 Power Query Editor 中的所选内容。相应地，一些有用的信息将显示于其中，如表中的行和列数，以及数据最近一次预览加载的时间。

3.3.2　转换预算和预测数据

在数据连接完毕后，还需要执行某些转换步骤，以清除数据并为数据模型做准备。对此，可执行下列各项步骤。

（1）在 Power Query 窗口中，选择左侧 Queries 面板中的 Budgets and Forecasts。

通过查看数据可知，中间部分包含一个空行，结尾部分则存在一些无关行。当考查列标题时可以看到，Power BI 已经识别出第一行包含列名，并且已经将列分类为文本（ABC）、整数（123）和小数（1.2）。当前表包含了 Location、Department 以及一个月份列。当滚动至最后时，还可以看到一个 Type 列。

（2）在 QUERY SETTINGS 面板中，在 APPLIED STEPS 下方可以看到某些步骤已在查询中被使用，此类步骤由 Power BI 自动生成。

这里，查询操作实际上是一个应用步骤集合。如果单击这些步骤，则可看到每一个步骤中查询与数据表之间的修改方式。

（3）单击 Navigation 步骤，可以看到列标题被标记为 Column1、Column2 等。

（4）单击 Promoted Headers 步骤，可以看到第一行已提升为列标题，但所有列均标记为 ABC123。

（5）单击 Changed Type 步骤，其中，列根据其数据类型被分类。

1．清除底部无关行

当清除结尾处的无关行时，需要执行下列各项步骤。

（1）确保选择最后一个步骤 Changed Type。

（2）在功能区中选择 Home 选项卡，随后单击 Reduce Rows 部分中的 Remove Rows 按钮。接下来选择 Remove Bottom Rows，如图 3.7 所示。

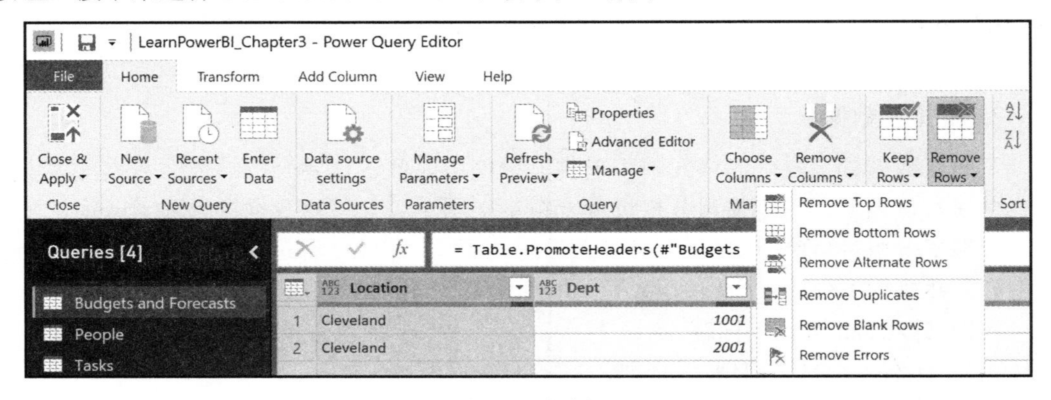

图 3.7　移除行

（3）在如图 3.8 所示的对话框中，输入 2 并单击 OK 按钮。

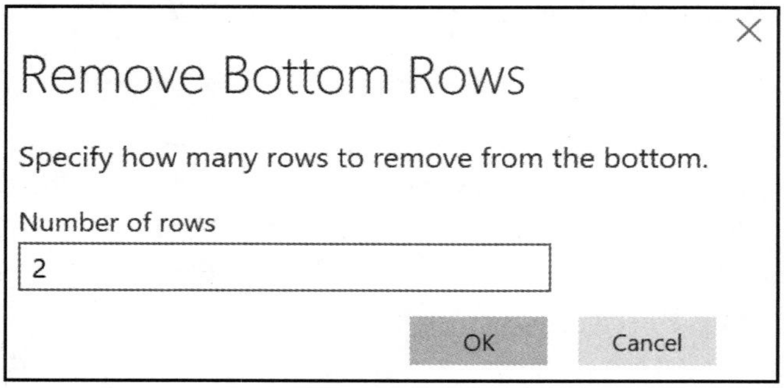

Remove Bottom Rows

Specify how many rows to remove from the bottom.

Number of rows

2

OK　Cancel

图 3.8　Remove Bottom Rows 对话框

可以看到，最后两行已被移除，且附加步骤 Removed Bottom Rows 已被添加至 Applied Steps 区域中查询步骤的底部。

2．过滤行

下面尝试清除中间部分的空行（即行 9）。对此，需要执行下列各项步骤。

（1）在 Location 列标题中，单击下拉箭头后可以看到许多选项，包括排序、文本过滤器和搜索栏。Text Filters 区域显示了大量有用的文本过滤选项，如 Equals、Does Not Equal、Begins With、Does Not Begin With、Ends With、Does Not End With、Contains 和 Does Not Contain 过滤器；另外还列出了列中所有的不同值，包括(null)、Charlotte、Cleveland 和 Nashville，如图 3.9 所示。

（2）取消选中(null)一侧的复选框，随后单击 OK 按钮。

注意，数据表中的 null 值行已被移除，同时新的步骤已被添加至当前查询中，即 Filtered Rows。另外，Location 列的标题按钮中出现了一个小漏斗状的图标，表示该列已被过滤。

3．逆透视数据

下面将数据置于较好的格式中，以供分析使用。鉴于需要分析的数字数据出现于多个列中（月份列），这将使得分析过程变得更加困难。如果对数据进行适当转换，则分析过程将变得相对简单，以便所有数字数据均位于单一列中。对此，可逆透视（unpivoting）月份列，并执行下列各项操作。

（1）针对 Jan 选择列标题。

（2）向右滚动直至出现 Type 列。

（3）按 Shift 键并选择标记为 Dec 的列标题。当前，所有列之间（包括 Jan～Dec）

均呈黄色高亮显示，并呈现为选择状态。

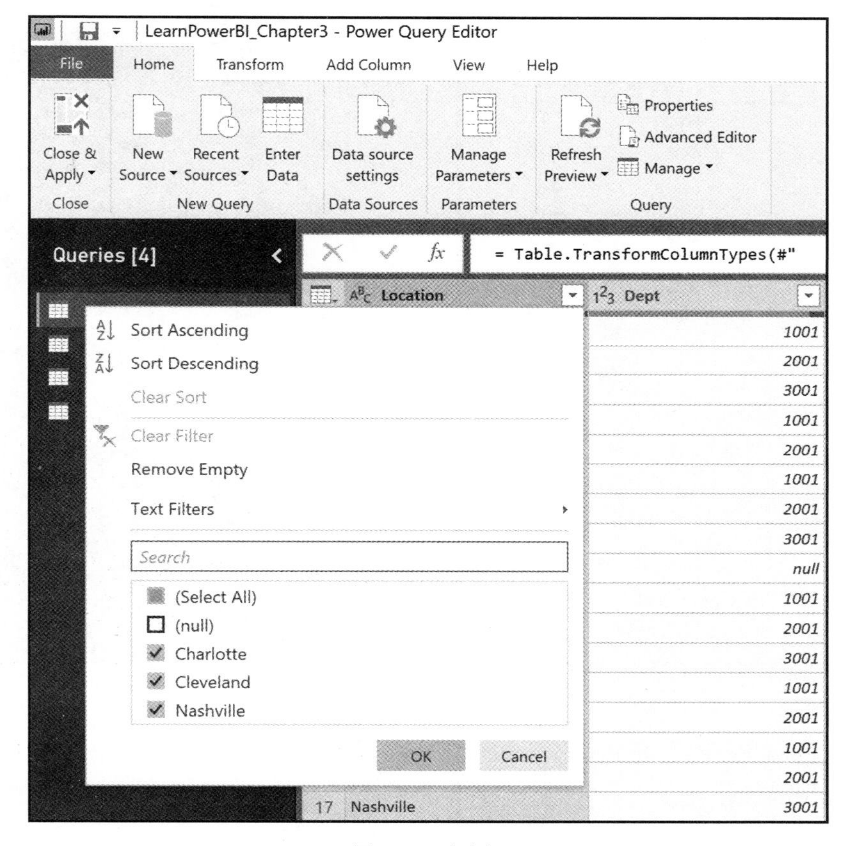

图 3.9　过滤行

（4）选择 Transform 选项卡并选择 Unpivot Columns，如图 3.10 所示。

在图 3.10 中，月份列被转换为两个列，即 Attribute 和 Value。之前的列名（Jan、Feb、Mar、Apr、May 等）现在作为行值出现于名为 Attribute 的列下，而数字值则出现于名为 Value 的列中。另外，步骤 Unpivoted Columns 则出现于 APPLIED STEPS 区域中。

（5）双击 Attribute 列标题，并将该列重命名为 Month。此时，步骤 Renamed Columns 将出现于 APPLIED STEPS 区域中。

4．使用 Fill

接下来将对 Type 数据进行修复。需要注意的是，Type 列包含了质量不一的信息。其中，前 12 行包含了单词 Budget，随后存在一个间隙，直至行 87；接下来的 12 行包含单词 Forecast，随后是另一个间隙。

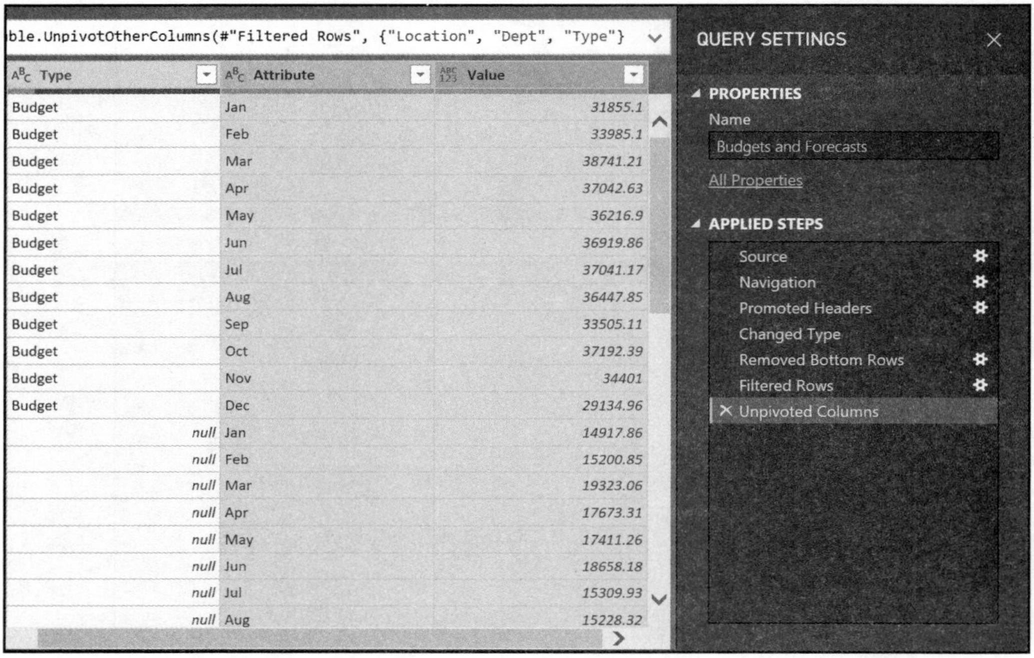

图 3.10　逆透视列

这里，我们需要全部行包含 Budget 或 Forecast。当修复数据时，需要使用 Fill 功能并执行下列各项操作。

（1）选择 Type 列，随后右击并依次选择 Fill 和 Down。

（2）注意，Type 列当前针对每行包含了一个值，且步骤 Filled Down 出现于 APPLIED STEPS 区域中。

Fill 操作使用列中找到的最新值，并利用该值替换空值或 null 值，直至查找到新值并重复当前操作。

5. 修改数据类型

在数据表中，可以看到 Value 列被分类为通用数据。在图 3.10 中，可通过出现于 Value 列标题中的 ABC123 图标看到这一点。ABC123 标记意味着，列中的值可以是文本或数字。当修复数据类型时，可执行下列各项步骤。

（1）单击 ABC123 图标，并选择 Fixed decimal number。ABC123 图标被替换为$，且步骤 Changed Type1 被添加至 APPLIED STEPS 区域中。

（2）类似地，单击 Dept 标题中的 123 图标并将其修改为 Text。注意，123 图标被替换为 ABC 图标，且列中的对应值不再是斜体，同时呈现为左对齐（而非右对齐）状态。虽然部分代码可以是数字类型，但一般不会对此类值通过数字方式执行求和、平均值或聚合操作，因而将其修改并视为文本则更具实际意义。

提示：

修改数据类型将对排序顺序产生影响。因此，有时将数据类型保留为数值型，并使用 don't summarize 这一默认的摘要方式也是十分有效的。

3.3.3　转换 People、Tasks 和 January 数据

本节将讨论其他表以供后续分析使用，类似于 3.3.2 节，我们将对 People、Tasks 和 January 执行类似的操作。

1．转换 People 查询

当转换 People 查询时，可执行下列各项步骤。

（1）单击 Queries 面板中的 People 查询。需要注意的是，当前查询中已经创建了 4 个步骤，即 Source、Navigation、Promoted Headers 和 Changed Type。Power BI 自动添加了多项查询步骤，并使第一行成为列名，同时标识列的数据类型。其中，前 4 列（即 ID、Name、Ttile 和 Employee Type 列）均被标识为文本（ABC）。接下来的两个列 TermDate 和 HireDate 则均包含一个日历图标，即日期列。相应地，最后一个列 Location 则表示为一个文本列（ABC）。

（2）确保所有这些列均包含正确的数据类型；否则，可通过单击列标题中对应的数据类型图标，或者选择当前功能区中的 Transform 选项卡，并使用 Any Column 部分中的 Data Type 下拉列表，进而修改数据类型。在操作完毕后，最终的数据类型如图 3.11 所示。

	ID	Name	Title	EmployeeType	TermDate	HireDate	Location
1	KMCMAHON	Mcmahon, Karyn	CONSULTANT	CONSULTANT	1/1/1900	1/1/1900	Charlotte
2	CBRYANT	Bryant, Carolyn	CONSULTANT	SALARY	5/15/2015	1/1/1900	Charlotte
3	PLUCAS	Lucas, Pamela	SALES	ADMINISTRATION	1/1/1900	1/1/1900	Charlotte
4	ASHIELDS	Shields, Art	ADMIN	ADMINISTRATION	1/1/1900	1/1/1900	Charlotte
5	BFRANCO	Franco, Brenda	ADMIN	ADMINISTRATION	11/29/2018	1/1/1900	Charlotte
6	EBECKER	Becker, Eileen	CONSULTANT	SALARY	1/1/1900	1/1/1900	Charlotte
7	DVILLEGAS	Villegas, Desiree	CONSULTANT	CONSULTANT	11/18/2005	4/17/2000	Charlotte
8	MMONTES	Montes, Megan	CONSULTANT	SALARY	3/8/2019	10/8/2001	Charlotte
9	TPARRISH	Parrish, Tamera	ADMIN	ADMINISTRATION	1/28/2011	6/9/2003	Charlotte
10	LGARRISON	Garrison, Lenny	ADMIN	ADMINISTRATION	1/1/9999	1/1/2004	Charlotte
11	TBENSON	Benson, Terra	ADMIN	ADMINISTRATION	8/18/2005	4/16/2004	Charlotte
12	CVALDEZ	Valdez, Carl	CONSULTANT	CONSULTANT	1/3/2006	8/2/2004	Charlotte
13	EKAISER	Kaiser, Evangeline	SALES	ADMINISTRATION	2/21/2007	10/25/2004	Charlotte

图 3.11　People 查询的列数据类型

2. 转换任务查询

当转换 Tasks 查询时，需要执行下列各项步骤。

（1）单击 Queries 面板中的 Tasks 查询。需要注意的是，该查询中仅包含 3 个 APPLIED STEPS，即 Source、Navigation 和 Changed Type。对应的两列分别命名为 Column1 和 Column2。另外，需要注意的是，前两行包含了值 TaskID 和 Category0，且需要第一行中的数值为列名。

（2）单击 QUERY SETTINGS 面板的 APPLIED STEPS 区域中的 Navigation 步骤。

（3）选择 Transform 选项卡并选择左侧第二个图标 Use First Row as Headers，随后将显示一条 Insert Step 消息，并询问是否确认将某个步骤插入当前查询中，如图 3.12 所示。

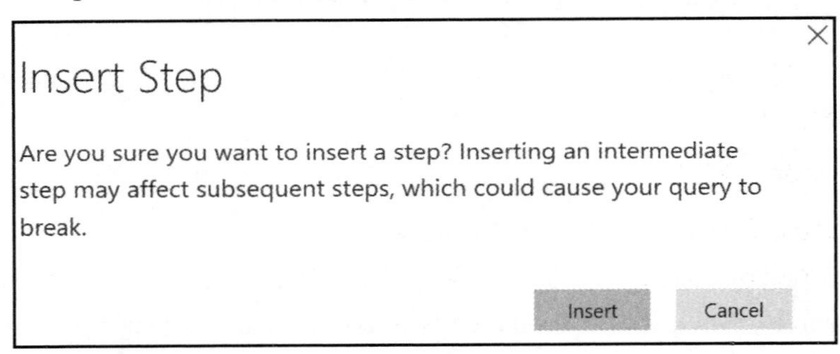

图 3.12　Insert Step 对话框

（4）单击 Insert 按钮。注意，Promoted Headers 步骤被插入 Navigation 步骤和 Changed Type 步骤之间。当前，列标题为 TaskID 和 Category。

（5）单击 Changed Type 步骤，并可以看到，这将显示一条错误信息，其原因在于，Changed Type 步骤之前曾将当前列视为 Column1 和 Column2，而这些列彼此间存在差异。

（6）单击步骤名称左侧的 X 图标以移除 Changed Type 步骤。

（7）此时将两列的数据类型修改为文本。

3. 转换 January 查询

对于 January 查询，需要执行下列转换步骤。

（1）单击 January 查询，随后可以看到存在 4 个 APPLIED STEPS，即 Source、Navigation、Promoted Headers 和 Changed Type。

（2）EmployeeID、TaskID、JobID、Division、TimesheetBatchID、TimesheetID 和 PayType 列均为文本列（ABC）。

（3）Date、PeriodStartDate、PeriodEndDate 列均为 Date 列（日历图标）。

（4）Hours、HourlyCost、HourlyRate、TotalHoursBilled 和 TotalHours 列均为小数（1.2）列。

（5）确保已选择 Changed Type 步骤，随后将 HourlyCost 和 HourlyRate 修改为 Fixed decimal number。其间，每次将显示 Change Column Type 提示内容。随后，每次单击 Replace current 按钮，如图 3.13 所示。

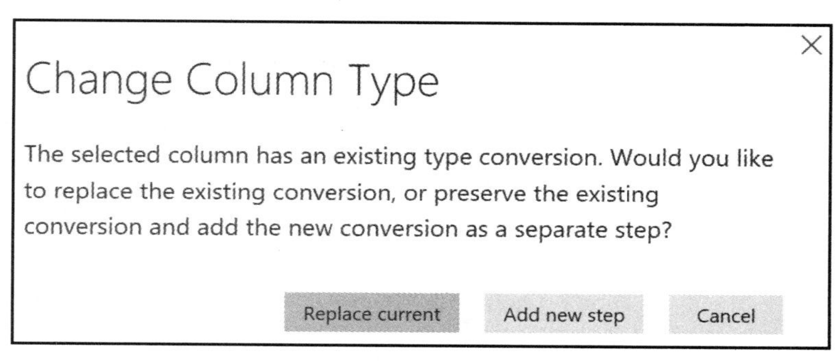

图 3.13　Change Column Type 对话框

这将结束查询上基本的转换工作。然而，我们尚未完成全部的数据转换操作，接下来讨论更为复杂的数据转换行为。

3.4　合并、复制和添加查询

前述内容讨论了数据的清洗工作，然而，在数据的准备过程中，仍需要某些辅助数据和转换，以供后续分析操作使用。

3.4.1　合并查询

可以看到，在 January 查询中，存在一个名为 TaskID 的列，该列中的值匹配于 Tasks 查询中 TaskID 列中的值。Tasks 查询包含了与各项任务（关于任务是否为 Billable）或某些其他分类（如 PTO、Int Admin、Sales Support 和 Training）相关的附加信息。January 表中涵盖了此类信息是十分有用的。对此，我们将通过执行下列操作合并两项查询。

（1）选择 Queries 面板中的 January 查询。

（2）选择功能区中的 Home 选项卡，随后在该功能区的 Combine 部分中选择 Merge Queries。

（3）此时将显示 Merge 对话框，如图 3.14 所示。

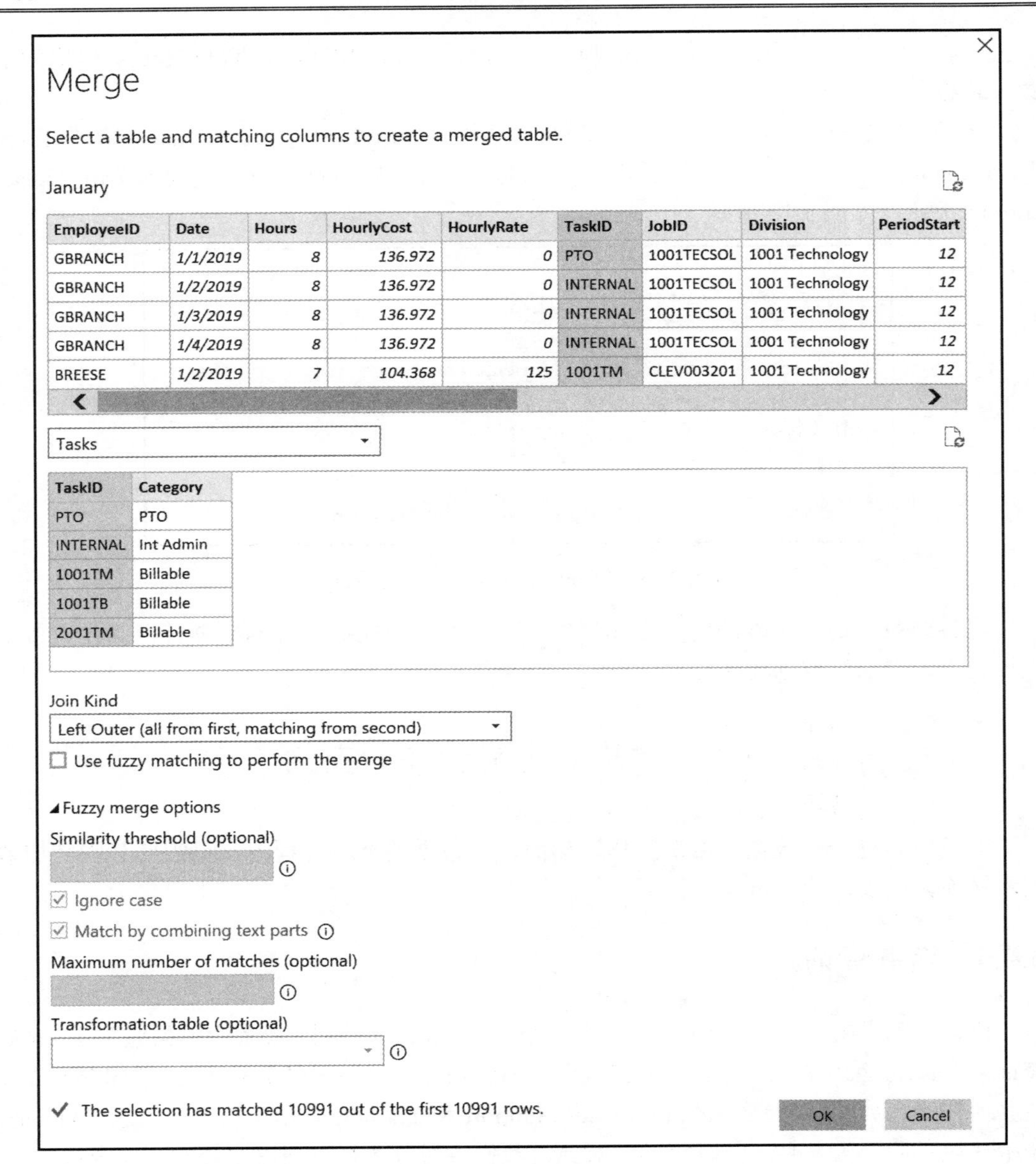

图 3.14　Merge 查询对话框

（4）January 查询列于对话框的上方，同时还包括该查询返回的列和行的预览内容。在该表下方的下拉列表中，可通过下拉箭头选择 Tasks 查询，如图 3.14 所示。再次说明，这里显示了 Tasks 查询返回的列和行的预览内容。另外，该查询将与 January 查询进行合并。

（5）选择两个表中的 TaskID 列，可以看到，OK 按钮此时处于激活状态，如图 3.14 所示。

（6）另外需要注意的是，对话框的底部显示了 The selection has matched 10991 out of the first 10991 rows 这一信息。

（7）Join Kind 列表框显示了 Left Outer (all from first, matching from second)。下拉列表中还列出了其他连接类型，如下所示。

- Left Outer（第一个表中的全部内容与第二个表进行匹配）。
- Right Outer（第二个表中的全部内容与第一个表进行匹配）
- Full Outer（两个表中的全部行）。
- Inner（仅匹配行）。
- Left Anti（仅第一个表中的行）。
- Right Anti（仅第二个表中的行）。

（8）将上述连接类型保留为 Left Outer (all from first, matching from second)。

（9）Join Kind 下方存在一个 Use fuzzy matching to perform the merge 复选框和 Fuzzy merge options 区域。

注意：

模糊合并允许相似但不相同的项目在合并期间被匹配。此处，相关选项中包含了一个 Similarity threshold，这是可选的。Similarity threshold 表示 0.00～1.00 的数字，其中值 0.00 将导致所有值均匹配，而 1.00 将导致仅匹配实际值。相应地，默认值为 0.80。除此之外，附件的选项还包括 Ignore case 和 Match by combining text parts 功能。例如，忽略大小写时，mIcroSoft 将匹配于 Microsoft。另外，通过整合文本部分，Micro 和 soft 经整合后将匹配于 Microsoft。当执行模糊合并时，多个值之间将进行匹配。对此，可使用可选的设置项 Maximum number of matches 控制针对每个输入行的返回的匹配行的数量，对应数字为 1～2147483647(默认值)。最后，还存在一个选项可使用 Transformation table。这可通过合并过程中所用的 From 和 To 列指定一个数值表。例如，合并表可能在 USA 的 From 列中包含一个值，该值映射到 United States 的 To 列。

（10）取消选中 Use fuzzy matching to perform the merge 复选框，单击 OK 按钮，退出 Merge 对话框并执行合并操作。

3.4.2　扩展表

在 Power Query Editor 中可以看到，附加的步骤被添加至 Merged Queries 查询中，如

图 3.15 所示。除此之外，附加列已被添加至 Tasks 中。该列的行值以黄色文本显示为 Table。这里，我们希望扩展该表。对此，需要执行下列各项步骤。

（1）单击 Tasks 列图标右侧的扩展箭头图标，该图标用于扩展包含表信息的多个列。

（2）取消选中 TaskID 一侧的复选框，同时取消选中 Use original column name as prefix 复选框，如图 3.15 所示。

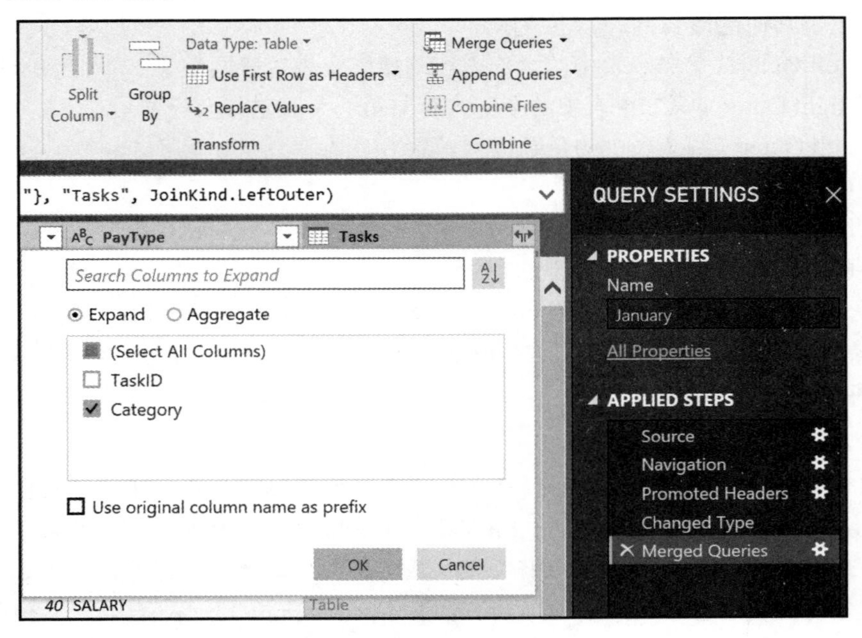

图 3.15　列扩展对话框

（3）单击 OK 按钮。

（4）可以看到，Tasks 列被修改为 Category，且任务分类值列于每一行中。除此之外，步骤 Expanded Tasks 已被添加至当前查询中。

3.4.3　禁用查询加载机制

前述内容执行了 Tasks 查询与 January 查询之间的合并操作。实际上，其间并不需要将 Tasks 查询加载至当前数据模型的独立表中。当禁用 Tasks 查询时，需要执行下列各项操作。

（1）选择 Queries 面板中的 Tasks 查询。

（2）右击 Tasks 查询将显示多个选项。

（3）取消选中 Enable load 复选框。

（4）此时将显示一个警告对话框，通知当前操作不会将该查询中的数据加载至其自身的表中，并从数据模型中移除对应表（如果存在）。该警告对话框如图 3.16 所示。

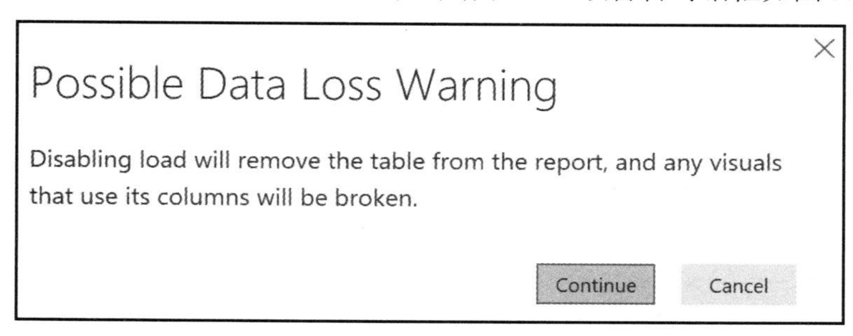

图 3.16　Possible Data Loss Warning（可能数据丢失警告）对话框

（5）单击 Continue 按钮。

再次返回至 Power Query Editor，不难发现，Tasks 查询名称呈现为斜体状态。通过禁用查询的加载机制，当前 January 查询仍通过 Merge queries 操作加载数据，但 Tasks 查询自身并不会载入当前数据模型的独立表中。

3.4.4　复制查询

前述内容讨论了如何将修改后的 January 查询与 Tasks 信息进行合并。相应地，我们还需要使用 February 和 March 数据。对此，可方便地复制 January 查询，随后修改源数据。当复制 January 查询时，需要执行下列各项操作。

（1）选择 Queries 面板中的 January 查询。

（2）右击 January 查询并选择 Copy。

（3）右击 Queries 面板中的空白部分并选择 Paste，随后将创建两个新的查询，即 January (2)和 Tasks (2)。

（4）再次右击 Queries 面板中的空白部分并选择 Paste，随后将创建两个额外的查询，即 January (3)和 Tasks (3)。

（5）单击 Queries 面板中的 January (2)查询，可以看到，APPLIED STEPS 等同于原 January 查询，同时包括 Merged Queries 和 Expanded Tasks 步骤。

（6）单击 Merged Queries 步骤一侧的齿轮图标。

（7）此时将显示 Merge 对话框。不难发现，合并后的两个表分别为 January (2)和原 Tasks 表。因此，我们并不需要使用创建的 Tasks (2)或 Tasks (3)查询。

（8）单击 Cancel 按钮。

（9）右击每个查询并选择 Delete，进而删除 Tasks (2)和 Tasks (3)查询。

（10）在 Delete Query 对话框中，每次单击 Delete 按钮。

3.4.5 修改源

目前，我们持有 January 查询，但需要针对 January (2)和 January (3)修改数据源，进而分别针对 February 和 March 加载数据。对此，需要执行下列各项操作。

（1）单击 January (2)查询。

（2）在 QUERY SETTINGS 面板的 APPLIED STEPS 区域中，单击 Navigation 步骤一侧的齿轮图标。

（3）在 Navigation 对话框中，单击 February。

（4）单击 OK 按钮。

可以看到，Queries 面板中 January (2)查询一侧显示了一个黄色的警告图标。此外，还可以看到，两个额外的步骤已被添加至当前查询中，且位于 Navigation 步骤下方，即 Promoted Headers1 和 Changed Type1。当单击当前查询中的 Expanded Tasks 步骤时，将会显示一条错误消息。当修复这一问题时，可执行下列操作步骤。

（1）使用 X 图标删除当前查询中的 Promoted Headers1 和 Changed Type1 步骤。

（2）在所显示的 Delete Step 对话框中，每次单击 Delete 按钮。在删除了上述步骤之后，全部警告和错误消息将被移除。

（3）在 QUERY SETTINGS 面板的 PROPERTIES 部分下方，将查询的 Name 从 January (2)修改为 February。

上述方法仅是修改源的方式之一。除此之外，还可编辑底层的 M 代码。对此，可执行下列各项步骤。

（1）单击 Queries 面板中的 January (3)查询。

（2）单击 Navigation 步骤。

（3）此时，编辑公式栏并将单词 January 替换为单词 March，以便该步骤的公式如下所示。

```
= Source{[Item="March",Kind="Sheet"]}[Data]
```

（4）按 Enter 键并完成公式。此时，当前查询中未添加任何额外步骤。

（5）将当前查询重命名为 March。

3.4.6 添加查询

当前，我们持有针对小时数据（来自员工上报）的 3 个独立表，且分别针对 January、

February 和 March。然而，此处真正的需求是将这些数据置于一个表中。对此，可使用 Append 查询，如下所示。

（1）选择功能区中的 Home 选项卡。

（2）在功能区最右侧的 Combine 部分中，单击 Append Queries 下拉列表并选择 Append Queries as New，这将显示 Append 查询对话框，如图 3.17 所示。

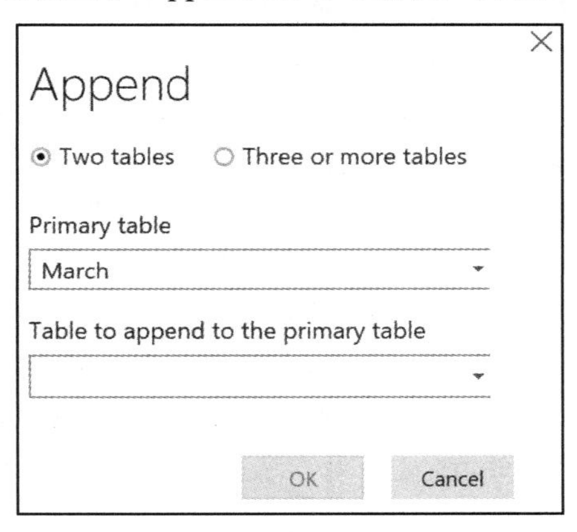

图 3.17　Append 查询对话框

（3）在 Append 查询对话框中，选中 Three or more tables 单选按钮。

（4）使用 Add >>按钮将 January、February 和 March 查询添加至 Tables to append 中，具体顺序并不做要求，如图 3.18 所示。

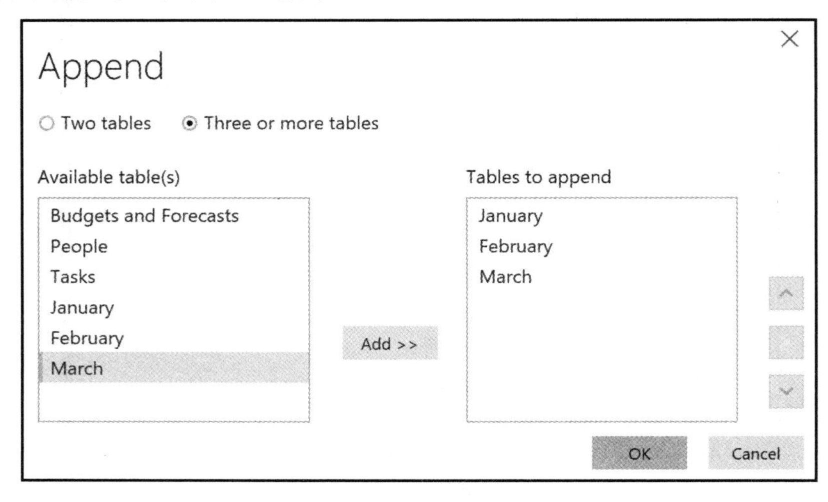

图 3.18　加入 3 个或多个表

（5）当完成时单击 OK 按钮。

上述过程将生成一个名为 Append1 的查询。可以看到，Append1 查询由单一步骤 Source 构成。针对该步骤，显示于 Formula Bar 中的对应公式如下所示。

```
= Table.Combine({January, February, March})
```

接下来将通过某些额外步骤完成当前查询，如下所示。

（1）选择 Queries 面板中的 Append1 查询。

（2）右击当前查询并选择 Rename，并将该查询重命名为 Hours。

Hours 查询目前包含 January、February 和 March 查询中的全部信息。这意味着，可禁用每个查询上的加载功能。对此，可执行下列各项步骤。

（1）右击每个查询并取消选中 Enable load 复选框。

（2）此时将会出现一个警告对话框，通知当前操作不会将该查询中的数据加载至其自身的表中，并从数据模型中移除对应表（如果存在）。随后单击 Continue 按钮。

（3）最后，定位 Hours 查询中的 Hours 列。右击该列的标题，并依次选择 Change Type 和 Decimal Number。这确保 Hours 是一个十进制数，而非一个定点的十进制数或货币数字。对应操作如图 3.19 所示。

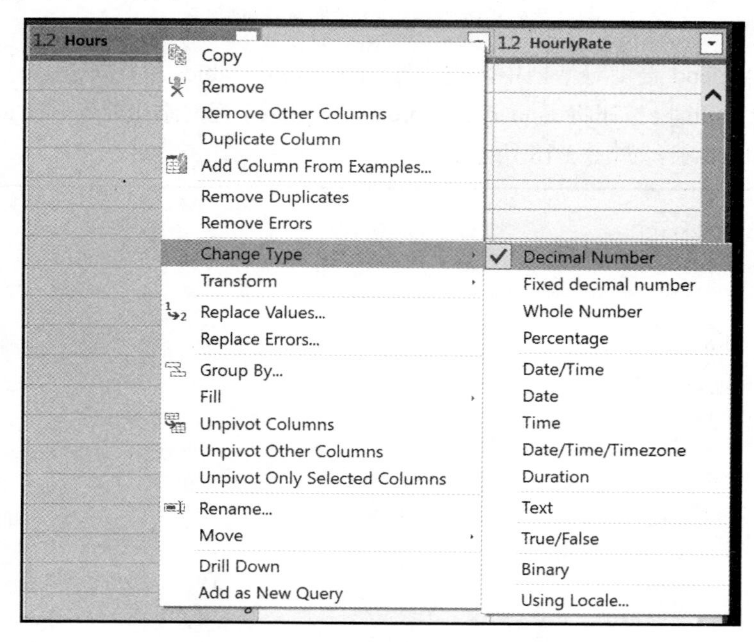

图 3.19　将类型修改为十进制数字

提示：

如果持有同一格式的多个文件，可考虑使用 Combine Binaries (Folder)查询，对应网址为 https://docs.microsoft.com/en-us/power-bi/desktop-combine-binaries。

3.5　验证和加载数据

前述内容讨论了连接和转换数据，Queries 面板中应包含 3 个活动查询和列出的 4 个中间查询。活动查询包括 Budgets and Forecasts、People 和 Hours，且不应呈现为斜体状态，活动查询将在数据模型中创建表。此外，还应包含 4 个斜体状态的中间查询，即 Tasks、January、February 和 March，此类查询不会创建数据模型中的表，但将被活动查询加以使用。

图 3.20 显示了 Queries 面板。

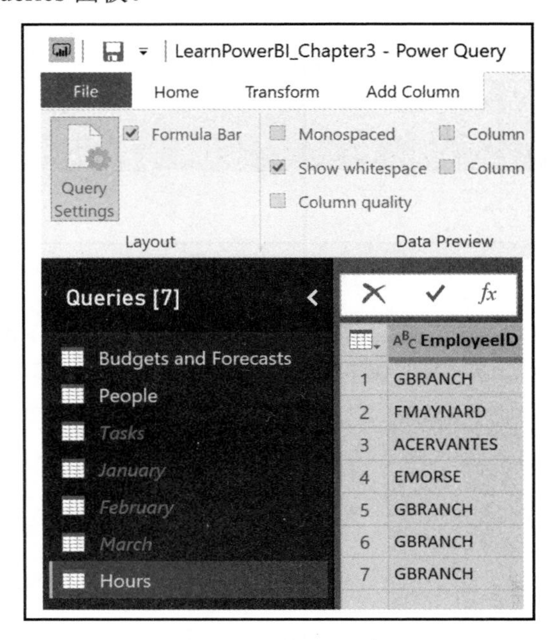

图 3.20　Queries 面板

通过查看查询依赖关系，即可看到源和查询之间的彼此关系，对此，可执行下列各项步骤。

（1）选择功能区的 View 选项卡。

（2）单击功能区 Dependencies 区域中的 Query Dependencies 按钮，这将显示如图 3.21 所示的 Query Dependencies 窗口。

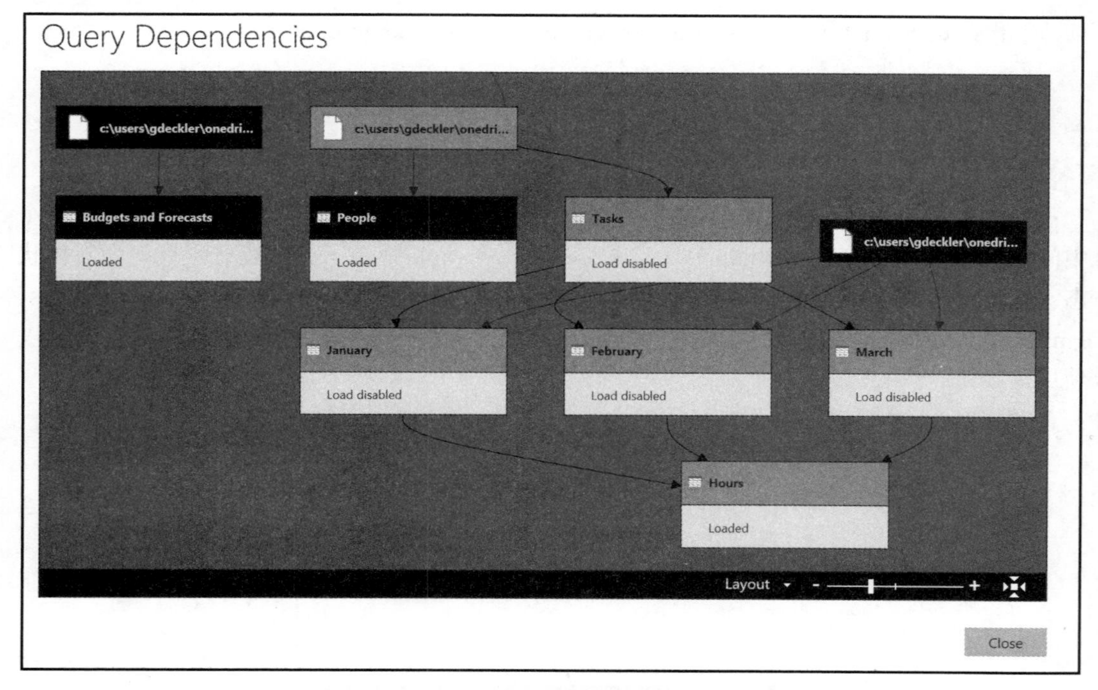

图 3.21　Query Dependencies 窗口

（3）单击 Tasks 查询以突出显示与 Tasks 查询相关的源和其他查询。

（4）当考查完毕后，单击 Close 按钮。

3.5.1　组织查询

本节将通过对查询进行分组这一方式组织查询。在当前示例中，我们将针对活动和中间查询创建分组。

对此，需要执行下列各项步骤。

（1）右击 Hours 查询，并依次选择 Move To Group 和 New Group。随后将显示如图 3.22 所示的 New Group 对话框。

（2）针对 Name，输入 Active，并在 Description 中输入 Queries that become tables in the data model。

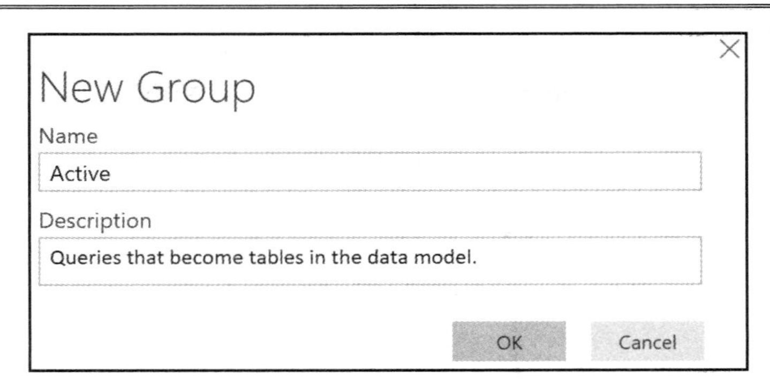

图 3.22　New Group 对话框

（3）单击 OK 按钮。可以看到，此时将生成两个文件夹，即 Active 文件夹和 Other Queries 文件夹。

（4）选择 Budgets and Forecasts 查询，且右击该查询。

（5）依次选择 Move To Group 和 Active。

（6）针对 People 查询重复上述过程。

当前，查询被整合至 Active 文件夹和 Other Queries 文件夹中。

3.5.2　检查质量、分布和利润

作为加载数据前的最后一项检查，Power Query Editor 提供了强大的工具进而理解数据的质量。此类工具位于 Data Preview 部分的功能区的 View 选项卡中。

当使用这些特性时，需要执行下列各项步骤。

（1）单击 Queries 面板的 Active 分组内的 Hours 查询。

（2）选择功能区中的 View 选项卡，并选中 Data Preview 部分中 Column quality 一侧的复选框，如图 3.23 所示。

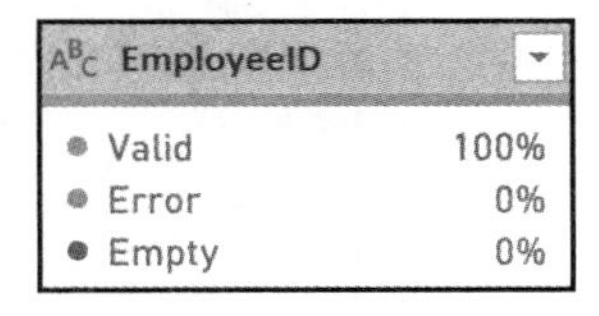

图 3.23　Column quality

注意：

在列标题下方，将显示与每列中数据质量相关的信息，此类信息包含了行值中 Valid、Error 或 Empty 的百分比。

（3）选中功能区中 Column distribution 一侧的复选框。相同区域将所显示的信息与每列行中的不同值和唯一值相关，该信息基于查询返回的前 1000 行，如图 3.24 所示。

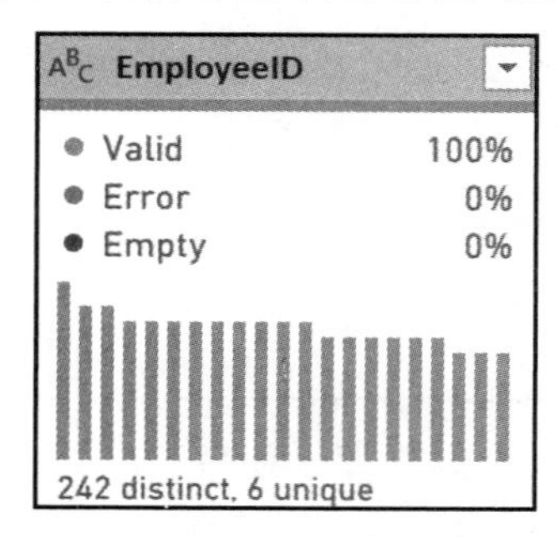

图 3.24　Column distribution

最后，还可加载与每列中数值相关的附加统计信息。

（4）选中功能区中 Column profile 一侧的复选框。可以看到，此时将显示两个额外的区域，即 Column statistics 和 Column distribution，如图 3.25 所示。

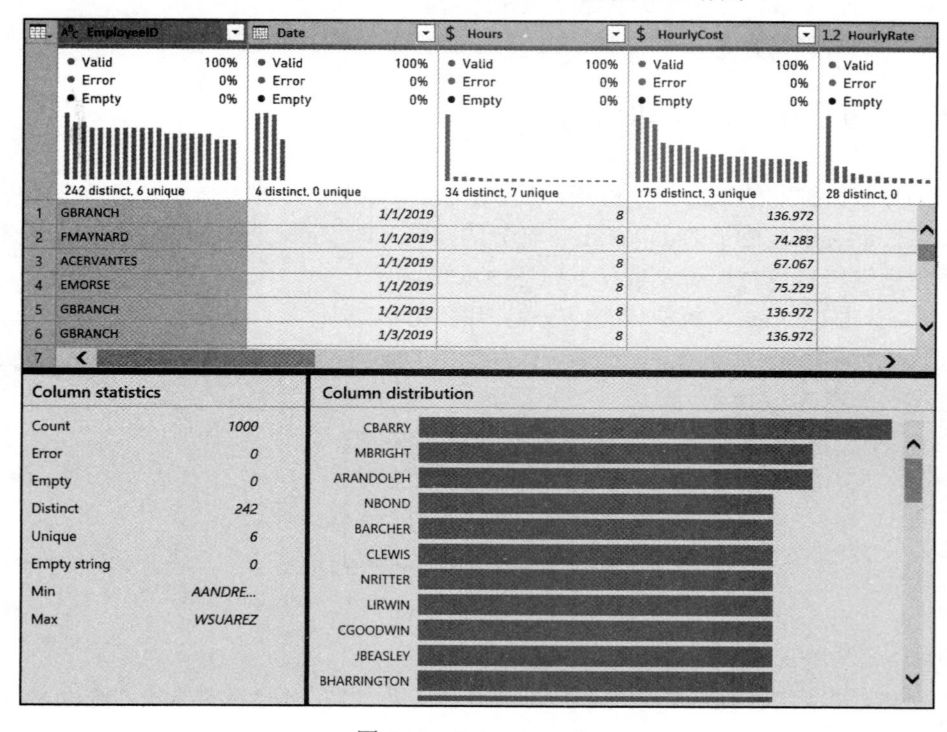

图 3.25　Column profile

至此，我们完成了数据的转换处理过程，最后一步则是将数据加载至数据模型中。

3.5.3　加载数据

前述内容曾对数据进行了适当的组织，并验证了数据的质量，接下来将把数据从查询中载入 Power BI 中。

（1）选择功能区的 Home 选项卡。

（2）在功能区右侧单击 Close & Apply 按钮。

此时将关闭 Power Query Editor，并将查询中的数据加载至 Power BI Desktop 中。该过程完成后，我们将持有 FIELDS 面板列出的 4 个表，即 Budgets and Forecasts、Calendar、Hours 和 People，如图 3.26 所示。

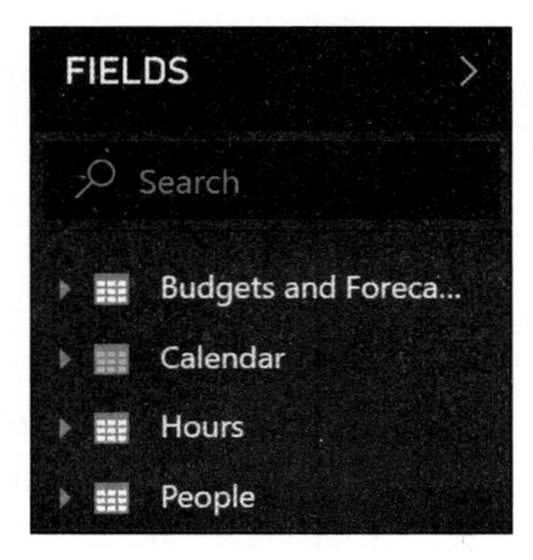

图 3.26　载入后的表

单击 Quick Access Toolbar 中的 Save 图标，或者依次选择 File 和 Save 命令，即可保存当前工作内容。

3.6　本 章 小 结

本章讨论了 Power Query 这一功能强大的子应用程序，该子应用程序通过创建查询摄取和塑造数据。查询是一系列记录的步骤，用于连接和转换数据。具体来说，我们连接了多个数据文件，并学习了如何清洗和转换数据，以供后续分析使用。接下来，本章介绍了如何合并、复制和添加查询。最后，我们还考查了某些内建数据分析工具，进而汇总和可视化所摄取的数据。

第 4 章将把数据导入表中，进而构建数据模型。也就是说，通过关系连接这一类表。

除此之外，我们还将构造必要的计算过程以进一步完善模型。

3.7　进一步思考

下列问题供读者进一步思考。

- Power BI 中存在多少个供摄取数据使用的连接器？
- Power BI 中用于摄入和调整数据的子应用程序是什么？
- 创建查询背后使用的语言是什么？
- 将列转换为行这一行为称作什么？
- 针对文本、整数、小数和日期列，对应的列标题上将分别显示何种图标？
- 根据列连接两项查询这一操作称作什么？
- 当连接查询时，可执行的 6 种不同类型的连接操作是什么？
- 向一个查询中添加另一个查询这一操作称作什么？

3.8　进一步阅读

- Power BI Desktop 中的数据源：https://docs.microsoft.com/en-us/power-bi/desktop-data-sources。
- 在 Power BI Desktop 中连接 Excel：https://docs.microsoft.com/en-us/power-bi/desktop-connect-excel。
- Power BI Desktop 中的查询概述：https://docs.microsoft.com/en-us/power-bi/desktop-query-overview。
- Power BI Desktop 中的常见连接任务：https://docs.microsoft.com/enus/power-bi/desktop-common-query-tasks。

第 4 章　创建数据模型和计算

对于分析和可视化来说，载入某些数据、将原始数据加载至单独的表中还远远不够，当使用数据分析和可视化操作时，需要通过构建独立表间的关系和分析计算过程方可创建数据模型。

本章主要涉及以下主题。

- ❑ 创建数据模型。
- ❑ 创建计算过程。
- ❑ 计算检查和故障排除。

4.1　技术需求条件

具体需求条件如下所示。

- ❑ 连接至互联网。
- ❑ 操作系统环境包括：Windows 10、Windows 7、Windows 8、Windows 8.1、Windows Server 2008 R2、Windows Server 2012 或 Windows Server 2012 R2。
- ❑ Microsoft Power BI Desktop。
- ❑ 访问 https://github.com/gdeckler/LearnPowerBI/tree/master/Ch4，下载 LearnPowerBI_Ch4Start.zip，随后解压 LearnPowerBI_Ch4Start.pbix 文件。
- ❑ Power BI 文件最终应为 LearnPowerBI_Ch4End.zip 中的 LearnPowerBI_Ch4End.pbix 文件，读者可访问 https://github.com/gdeckler/LearnPowerBI/tree/master/Ch4 下载该文件。

4.2　创建数据模型

数据模型这一概念是 Power BI 的基础内容。简而言之，数据模型通过 Power Query 查询生成的表及其关系加以定义，这对于独立表间的彼此连接，以及表中与列相关的元数据（与数据相关的数据）十分有用。

在 Power BI 中，数据模型存储在一个 SQL Server Analysis Services 表格多维数据集

中。根据这一数据模型的创建，可实现自助式分析和报表机制。

第 3 章曾连接了各种不同的数据源（3 个不同的 Excel 文件），并依次创建了 7 项不同的查询。最终，4 项查询将数据表载入数据模型中。当前，我们将把这些单独的表与之前创建的数据表一起嵌入一个内聚的数据模型中，以便执行进一步的分析。

4.2.1　Model 视图

前述内容整体考查了 Power BI Desktop 和 Power Query Editor，下面将讨论 Power BI Desktop 中的 Model 视图。对此，单击 Power BI Desktop 的 Views Bar 中的底部图标即可切换至 Model 视图。

图 4.1 显示了相应的 Model 视图。

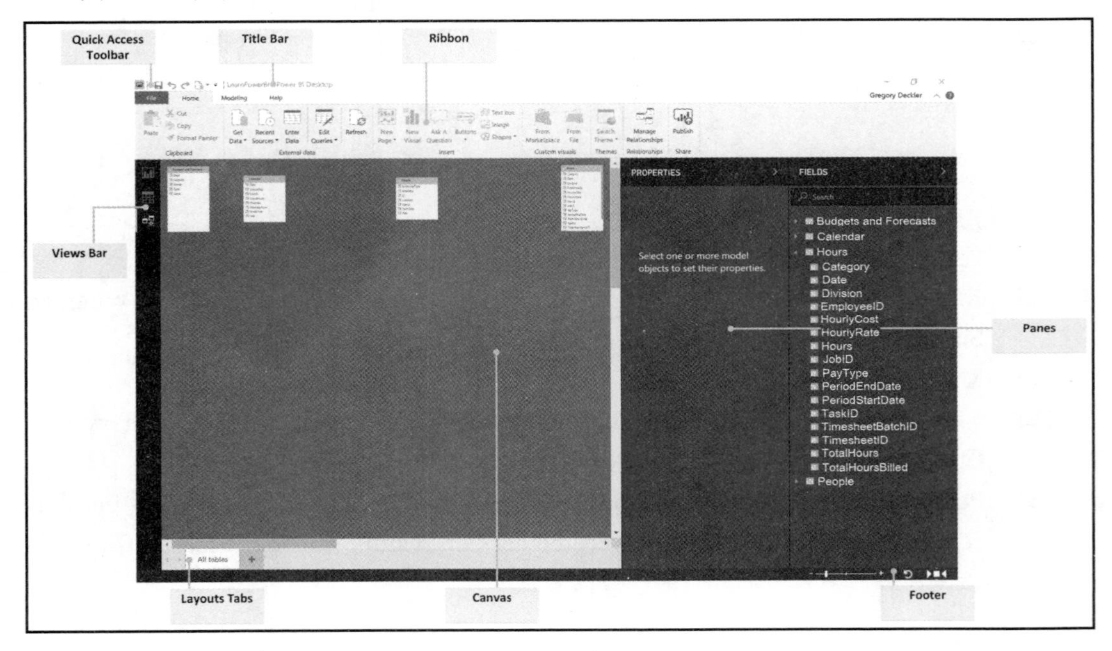

图 4.1　Model 视图

Model 视图提供了构建数据模型的界面，其间将创建表间的关系并定义表和列的元数据。我们甚至可对数据模型创建多个布局。如你所料，Model 视图类似于 Desktop，并与 Desktop 共享相同的元素。

1. Title Bar 和 Quick Access Toolbar

这里，Title Bar 和 Quick Access Toolbar 等同于第 2 章所讨论的对应内容。

2. Ribbon

除了 4 个选项卡（即 File、Home、Modeling 和 Help）之外，Ribbon 与第 2 章中的对应内容基本一致。其中，Modeling 选项卡仅包含一个较小的命令子集。

3. Views Bar

Views Bar 等同于第 2 章中的对应内容。

4. Panes

第 2 章曾介绍了两个面板，即 FIELDS 面板和 PROPERTIES 面板。其中，PROPERTIES 面板是 Model 视图独有的，并可关联数据模型表中各个字段或列的元数据，包括指定同义词、描述、数据类型、数据分类，以及默认的聚合或摘要。

5. Canvas

如前所述，Model 视图创建数据模型中的表布局及其之间的关系。默认状态下，将自动生成 All tables 布局。

6. Layout Tabs

Report 视图中的 Page Tabs 区域将替换为 Layout Tabs。Layout Tabs 区域可创建模型中的多个布局或数据表视图，并可重命名和重新排序布局页面。

7. Footer

如前所述，在 Model 中，Footer 提供了各种视图控制，如放大和缩小、重置视图，或者将模型适配于当前显示区域。

4.2.2 调整布局

Model 视图中包含了一个默认的 All tables 布局，并由 Power BI 自动生成。

当调整布局时，需要执行下列各项步骤。

（1）单击面板标题中的箭头图标（>）以最小化 FIELDS 和 PROPERTIES 面板。

（2）单击当前表并通过拖曳方式使其紧凑排列。使用 Footer 中的 Fit to screen 图标放大表布局，现在应该能够清楚地看到表名和表中的列。

（3）将 Calendar 和 People 表移至上方中心位置处，并将 Budgets and Forecasts 和 Hours 表置于这两个表的下方。随后使用 Footer 中的 Fit to screen 图标放大表。注意，此时尚无法查看到 Hours 表中的全部列。

（4）使用表右下角处的尺寸句柄调整尺寸，以便可查看到表中的全部列。当操作结束后，Canvas 如图 4.2 所示。

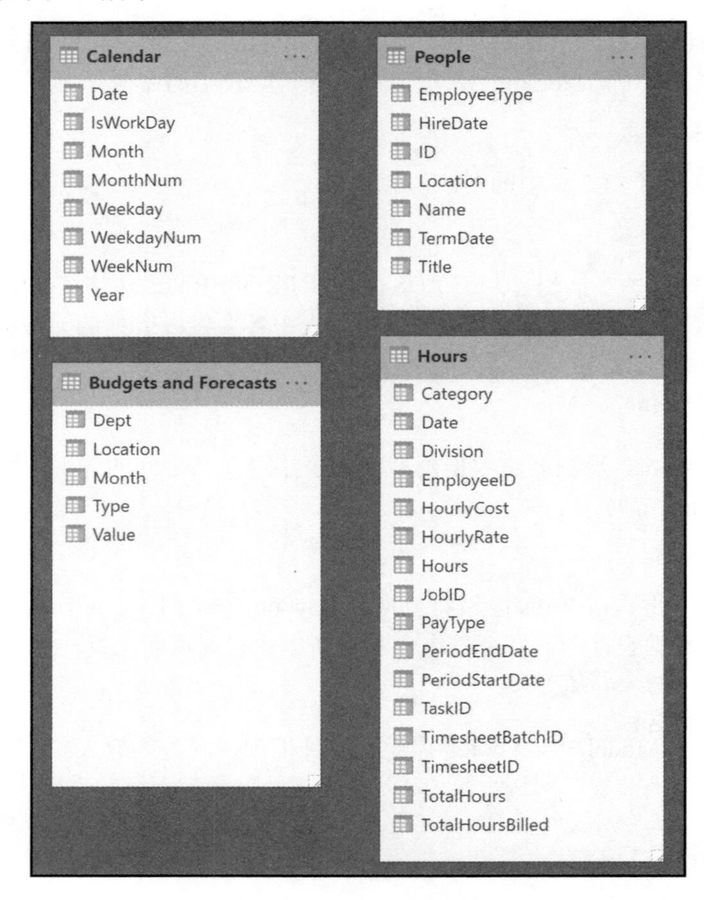

图 4.2　模型中的数据表

4.2.3　生成并理解关系

当前，我们可清楚地看到相应的表和列，下面将创建表间的关系。创建表间的关系使得计算和聚合可在表间工作，以便可在独立的关联表间使用多个列。

例如，一旦 People 和 Hours 表彼此关联，就可使用 People 表中的 ID 列，以及 Hours 表中的 TotalHoursBilled 列。据此，TotalHoursBilled 将针对 People 表中的每位用户 ID 实现正确的聚合。

当创建 People 表和 Hours 表之间的关系时，可执行下列步骤：单击 People 表中的 ID

列，并将其拖曳至 Hours 表中的 EmployeeID 列上。可以看到，画布上将出现一条直线，连接 People 表和 Hours 表。相应地，这将创建 People 表中的 ID 列和 Hours 表中的 EmployeeID 列之间的关系。

注意：

通过将鼠标悬停于关系直线上，可查看关系中所涉及的列。此时，该直线和关系中所涉及的列将呈现为黄色。如果 ID 和 EmployeeID 并不是与当前关系所关联的列，则可将鼠标悬停于关系直线上，右击该直线，然后选择 Delete，随后再次尝试执行该操作。

可以看到，直线中包含了 People 一侧的 1，以及 Hours 表一侧的*。这意味着，当前关系定义为一对多或多对一。

换而言之，People 表中存在唯一的行值可匹配于 Hours 表中的多个行。其含义主要体现在，每名员工每天将提交一个时间报表。1（唯一）或*（多）这种指定方式定义了表之间关系的基数（cardinality）。

实际上，Power BI 中存在 4 种不同的关系基数，如下所示。

- 一对一：每个表中均存在唯一值。
- 多对一：一个表中存在多个值可匹配于另一个表中的唯一行。
- 一对多：一个表中存在唯一值可匹配于另一个表中的多个行。
- 多对多：两个表均不包含唯一的行值。考虑到复杂度、工作量和资源数量，应尽量避免这种关系类型。

提示：

多对一和一对多这一类指定方式只是关系中首先定义哪个表的问题。换而言之，取决于在关系中首先定义的是哪一个表，People 表和 Hours 表之间的关系，可以是多对一关系，也可以是一对多关系。

可以看到，People 表指向 Hours 表的直线中部包含一个箭头图标，表示 People 表过滤 Hours 表，反之则不成立。这也被称作交叉过滤方向（Cross filter direction），即单向（Single）或双向（Both）。这意味着，过滤机制仅出现于单一方向或两个方向上。在简单的数据模型中，通常不必担心交叉过滤方向；然而，随着数据模型复杂度的提升，交叉过滤方向将变得十分重要。

最后还需要注意的是，形成表间关系的直线是一条实线，这里，实线表示活动关系；相应地，非活动关系也可以在两个表之间被创建，并采用虚线加以表示。在 Power BI 中，表间仅存在一条活动路径，也就是说，表间仅存在关系交叉过滤的单一路径，也称作活动路径。

随着模型变得越加复杂，也可创建表间的多条路径。在这种情况下，某个关系或路径将变为非活动状态。然而，即使该关系在默认状态下是非活动的，但依然可在指定了特定关系的计算过程中加以使用。

双击关系直线，即可查看和调整关系定义。

图 4.3 显示了 Edit relationship 对话框。

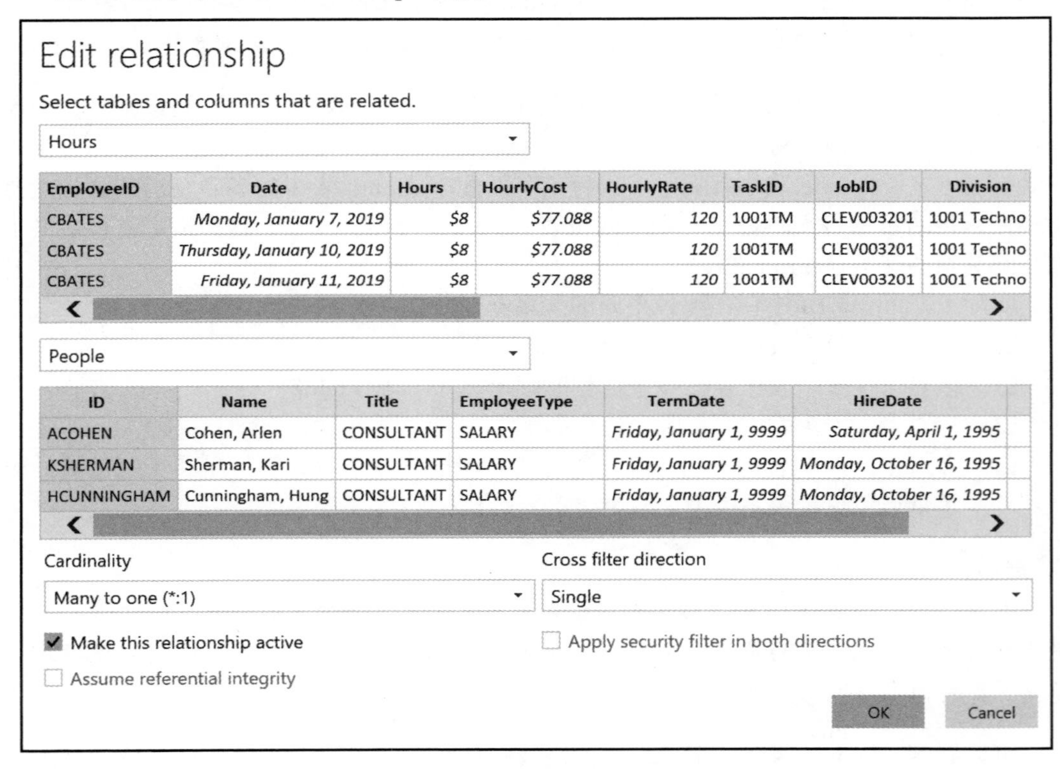

图 4.3　Edit relationship 对话框

注意：

由于 Hours 表首先被加以定义，而 People 表其次被加以定义，因此当前关系的 Cardinality 表示为 Many to one (*:1)。另外，对应关系处于活动状态，且 Cross filter direction 为 Single。

在多对一和一对多关系中，Cross filter direction 为 Single 意味着关系的一方将过滤多个元素。最后可以看到，Hours 表中的 EmployeeID 列和 People 表中的 ID 列均呈灰色显示，此外还展示了构成两个表间关系的对应列。单击 Cancel 按钮即可关闭 Edit relationship 对话框。

接下来使用 Manage Relationships 功能在 Calendar 表和 Hours 表间创建关系，如下所示。

（1）选择功能区的 Modeling 选项卡。随后，在 Relationships 部分中，单击 Manage relationships 按钮，将显示 Manage relationships 对话框，如图 4.4 所示。

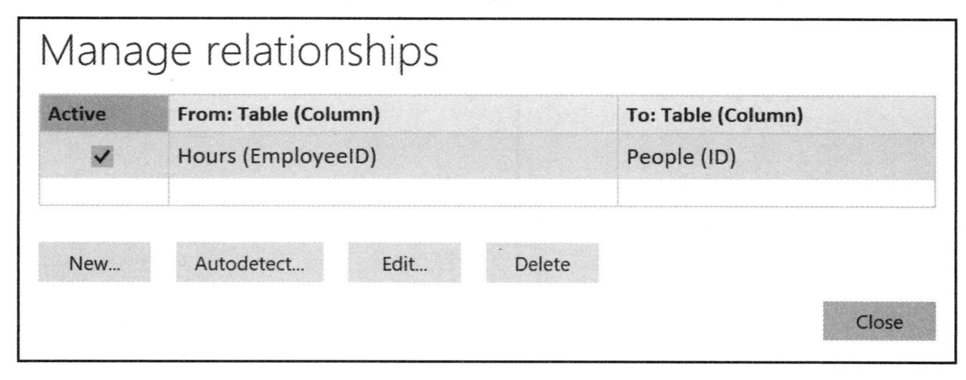

图 4.4　Manage relationships 对话框

在图 4.4 中可以看到，Hours 表和 People 表之间现有的 Active 关系，包括括号中对应关系所涉及的列。另外，从此对话框中，可编辑（Edit）或删除（Delete）关系，还可使 Power BI 自动检测（AutoDetect）表间的关系。某些时候，Power BI 可根据列名或行值自动检测表间的关系。

（2）单击 New 按钮，这将显示如图 4.5 所示的 Create relationship 对话框。

（3）在第一个下拉列表中选择 Hours 表，此时将显示该表的预览内容，随后单击 Date 列。

（4）选择第二个下拉列表中的 Calendar，此时将显示该表的预览内容。随后选择该表中的 Date 列。Power BI 负责检查相应的 Cardinality 和 Cross filter direction。鉴于当前表之间不存在其他的关系，因而 Power BI 将选中 Make this relationship active 复选框。

（5）单击 OK 按钮后将生成对应关系。可以看到，这一新出现的关系显示于 Manage relationships 对话框中。

（6）单击 Close 按钮将关闭 Manage relationships 对话框。在画布中，关系直线将 Calendar 表链接至 Hours 表上。

至此，我们成功地链接了 3 个独立的表并生成了一个数据模型。目前，我们暂时并不打算链接数据模型中的 Budgets and Forecasts 表，而是首先创建可视化内容和计算过程，以便对数据进行分析。

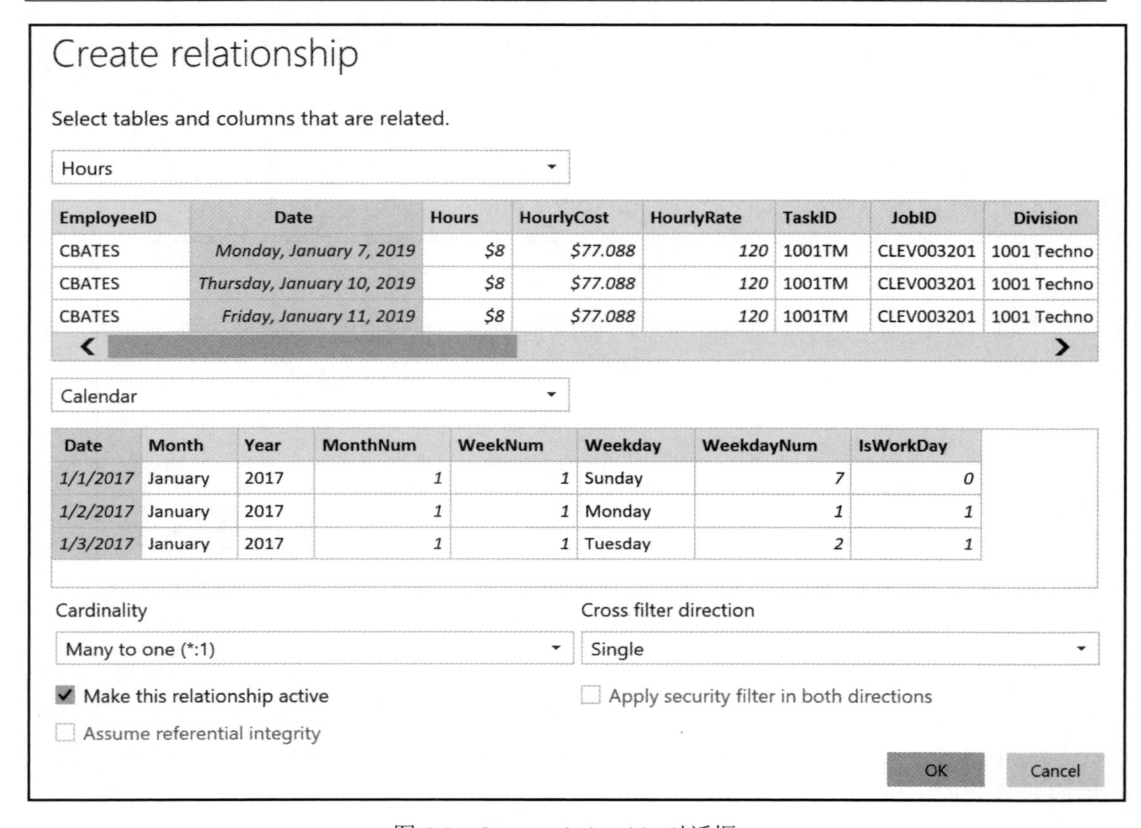

图 4.5　Create relationship 对话框

4.2.4　考查数据模型

在讨论后续内容之前，下面首先对数据进行考查，以进一步加深对数据、数据模型、终端用户查看方式的理解。

（1）单击 Views 面板中的 Report 视图。

（2）在报表画布的底部，单击 Page 1 一侧的加号（+）图标，这将生成一个新的空白页面 Page 2。双击 Page 2，将其名称修改为 Utilization，随后按 Enter 键，这将把页面的名称修改为 Utilization。

（3）单击 People 表左侧的小箭头展开 FIELDS 面板中的 People 表，选中 Name 字段一侧的复选框，这将利用员工名字在报表画布上创建 Table 可视化内容。针对该可视化内容，通过尺寸句柄可对当前表进行适当调整，以使其占据整个页面。

（4）展开 Hours 表。确保选择该表，随后选中 Hours 字段一侧的复选框。每名员工上报的小时数量将显示于其名称一侧，这体现了 People 表和 Hours 表之间的关系。由于这些表通过基于每名员工 ID 间的关系进行连接，因此可在可视化中使用源自两个表中的字段。据此，表中的行将根据这一关系自动过滤。

提示：

可以看到，当选择了表可视化内容后，Hours 表和 People 表将高亮显示为淡黄色/橘黄色，或者表的一侧包含了一个小的黄色的复选标记。这说明，可视化内容中包含了源自这些表的字段。

如前所述，无论工作时间是否计费，其 Category 是十分重要的。

（5）基于所选的表，单击 VISUALIZATIONS 面板中的 Matrix 可视化项，该图标位于高亮显示的 Table 可视化项的右侧。不难发现，FIELDS 面板从刚才显示一个值区域变为当前包含 Rows、Columns 和 Values 的另一个区域。当前，Name 字段位于 Rows 下方，而 Hours 字段则位于 Values 下方。

（6）在 Hours 表中，单击 Category 并将该字段拖曳至 Columns 区域中。现在，我们可以看到按 Category 划分的每名员工的工作时间。

不难发现，通过将 Billable 小时数除以 Total 小时数，即可得到利用率指标的简单版本。

4.3　创建计算过程

当前，我们持有可工作的数据模型，其中包含了应用报表所需的全部原始数据。回忆一下，在第 3 章的开始部分，随着无限 PTO 的出现，密切跟踪员工的利用率是十分重要的。

在当前上下文中，利用率可被视为一种计算，涉及可计费时间与总时间（可计费和不可计费）的比率。根据经验，为了保持盈利，目标利用率必须是 80%，机构组织一般也深知这一点。因此，我们必须创建这一计算过程。

4.3.1　计算列

计算列是一类附加列，并可通过使用数据分析表达式（Data Analysis Expression，DAX）公式语言在数据模型表中被创建。计算列在其创建时以及刷新过程中针对表中的每一行而计算。因此，数据刷新过程将执行 Power Query Editor 中定义的查询操作。此类查询创建对应的表，并/或刷新数据模型中的数据。随后，Power BI 重新计算表中的每一行的任何计算列。

这意味着，基于加载至数据模型中的最新数据，计算列通常保持最新状态。除此之外，计算的更新部分仅出现于数据的刷新过程中。换而言之，用户交互（如与切片或过滤器应用程序间的交互行为）针对每一行并不会修改计算列的计算结果。

1．理解计算列的上下文

创建计算列需要执行下列各项步骤。

（1）单击 Views 面板上的 Data 视图。

（2）单击 FIELDS 面板上的 Hours 表。在功能区内，依次选择 Modeling 选项卡和 Calculations 部分中的 New Column，并在公式栏中填写 Column =。随后，FIELDS 面板中将会出现一个名为 Column 的新字段。单击公式栏并输入下列公式：

Column = SUM([Hours])

快速查看结果后即会发现错误之处：表中的每一行均出现了相同的数字。单击 Column 标题的下拉箭头即会看到这种情况。可以看到，仅单一值出现于当前过滤器区域中，即 177997.15，如图 4.6 所示。

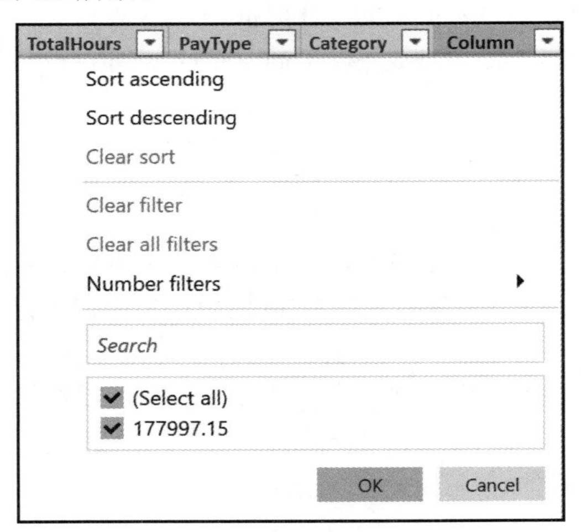

图 4.6　列过滤机制

此处需要理解评估上下文这一概念。评估上下文是指 DAX 公式评估某项计算的上下文环境。

对此，存在两种类型的评估上下文，即行和过滤器。默认状态下，计算列在所谓的行上下文中评估。行上下文意味着，当 DAX 计算评估时，仅考查当前行，且不包含其他任何内容。

然而，某些特殊函数将覆盖这一默认的上下文，如 SUM。在这种情况下，SUM 函数将覆盖计算列的行上下文，并强制执行整个表的过滤器上下文。

因此，每行的输出结果为整个表中全部 Hours 之和。所有的标准聚合函数均包含了这一行为，如求和、平均值、最大值、最小值、计数等。

当查看行上下文的操作方式时，需要生成另一个新的计算列，并输入下列公式：

Column 2 = [Hours]/[TotalHours]

在上述计算中，TotalHours 列包含了整个报表期内所上报的全部小时数，该报表期由 PeriodStartDate 和 PeriodEndDate 列定义。由于未使用任何函数修改行至过滤器的评估上下文，因此在公式的评估期间仅考查当前行。

因此，上述公式简单地将每行中的 Hours 列除以每行中的 TotalHours 列。当前，如果针对 Column 2 单击下拉箭头，将会看到多个不同的值。

2. 针对利用率创建计算列

当计算利用率时，需要将员工计费的总小时数除以员工上报的总小时数。

对于计费的总小时数，需要通过下列公式创建第三个计算列。

```
Column 3 =
SUMX(
    FILTER(
        ALL('Hours'),
        [Category] = "Billable" && [EmployeeID] = EARLIER([EmployeeID])
    ),
    [Hours]
)
```

使用 Alt+Enter 快捷键和 Tab 键可生成正确的格式。其中，Alt+Enter 快捷键将插入新行或换行符，而 Tab 键则缩进所输入的文本。

具体来说，SUNX 函数接收两个参数，即一个表和一个数字列。此类参数使用逗号进行分隔。相应地，SUMX 函数遍历指定表，并对指定的列求和。因此，在上述公式中，第一个参数为 FILTER 函数（第 3 行）；而第二个参数则简单地表示为 Hours 列（第 7 行）。

FILTER 函数自身接收两个参数，其中，第一个参数为第 4 行的 ALL('Hours')和第 5 行的过滤器。All 函数返回一个完整的表，并去掉了其全部行和过滤器上下文。因此，ALL 函数确保针对表中的所有行进行操作。第二个参数则是当前所使用的过滤器。该过滤器包含了逻辑 AND 条件&&连接的两部分内容。在 DAX 中，&&表示为逻辑 AND，而||则表示为逻辑 OR。因此，第一部分内容确保 FILTER 函数返回的表仅包含持有计费分类

（Category of Billable）的行；第二部分则确保 FILTER 函数返回的表也仅包含当前行中的员工行。对此，过滤器的这一部分内容使用了 EARLIER 函数。

EARLIER 函数可能是所有 DAX 中命名方式最差的函数。如果读者熟悉 DAX 评估上下文，那么该函数命名背后的逻辑在一定程度上是有意义的；但是对于一般读者来说，该函数名则不具备任何意义。这里，应将 EARLIER 视为针对指定列的当前行值。因此，EARLIER 更具有“当前值”这一含义。

不难发现，计算列的默认上下文是对应行的上下文。然而，由于使用了诸如 SUMX 和 ALL 这一类函数，我们覆盖了这一默认的行上下文，并强制使用过滤器上下文。因此，为了确保返回的表仅包含当前行中的员工行，需要返回至“早期”的评估上下文，即行上下文，这也是 EARLIER 函数的用途。在 EARLIER 函数中，行上下文将被重新构建，因此，EARLIER([EmployeeID])返回当前行中的 EmployeeID 值。

公式 Column 3 可通过下列方式被读取。

（1）使用整个表（ALL）并过滤该表，使其仅包含如下行：Category 列包含 Billable 值；EmployeeID 列匹配基于 EmployeeID 的当前行值的行。

（2）在当前表中对 Hours 列求和，并返回结果，因此员工的每一行应返回完全相同的数字值，即员工上报的可计费的总小时数。

对于第二部分内容，即员工上报的总小时数，仅需要简单地创建另一个新列（稍加改动），并针对仅计费的小时数移除过滤器。该列可通过下列公式予以实现。

```
Column 4 =
SUMX(
    FILTER(
        ALL('Hours'),
        [EmployeeID] = EARLIER([EmployeeID])
    ),
    [Hours]
)
```

最后，当生成利用率计算时，可创建一个使用行上下文的新的计算列，如下所示。

```
Column 5 = DIVIDE([Column 3], [Column 4],0)
```

提示：

虽然上述公式可写为 Column 5 =[Column 3] / [Column 4]，但较好的方法是使用 DIVIDE 函数，而非除法运算符（/）。DIVIDE 函数接收第三个参数，并在出现除零错时返回一个替代数字，而不是一个错误。

当前，可单击列标题并选择 Column 5，进而将其格式修改为百分比。当把列修改为百分比时，需要访问功能区 Modeling 选项卡的 Formatting 部分，并于其中选择%图标。

当前，针对 Column 5，我们已经具备了期望的利用率计算结果，但需要清除某些之前创建的列。对此，可执行下列各项步骤。

（1）右击 Column 标题并选择 Delete。

（2）单击 Delete，确认 Delete column 对话框中该列的删除状态。

（3）针对 Column 2 重复上述过程。

（4）双击 TotalHours 列并将其重命名为 TotalHoursInPeriod。

（5）将 Column 3 重命名为 TotalBillableHours；将 Column 4 重命名为 TotalHours；将 Column 5 重命名为% Utilization。

至此，我们可在可视化内容中使用这些新的计算列。对此，需要执行下列各项步骤。

（1）单击 Views 面板中的 Report 视图。

（2）在水平方向上缩小当前表可视化内容，进而在报表画布上创造一定的空间。

（3）单击报表画布的空白部分，并取消选中已有的表。

（4）单击 People 表中的 Name，并在报表画布的空白区域中创建一个新的表可视化内容。

（5）选中此新表后，单击 Hours 表中的 TotalBillableHours、TotalHours 和% Utilization，并将它们添加至第二个表可视化中。

可以看到，第二个表中的返回值较大，其原因在于，数字字段的默认聚合操作为求和运算。由于每名员工的所有行均包含了期望的数字，因此对此类值进行求和并无实际意义。针对这一问题，可执行下列各项步骤。

（1）在 VISUALIZATIONS 面板的 Values 区域中，单击 TotalBillableHours 一侧的下拉箭头，选择 Average 作为聚合操作，而非 Sum。

（2）针对 TotalHours 和% Utilization，重复步骤（1）。

下面继续讨论 3.1 节中介绍的场景。Pam 最初对自己创建的利用率计算很满意，并决定与同样在财务部门的同事 Mike 分享她的进展。Mike 对当前的工作成果印象深刻，但是当开始谈论利用率计算时，他们发现了某些潜在的问题。

首先，利用率计算仅考查了上报的小时数，而非潜在的计费小时数。例如，如果某位用户仅上报了一周中的 30 个小时，而这一周实际上包含了 40 个潜在的可计费小时数，那么当前的利用率计算将是不正确的。进一步讲，管理者很可能希望查看特定周、月份或某个日期范围内的利用率。

当前的利用率计算基本上是静态的，并且基于 Hours 表中的所有数据。由于计算列仅在创建时和数据刷新期间计算，因此不太可能实现动态刷新数据（基于用户与报表间的交互）。

显然，计算列不是可行的方法。Pam 需要重新考虑如何在 Power BI 中实现利用率计算。因此，Pam 决定将她的利用率计算从计算列重构为度量值。

4.3.2 度量值

度量值表示为 DAX 计算，可以是隐式度量值，也可以是显式度量值。每当在可视化中使用数值字段时，Power BI 就会自动创建隐式度量值，有时也会在特定环境下的特定可视化中为文本字段创建隐式度量值。这些隐式度量值包括标准聚合，即针对数字字段的求和、平均值、最大值、最小值、非重复计数、计数、标准差、方差和中值，以及针对文本字段的首、尾非重复计数和计数。4.3.1 节曾讨论了创建表的可视化内容。在将 TotalBillableHours、TotalHours 和% Utilization 列置于表中时，对应值通过隐式求和度量值（调整为平均值）进行计算。

然而，度量值也可通过用户被显式地加以定义，以包含较为特殊的复杂计算。与计算列类似，显式度量值涉及 DAX 代码的编写工作。但与计算列不同，度量值在其计算过程中是动态的，以便每次与终端用户交互时及时地计算度量值。度量值在数据刷新期间不会被重新计算，而是在用户每次查看报表或与报表交互时将重新计算度量值。这也使得度量值具有动态特征，因此特别适用于终端用户动态修改评估上下文这一类场景。

1. 理解度量值上下文

当描述度量值与计算列间的不同之处时，需要执行下列各项步骤。

（1）右击 Page 2 选项卡创建新的页面，并选择 Duplicate Page。随后将创建名为 Duplicate of Page 2 的新页面。

（2）选择表，随后按 Delete 键移除左侧表。这将从画布中删除表中的可视化内容，通过尺寸句柄可扩展剩余表，以便使其占据整个页面。

当创建某个度量值时，右击 FIELDS 面板中的 Hours 表并选择 New measure。此时将激活公式栏，并于其中输入下列公式。

```
Measure =
SUMX(
    FILTER(
        'Hours',
        'Hours'[Category] = "Billable"
    ),
    'Hours'[Hours]
)
```

可以看到，上述公式与之前讨论的 TotalBillableHours 列公式类似，主要差别在于，我们通过（列所处的）表名实现了列引用前缀，同时移除了 EmployeeId 过滤子句。

提示：

由于度量值可存在于任何表中（虽然并非必需），因此较好的做法是同时使用表名和列名引用度量值中的任意列。如果未针对列指定表名，则度量值假设使用当前表，这将在表间移动度量值时，或者在多个表中存在重复的列名时产生问题。

需要注意的是，与计算列不同，度量值不具备隐式行上下文，且仅包含过滤器上下文。这意味着，当度量值引用表中的某个列时，该列必须在显式聚合函数中被引用，如 SUM、AVERAGE、MAX、MIN 等。除此之外，当度量值在计算列公式中加以使用时，该计算列的行上下文简单地变为度量值计算的初始过滤器上下文。

当前，可通过下列各项步骤使用可视化中的度量值。

（1）将 Measure 置于表可视化中。可以看到，所显示的结果与计算的列 TotalBillableHours 的平均值完全相同。

（2）在水平方向上缩小表可视化内容，并单击画布空白区域添加 Slicer 可视化。

（3）选择 VISUALIZATIONS 面板中的 Slicer 可视化。

（4）将 Calendar 表中的 Month 置于切片的 Field 中。

（5）从切片中选择 March。

据此，可看出计算列和度量值之间的差异所在。不难发现，TotalBillableHours 的平均值并未出现变化，但 Measure 值则显著降低。如果再次选择切片中的 February 或 January，计算列值将不会产生任何变化，而 Measure 值将会发生改变。

注意，当针对计算列和度量值切片过滤 Hours 表中的行时，由于计算列针对每名员工的各行包含了相同值，因此这一类值的平均值不会发生变化。当针对计算列 TotalBillableHours 使用公式中的 ALL 函数时，可有效地从切片中移除过滤器上下文，因此，该列的计算过程仅包含计算列定义中直接指定的过滤器，即 Category 和 EmployeeId。

对于度量值，公式中指定的求和计算在可视化和 DAX 公式的组合上下文中被执行，进而生成动态的评估上下文。

实际上，评估上下文源自以下 3 项不同内容。

- 第一个源是表可视化自身。由于我们持有表中的员工 Name，这将创建一个过滤器上下文，其中，显示于表可视化某一行中的度量值将仅考查 Hours 表中的行，并与 People 表中的员工 Name 关联。
- 第二个源是 Slicer 可视化。通过选择切片中的特定 Month，这将添加额外的过滤器上下文。其中，度量值仅考查 Hours 表中的行，且与选自切片中 Calendar 表的 Month 关联。

- 最后，度量值的显式定义将添加一个最终的过滤器上下文。其中，度量值仅考查包含计费分类（Category of Billable）的 Hours 表中的行。

2．创建利用率的度量值

由于度量值可出现于任何表中，因此较好的做法是将度量值置于自身表中，以简化引用和使用。

当创建这一类表时，需要执行下列各项步骤。

（1）选择功能区中的 Home 选项卡，随后在 External data 部分依次选择 Get Data 和 Blank Query，这将打开 Power Query Editor。

（2）通过编辑 Name 属性，重命名 QUERY SETTINGS 面板中的查询#Measures。右击 Queries 面板中的#Measures 查询，并取消选中 Include in report refresh 复选框（因为没有理由刷新空查询）。

（3）在功能区中选择 Close & Apply。可以看到，新表#Measures 将出现于 FIELDS 面板中的表列表的上方。

（4）单击名称 Measure（而非复选框）选择 Hours 表中的 Measure。

（5）在功能区的 Modeling 选项卡中，定位功能区 PROPERTIES 部分中的 Home Table 字段。随后在下拉菜单中选择#Measures。相应地，Measure 将从 Hours 表中消失，并与一个名为#Measures 列一起出现于#Measures 表中。

注意：

此处应留意显示于度量值左侧的不同图标 Measure 和#Measures 列。

（6）右击#Measures 列（而非表），选择 Delete 并确认删除该列。右击 Measure 并将对应的度量值重命名为#TotalBillableHours。

提示：

由于度量值可存在于任何表中，因此度量值的名称不可与任意表、列、数据模型中的其他度量值的名称相同。相应地，存在许多不同的方案可实现这一点。一种常见的做法是在度量值名称之前添加下画线（_）、m 或#，以确保唯一性，同时表明这将是一个度量值。某些用户还会使用多种度量值前缀，例如，#表示数字度量值；$表示格式化为货币的度量值；%表示为百分比；@则表示为文本。利用特殊字符作为度量值前缀还可使这些度量值保持在表的顶部。

#TotalBillableHours 度量值包含了利用率计算中所需的分子计算。当前，我们需要针

对可视化计算的分母创建一个度量值，也就是说，一段时间内潜在的总计费小时数。但是，我们已经知道，不能简单地使用上报的总小时数，而且必须以不同的方式计算任何时间段内的潜在可计费小时数。

对此，需要通过一种独立的方法计算任意时间段内的小时数，如下所示。

（1）右击 Calendar 表并选择 New column，在公式栏中输入下列公式。

```
WorkHours = IF([IsWorkDay],8,0)
```

回忆一下，之前曾创建了一个名为 IsWorkDay 的计算列，该计算列针对 Monday、Tuesday、Wednesday、Thursday 和 Friday 返回 1，并针对 Saturday 和 Sunday 返回 0。因此，该计算列使用了行上下文，并针对 Calendar 表中的各行返回 8 或 0。

（2）右击#Measures 表，选择 New measure 并输入下列公式。

```
#TotalHours = SUM('Calendar'[WorkHours])
```

如前所述，度量值公式中列的任意引用都必须在聚合函数的显式上下文中予以实现。在这种情况下，由于需要获得一段时间内潜在的计费小时数，因而可使用 SUM 函数。

（3）再次右击#Measures 表，随后选择 New measure 并输入下列公式。

```
%Utilization = DIVIDE([#TotalBillableHours],[#TotalHours],0)
```

注意，当引用度量值公式中的其他度量值时，无须使用任何种类的聚合函数，其原因在于，根据定义，度量值必须包含一个聚合函数。

（4）返回至 Report 视图，取消 Month 切片中任何已选择的数值。

（5）选择 Table 可视化，并向该表中添加#TotalHours 和%Utilization 度量值。通过观察可知，Table 可视化出现了某些较为奇怪的行为。具体来说，表中显示了许多附加行，且每一行的#TotalHours 数值较大且保持一致，即 6256。考虑到一年的工作时间一般只有 2080 个小时，因而当前结果并不正确。

（6）选择 FIELDS 面板中的%Utilization 度量值（而非复选框）。

（7）在功能区的 Modeling 选项卡中单击 Formatting 区域内的%按钮，并将%Utilization 度量值格式化为一个百分比。

当前问题再次指向#TotalHours 度量值的过滤器上下文。这里，度量值公式仅考查了 Calendar 表中的 WorkHours 列。然而，考虑到 Calendar 表和 Hours 表之间呈现为从 Calendar 到 Hours 的单向关系，因而 Calendar 表未在员工的基础上被过滤。因此，Calendar 表中的所有行均被包含在#TotalHours 计算中。据此，即使某名员工已经辞职，且未上报 Hours 表中的小时数，我们依然会返回一个结果。除此之外，即使员工已经上报了 Hours 表中的小时数，Calendar 表中的所有行也会被包含进来，而不是仅包含 Hours 表中的每名员工的日期。

针对这一问题，可简单地执行下列各项步骤。

（1）在功能区的 Modeling 选项卡中选择 Relationships 部分中的 Manage Relationships，并确保选择 Hours (Date)与 Calendar (Date)之间的关系，即单击关系行上的任何位置处（不包括 Active 复选框）。

（2）单击 Edit 按钮，定位 Edit relationship 对话框中的 Cross filter direction，并将其从 Single 修改为 Both。最后，依次单击 OK 和 Close 按钮。

刷新 Table 可视化内容后，任何辞职的员工将从可视化内容中消失。另外，#TotalHours 度量值与 Average of TotalHours 列保持一致。通过将关系中的 Cross filter direction 修改为 Both，我们向#TotalHours 度量值计算中添加了过滤器上下文，以便在表可视化上下文中，Calendar 表可根据每名员工的 Hours 表中的相关行而被过滤。

在考查表可视化内容可以看到，该表的 Total 行包含了较大的利用率值，即 2389.55%，显然这是错误的。虽然计算过程正确无误，但并未得到期望的结果。具体来说，#TotalBillableHours 的 Total 值为 149490.15，而#TotalHours 的 Total 值为 6256，将这两个数值相除后将返回 2389.55%。

相应地，期望结果可描述为，#TotalBillableHours 和#TotalHours 简单地表示为表中全部数字之和。然而，表中的 Total 行和矩阵可视化并未按照这一方式工作。再次强调，此处的问题出现于过滤器上下文中。任何表中的 Total 行或矩阵可视化一般在 ALL 上下文中被评估，并会产生度量值总量问题。在#TotalHours 度量值中，ALL 上下文简单地返回 Calendar 表中全部行的 WorkHours 的求和结果，即 6256。实际上，该数字应为全部有效工作小时数的总计结果（遍历每名员工的有效工作小时数）。

针对度量值总量问题，存在一种标准的处理技术，如下所示。

（1）选择#TotalHours 并复制#TotalHours 的公式，单击公式栏，并通过 Ctrl+A 快捷键和 Ctrl+C 快捷键复制代码。

（2）创建名为#TotalHoursByEmployee 的新度量值，利用 Ctrl+V 快捷键粘贴代码，随后按照下列方式修改公式。

```
#TotalHoursByEmployee = SUM('Calendar'[WorkHours])
```

（3）将#TotalHours 度量值编辑为下列公式。

```
#TotalHours =
IF(
   HASONEVALUE(People[Name]),
    [#TotalHoursByEmployee],
    SUMX(
```

```
        SUMMARIZE(
            'People',
            People[Name],
            "__totalHoursByEmployee",
            [#TotalHoursByEmployee]
        ),
        [__totalHoursByEmployee]
    )
)
```

DAX 公式使用 HASONEVALUE 函数确定度量值是否在表中的单行或者 Total 行中被评估。如果 People[Name]列中存在一个值，那么即可了解到我们正处于表中的单一行中；否则将处于 Total 行中——在 ALL 上下文中，针对 People[Name]列存在多个值。

在当前示例中，我们实际上通过 SUMMARIZE 函数在 DAX 公式中创建了一个临时计算表，进而模拟信息在表可视化中的显示方式。SUMMARIZE 函数接收一个表名（当前为 People）、表中的一个或多个列（当前为 People[Name]），随后通过所执行的聚合函数（当前为#TotalHoursByEmployee 度量值的引用）创建附加列（当前为__totalHoursByEmployee）。

这里，可将 SUMMARIZE 函数视为表中行的分组方式，并针对行分组应用聚合函数。对应的计算表将用作 SUMX 函数的输入内容。据此，可简单地对__totalHoursByEmployee 列中的小时数求和。

提示：

一种较好的做法是在计算表、列名和 DAX 公式中创建的变量等前面加上下画线、双下画线或其他标识字符。当引用 DAX 公式中的对象时，这将极大地提升可读性并减少混淆的机会。

可以看到，当前，Total 行包含了正确的结果，即#TotalHours 的 Total 值为 178344； %Utilization 的 Total 值为 83.82%。而且，#TotalBillableHours 度量值并未出现度量值总量问题。这里，读者可能会对度量值与该问题之间的决定因素感到好奇。然而，这一问题并不存在直接答案。简而言之，全部行中的度量值将在当前上下文中的全部行上下文中被评估。换而言之，在所有行的当前上下文中，度量值针对全部行被聚合，而非当前上下文中的每一行且于随后被聚合。无论如何，我们可以安全地做出假设，任何度量值均潜在地包含了度量值总量问题，因而在处理表和矩阵可视化中的度量值时，需要仔细地检查 Total 行。

仔细观察表可视化时可以发现，%Utilization 对于某些员工来说为空值，这一结果主要是针对不包含计费工时的员工。但%Utilization 不应为空，在当前示例中应显示为 0%。对此，可在 FIELDS 面板中选择#Measure 表中的%Utilization 度量值，即单击度量值名称上的任何位置（不包括复选框）。随后将显示公示栏并显示对应的公式。

按照下列方式编辑公式：

```
%Utilization =
VAR __utilization = DIVIDE([#TotalBillableHours],[#TotalHours],0)
RETURN
    IF(
        ISBLANK(__utilization),
        0 ,
        __utilization
    )
```

这里应留意上述公式中 VAR 和 RETURN 的使用。VAR 和 RETURN 是 DAX 中的对函数，这意味着，当使用 VAR 时，必然存在一个 RETURN。VAR 支持 DAX 公式中临时值或变量的创建。这一类变量可在 DAX 公式的其他部分被引用。因此，上述代码采用了原始的利用率计算，并通过 VAR 将计算结果值赋予__utilization 变量中。随后，若 RETURN 语句确定__utilization 变量值为空值，则返回 0；否则简单地返回__utilization 值。另外，DAX 公式可包含多个 VAR 语句。

提示：

一种较好的做法是，使用 VAR 语句以避免重复的代码，同时提升 DAX 公式的可读性。

%Utilization 度量值的编辑行为可避免员工行的%Utilization 出现空行，但这也会再次引入 Table 可视化中出现的辞职员工问题。%Utilization 度量值的最终调整方案如下所示。

```
%Utilization =
VAR __utilization = DIVIDE([#TotalBillableHours],[#TotalHours],0)
VAR __days = COUNTROWS('Hours')
RETURN
    IF(ISBLANK(__days),
        BLANK(),
        IF(
            ISBLANK(__utilization),
            0 ,
            __utilization
        )
    )
```

当前，%Utilization 度量值添加了一个附加变量__days。__days 变量简单地计算 Hours 表中的行数量。因此，对于 Hours 表中未包含任何行的员工，__days 值为 BLANK。因此，RETURN 语句负责检查__days 是否为 BLANK。若是，则返回 BLANK。

4.4　计算检查和故障排除

前述计算结果仅是表面上看起来正确，实际上往往还需要进一步考查，以发现导致计算混乱的异常情况和实例。

4.4.1　边界条件

执行检查任务的常见方法是考查边界条件，或者是计算的最大值或最小值。对此，需要执行下列各项步骤。

（1）单击表可视化中的%Utilization 列标题，这将以降序方式排序该表，最大的%Utilization 数字位于列表顶部。可以看到，其中包含了一些较为异常的高利用率，如位于顶部的%Utilization。对于 Cole 和 Camille，对应值为 175%。

（2）当检查该数字时，单击 Views 面板中的 Data 视图。

（3）查找 Hours 表中的 EmployeeID 字段，并单击列标题中的下拉箭头。

（4）取消选中(Select all)复选框以取消选择全部值，随后向下滚动并选中 CCOLE 一侧的复选框。

（5）单击 OK 按钮。可以看到，Sunday 计费 4 小时，Friday 计费 10 小时。因此，当前计算结果是正确的，因为两天之间只有 8 个潜在的计费小时，且 Sunday 视为非工作日。

（6）针对 Perkins 和 Caitlen 检查下一个最大值。对此，可采用相同的处理过程，取消选中 CCOLE 复选框并选中 CPERKINS 复选框。再次强调，我们可以看到 Saturday 和 Sunday 上的多个计费小时数。因此，%Utilization 计算得到的最大值是正确的。

（7）单击 Report 视图，可以看到，当过滤 Data 视图中的表时，仍可看到 Report 视图中的全部数据，其原因在于，过滤 Data 视图中的数据并不会以任何方式影响 Report 视图。Data 视图中提供的过滤和排序功能仅供报表作者验证数据时使用。

（8）再次单击 Table 可视化中的%Utilization 标题，此时，数据将以升序排列，且%Utilization 的最小值将显示于顶部。

（9）存在多个 0% %Utilization 实例。其中，#TotalBillableHours 为空值。然而，Irwin 和 Rachelle 仅包含一个 0% %Utilization 实例，而#TotalBillableHours 的数字则是 6。通过使用被过滤的数值列表上方的 Search 框，可过滤 Hours 表中 Data 视图中的 RIRWIN。

（10）在搜索框中输入 CPERKINS，并取消选中搜索结果列表中所显示的 CPERKINS 复选框。随后，在 Search 框中输入 RIRWIN，并选中 RIRWIN 一侧的复选框。可以看到，Sunday 上显示了 6 个计费小时数。因此，当前计算从技术角度上来看是正确的，并且使用了 DIVIDE 函数返回除零错时的对应值。

（11）继续查看 Table 可视化中的行列表。在 Report 视图中，下一个有可能出现异常的是 Beasley、Jon，他们仅包含了两个#TotalBillableHours 项，但却包含了 368 个#TotalHours 项。对此，再次检查 JBEASLEY 的 Data 视图。可以看到，在页脚中存在 71 行的上报小时数，除了一行之外，所有这些行均为 Category 而非 Billable。BMACDONALD 和 SHESTER 的情况也是如此。

当检查完毕后，可以说，当前计算返回了正确的结果。

4.4.2 切片机制

切片机制是另一种较为常见的故障排除技术。对此，需要创建多个切片，并根据不同的标准对数据进行切片，随后检查切片数据的结果和边界条件。当采用切片技术时，需要执行下列各项步骤。

（1）在 Report 视图中，单击 Month 切片上的 March，可以看到 Wagner, Letitia 中出现了某些异常情况。该员工的 Average of TotalBillableHours 为 224，而%Utilization 为 0。

（2）针对 LWAGNER，过滤 Hours 表进而对数据进行检查，随后右击 Date 并以降序排列。可以看到，LWAGNER 在 March 中不包含计费小时数，但却在 February 和 January 中包含了计费小时数，进而解释了当前所显示的结果。

（3）选择 March 并对%Utilization 以降序方式排列。可以看到，列表顶部的 Cox,Rex 的%Utilization 为 151.17%。查看 RCOX 的数据可知，其 March 中每天的定期计费超过了 8 小时，甚至在 Saturday 中也进行计费，这就解释了高利用率的原因。

（4）返回至 Report 视图，必要时可重置 Month 切片的尺寸。

（5）单击画布的空白区域并选择 Slicer 可视化。此处，将 People 表中的 EmployeeType 列置于当前切片中。相应地，所显示的切片包含了 ADMINISTRATION、ASSOCIATE、CONSULTANT、HOURLY、SALARY 和 SUB-CONTRACTOR。

在 3.1 节内容的基础上，Pam 发现了一个问题，即 ADMINISTRATION、ASSOCIATE 和 CONSULTANT 不应出现于当前列表中。具体来说，ADMINISTRATION 是像他自己这样的非计费内部员工的称谓，而 ASSOCIATE 和 CONSULTANT 则是员工的早期称谓且已多年不用。Pam 并不希望这些员工出现于报表页面中。对此，可执行下列各项步骤。

（1）在 Report 视图中，展开 Filters 面板。

（2）将 EmployeeType 从 People 表中拖曳至当前报表的 Filters on all pages 区域中。此时将创建一个 EmployeeType 过滤器。

（3）在该过滤器中，选择 HOURLY、SALARY 和 SUB-CONTRACTOR。

（4）选择当前切片中的 HOURLY。此时，Pam 再次敏锐地发现了一个问题，即所显示的某些%Utilization 值并非是 100%。由于 HOURLY 和 SUB-CONTRACTOR 员工按小时方式付费，因此其%Utilization 值一般应显示为 100%，除非此类员工未被付费，因为 HOURLY 和 SUB-CONTRACTOR 这一类员工只能按他们工作的时间获得报酬。针对这一问题，可修改#TotalHours 度量值，如下所示。

```
#TotalHours =
SWITCH(
    MAX('People'[EmployeeType]),
    "HOURLY",[#TotalBillableHours],
    "SUB-CONTRACTOR",[#TotalBillableHours],
    "SALARY",
        IF(
            HASONEVALUE(People[Name]),
            [#TotalHoursByEmployee],
            SUMX(
                SUMMARIZE(
                    'People',
                    People[Name],
                    "__totalHoursByEmployee",
                    [#TotalHoursByEmployee]
                ),
                [__totalHoursByEmployee]
            )
        ),
    BLANK()
)
```

这里，原计算过程列于上述代码的 7～19 行。当前工作是将该计算过程简单地封装至 SWITCH 语句中。SWITCH 函数的第一个参数为返回某个值的表达式。随后，SWITCH 语句可根据需要包含多个条件和返回值对，但最终的返回值并非是其中的任何一个。

当查看其工作方式时，可考查第一个参数 MAX('People'[EmployeeType])，这将返回当前可视化行的 EmployeeType。回忆一下，在度量值中，在引用列时需要使用某些聚合函数。鉴于当前的期望结果是每名员工单独地显示于可视化行上，因而这里使用了 MIN 函数而非 MAX 函数。接下来将检查表达式的返回值是否为 HOURLY。若是，则简单地返回#TotalBillableHours 度量值。

随后检查返回值是否为 SUB-CONTRACTOR。若是，则返回#TotalBillableHours。在该项检查之后，还需要检查返回值是否为 SALARY，若是，则使用原始代码。最后，如果其他条件均不满足，最后一行将不返回任何内容（BLANK）。

当在 EmployeeType 切片中选择 HOURLY 或 SUB-CONTRACTOR 时，可根据%Utilization 以任意方向排序表可视化内容。可以看到，除了某些员工显示 0%之外，全部行均为 100%。这些 HOURLY 员工基本上处于闲置状态，了解这一点将十分有用。除此之外，Total 针对 HOURLY 和 SUBCONTRACTOR 员工也显示为 100%，这也是期望中的结果。

4.4.3 分组机制

作为最后一项检查，Pam 希望确保%Utilization 值根据 Division 向上滚动。对此，可执行下列各项步骤。

（1）选择画布的空白区域，并于随后在 Hours 表中选择 Division。这将创建一个新表，其中列出了不同的部门，如 1001 Technology、2001 Accounting 等。

（2）根据所选的 Table 可视化内容，将%Utilization 添加至该表的 Values 中。这里的问题是，每个 Division 的%Utilization 为 100%或 0%，而 Total 则为 100%。更加糟糕的是，当进一步考查时将会发现，如果未持有切片中所选的 EmployeeType，原始员工表可视化中的总量（Total）也为 100%，该结果是错误的。不难发现，鉴于对#TotalHours 度量值所做的更改，我们将度量值总量问题引入了%Utilization 度量值中。

（3）对%Utilization 度量值的修改如下所示。

```
%Utilization =
VAR __utilization = DIVIDE([#TotalBillableHours],[#TotalHours],0)
VAR __days = COUNTROWS('Hours')
RETURN
    IF(ISINSCOPE(People[Name]),
        IF(
            ISBLANK(__days),
            BLANK(),
            IF(
                ISBLANK(__utilization),
                0 ,
                __utilization
            )
        ),
        VAR __tempTable =
            SUMMARIZE(
            'People',
            'People'[Name],
            "__billableHours",[#TotalBillableHours],
```

```
                "__totalHours",[#TotalHours]
            )
        VAR __totalBillableHours =
SUMX(__tempTable,[__billableHours])
        VAR __totalTotalHours = SUMX(__tempTable,[__totalHours])
        RETURN
            DIVIDE(__totalBillableHours,__totalTotalHours,0)
)
```

在前述%Utilization 公式中，我们对%Utilization 度量值进行了最后一次迭代，并添加了度量值总量问题逻辑，以便在可视化未根据单个员工行显示数据时返回正确的聚合值。

在当前示例中，我们向 RETURN 代码块中添加了 IF 语句，并针对'People'[Name]使用了 ISINSCOPE 而非 HASONEVALUE。这里，ISINSCOPE 是一个新函数，旨在针对矩阵层次结构实例和度量值总量问题辅助度量值的计算过程。当指定列位于级别层次结构的正确级别上时，ISINSCOPE 函数将返回 TRUE。因此，'People'[Name]并不在表和矩阵可视化的 Total 行范围内，但却位于表可视化单行范围内，并列出了员工的%Utilization。

如果'People'[Name]位于所处范围内，则像之前那样计算%Utilization 项；否则，将利用 SUMMARIZE 创建一个表，并将其赋予一个名为__tempTable 的变量中。该表包含了基于员工 Name 的表摘要，并针对该表中的每行计算#TotalBillableHours 和#TotalHours 值，同时将此类值分别赋予名为__billableHours 和__totalHours 的列中。随后将使用 SUMX 计算该表中__billableHours 和__totalHours 列的求和结果，进而将结果赋予__totalBillableHours 和__totalTotalHours 变量中。最后返回由 __totalBillableHours 和__totalTotalHours 分隔的值。

（4）基于对%Utilization 度量值所做的更改以及两个表的可视化内容，可以看到 Total 行之间彼此保持协调，进而得到了基于 Division 和员工的正确的%Utilization 结果。

提示：

在最终的%Utilization 计算中，可对 VAR/RETURN 对进行无限嵌套。

4.5　本 章 小 结

本章讨论了 Power BI 的模型视图，以及如何通过生成独立表之间的关系构建一个数据模型。其间，我们学习了不同的关系类型，以及交叉过滤方向这一概念。随后，本章考查了所生成的数据模型，以理解如何使用同一可视化中不同表中的字段，从而获得数据的洞察结果。接下来，我们创建了一项计算以实现利用率报表。首先，我们通过计算列创建了利用率计算过程，并尝试理解计算列的局限性和应用时机。相应地，我们还利用度量值创建了利用率计算，以启用与用户交互响应的动态计算。

最后，本章通过各项技术实现了度量值计算的故障排除，如边界条件检测机制、切片机制和分组机制。在构建了数据模型和所需的计算后，我们对数据进行了分析以理解数据的组织方式。

第 5 章将考查 Power BI 中许多有用的特性，进而分解、分析和开启对数据的洞察。

4.6　进一步思考

下列问题供读者进一步思考。

- Power BI 中 8 个主要的模型视图区域是什么？
- Power BI 支持的 4 种不同类型的关系基数是什么？交叉过滤方向是什么？
- Power BI 所支持的两种交叉过滤类型是什么？
- Power BI 中创建关系的两种方式是什么？
- 什么是计算列？
- 何时计算列可被计算？
- 什么是度量值？
- 何时度量值可被计算？
- 什么是度量值总量问题？
- 排除计算故障的 3 种方式是什么？

4.7　进一步阅读

- 创建和管理 Power BI Desktop 中的关系：https://docs.microsoft.com/en-us/power-bi/desktop-create-and-manage-relationships。
- Power BI Desktop 中的数据视图：https://docs.microsoft.com/en-us/power-bi/desktop-data-view。
- 使用 Power BI Desktop 中的计算列：https://docs.microsoft.com/en-us/power-bi/desktop-calculated-columns。
- Power BI Desktop 中的度量值：https://docs.microsoft.com/en-us/power-bi/desktop-measures。

第 5 章　解锁洞察结果

前述章节构建并验证了数据模型，本章将考查 Power BI 中诸多功能强大的特性，以分解、分析和解锁与数据相关的洞察结果。这些特性使得报表作者能够在数据模型中创建与数据相关的、引入瞩目的故事，并引领报表用户关注最重要的洞察结果和信息。

本章主要涉及以下主题。

- 数据分段。
- 使用报表导航特性。
- 高级可视化技术。

5.1　技 术 需 求

本章示例需要满足以下技术需求条件。

- 连接至互联网。
- Microsoft Power BI Desktop。
- 操作环境：Windows 10、Windows 7、Windows 8、Windows 8.1、Windows Server 2008 R2、Windows Server 2012 或 Windows Server 2012 R2。
- 访问 https://github.com/gdeckler/LearnPowerBI/tree/master/Ch5 并下载 LearnPowerBI_Ch5Start.zip，随后解压 LearnPowerBI_Ch5Start.pbix 文件。
- 在本章结束时，最终的 Power BI 文件应为 LearnPowerBI_Ch5End.pbix，该文件被包含在 LearnPowerBI_Ch5End.zip 文件中，后者也可通过访问 https://github.com/gdeckler/LearnPowerBI/tree/master/Ch5 进行下载。

5.2　数 据 分 段

Power BI 针对数据分段提供了多种机制，包括分组、层次结构和行级别安全机制。数据分段可将数据的各自行划分或分组为多个逻辑单元以便于组织。这将有助于执行业务规则，或者以业务用户更容易理解的方式显示指标，而非查看单独的数据行。

5.2.1　创建分组

在 Power BI 中查看分组的最简单的方式是使用可视化汇总数据。对此，需要执行下列各项步骤。

（1）在 Report 视图中创建 Power BI Desktop 中的新页面 Page3。

（2）在该页面中，展开 Calendar 表并选择 Month 列。

（3）添加 Hours 表中的 Hours 列。

（4）将 Table 可视化中的可视化内容修改为 Clustered Column Chart 可视化。

接下来，我们将根据月份（在该月份中上报小时数）创建专用的小时数分组。

然而，Power BI 中存在另一种使用分组的方式。除了专用分组之外，还可将信息分组定义为数据模型的一部分内容，并于随后在可视化中使用这些定义后的分组。

具体实现过程如下所示。

（1）展开 People 表，右击 EmployeeType 并选择 New Group，此时将打开 Group 对话框。这里，可针对分组定义一个名称，并对分组自身加以定义。最后，将分组名称保留为 EmployeeType(groups)。

（2）在 Ungrouped values 区域中，选择 HOURLY、SALARY 和 SUB-CONTRACTOR，即首先单击 HOURLY，随后在按 Ctrl 键的同时单击 SALARY 和 SUB-CONTRACTOR。接下来单击 Group 按钮。此时，Groups and members 部分中将创建一个新的分组，将该分组重命名为 Billable。

（3）选中 Include Other group 复选框，随后单击 OK 按钮。

图 5.1 显示了 Groups 对话框。

需要注意的是，在 People 表中，EmployeeType 列的下方将显示一个 EmployeeType (groups)项，该项包含一个被分割为 4 个象限的正方形图标。

通过移除源自全部页面的 EmployeeType 过滤器，即可使用这一新的分组集合。

（4）展开 FILTERS 面板，查找 Filters on all pages 下方的 EmployeeType 过滤器，将鼠标悬停于该过滤器上，单击 x 图标即可移除该过滤器。

（5）单击画布的空白区域，单击 EmployeeType(groups)，随后单击 Hours 表中的 Hours。可以看到，此时将创建一个包含两行（即 Billable 和 Other）的表。

通过创建可在多个可视化中使用的、可复用的信息分组，将把在数据模型中定义分组视为节省时间的一种简便方法。

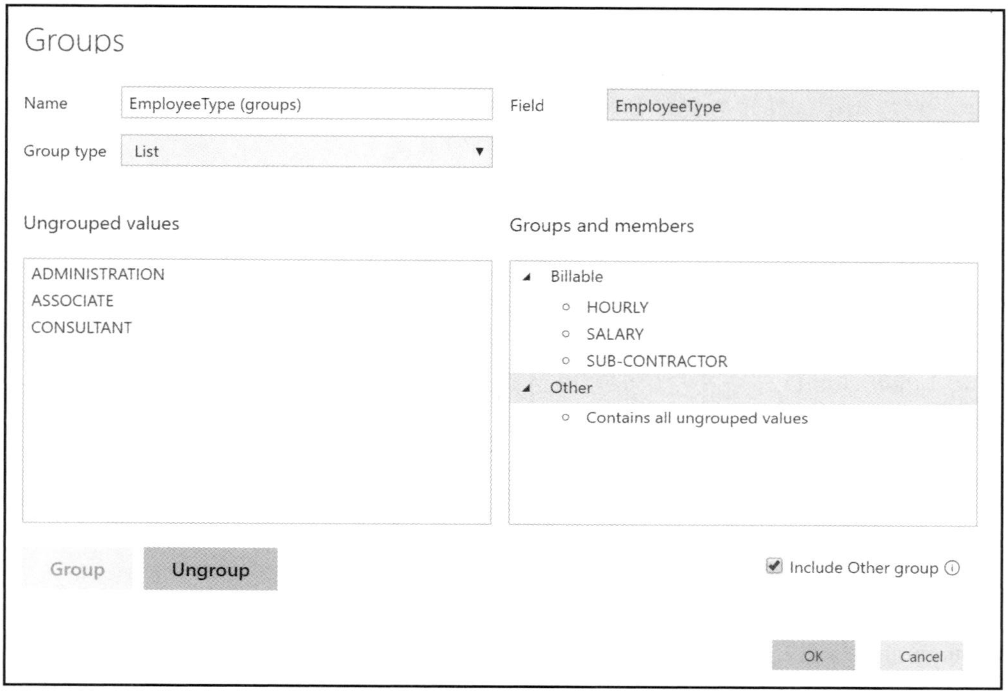

图 5.1　Groups 对话框

5.2.2　创建层次结构

层次结构是 Power BI 中一个功能强大的特性，它允许对数据进行汇总，但也允许报表查看者向下钻取数据以获得更多细节。类似于分组，我们也可创建一个专用的层次结构，并在数据模型中定义层次结构。其中，最简单的专用层次结构查看方式是 Matrix 可视化，如下所示。

（1）单击画布的空白区域，并选择 People 表中的 Location。

（2）将可视化从 Table 可视化切换至 Matrix 可视化。某些可视化可与层次结构实现良好的协同工作，而其他一些可视化则不然。具体来说，Table 可视化并不适用于层次结构，而 Matrix 可视化则可与层次结构协同工作。

（3）将 Division 列从 Hours 表中拖曳至 VISUALIZATIONS 面板的 Rows 区域中。可以看到，多个箭头图标显示于 Matrix 可视化的上方或下方。

（4）将 Hours 从 Hours 表中拖曳至 Matrix 可视化的 Values 区域中。使用 Matrix 可视化上方的分叉形箭头图标来 Expand all down one level in the hierarchy。不难发现，上报

的小时数被 Matrix 中的 Location 和 Division 所划分。

除此之外，还可将层次结构定义为数据模型的一部分内容。然而，与前述示例不同（从独立表的列中创建了专用的层次结构），作为数据模型一部分内容而创建的层次结构必须包含源自同一表中的、层次结构中的所有列。

当在数据模型中创建层次结构时，需要执行下列各项步骤。

（1）展开 Hours 表。

（2）右击 Division，随后选择 New hierarchy。此时将在 Hours 表中生成一个 Division Hierarchy 元素，且位于 Division 列下方。通过观察可知，Division 是新层次结构中的第一个元素。

（3）单击 JobID 列，并将该列拖曳至 Division Hierarchy 上。JobID 将被添加至当前层次结构中 Division 的下方。

当实际查看层次结构时，需要执行下列各项操作。

（1）单击画布的空白区域，随后单击 Division Hierarchy。

（2）将创建的可视化内容从 Table 可视化切换至 Matrix 可视化。

（3）将 Hours 添加至 Values 区域中。

（4）使用新创建的 Matrix 可视化中的分叉形箭头图标来 Expand all down one level in the hierarchy。可以看到，小时数被 Division 和 JobID 所划分。

在数据模型中定义层次结构是节省时间的一种简便的方法，这将通过创建可复用的信息层次结构，以供在多个可视化中使用。

5.2.3　考查层次结构

截至目前，我们仅使用了分叉形箭头图标来 Expand all down one level in the hierarchy，接下来考查其他箭头图标的功能。

（1）在通过 Division Hierarchy 创建的最新 Matrix 可视化中，使用层次结构中的向上箭头图标来 Drill Up。

（2）将当前可视化切换至 Clustered column chart。

（3）单击向下箭头以开启 Drill Down。可以看到，向下箭头被一个灰色的圆形所包围。

（4）单击 3001 Management 列，且仅针对 3001 Management 数据钻取层次结构。当前，我们处于层次结构的 3001 Management 叶节点中的 JobID 级别。

（5）再次单击向下箭头以关闭 Drill Down，随后单击向上箭头以向上钻取层次结构的顶层。

（6）单击双下箭头图标，该图标在当前层次结构的全部顶级叶节点之间向下钻取至层次结构的第二级。

（7）使用向上箭头图标，并向上钻取至层次结构的顶层。

提示：

在功能区的 Data/Drill 选项卡的 Data actions 部分中，同样存在相同的 4 个箭头图标，用于展开/折叠和上、下钻取一个层次结构，该层次结构出现于包含层次结构的可视化内容的上方或下方。

5.2.4　理解行级别安全

行级别安全（RLS）用于限制用户查看报表时的数据访问权限。通过使用 DAX 表达式定义过滤器，将在 Power BI Desktop 中创建角色。此类过滤器在数据底层限制了对应角色所用的数据。用户被添加至 Power BI Service 的角色中，但 Desktop 提供了角色定义的测试功能，也就是说，使报表作者以特定的角色查看报表。

1. 创建角色

下面通过第 3 章中的示例进一步理解行级别安全。Pam 就职于一家机构组织，他清楚地知道，当创建和发布最终的报表时，组织机构中的多个职位均会查看该报表，如分公司经理和部门经理。Pam 需要确保每名经理仅查看各自管理范围内的信息，且无须针对每个工作岗位和用户创建独立的报表。对此，Pam 可通过行级别安全机制针对每位用户创建角色。

当创建分公司经理这一角色时，需要执行下列各项步骤。

（1）选择功能区中的 Modeling 选项卡，随后选择该功能区的 Security 部分中的 Manage roles。图 5.2 显示了 Manage roles 对话框。

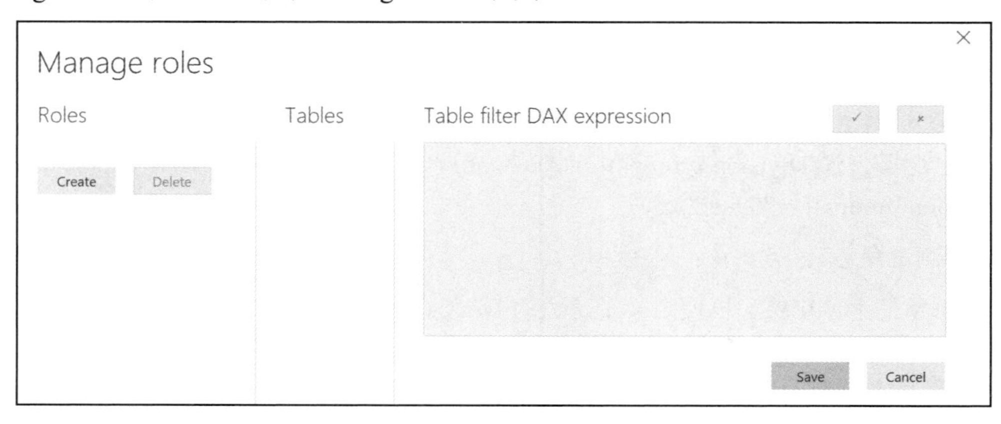

图 5.2　Manage roles 对话框

（2）单击 Create 按钮创建一个角色，并将其命名为 ALL。鉴于该角色应可查看任何内容，因而我们不会将其定义为 Table filter DAX expression。

（3）再次单击 Create 按钮并将当前角色命名为 Cleveland。

（4）基于所选择的 Cleveland 角色，单击 People 表的省略号图标（...），并依次选择 Add filter 和 Location。随后双击 Value 和类型 Cleveland。

（5）当操作结束后，Table filter DAX expression 应为[Location] ="Cleveland"。

（6）重复上述处理过程并针对 Nashville 和 Charlotte 创建多个角色。其中，Table filter DAX expressions 分别对应于[Location] = "Nashville"和[Location] ="Charlotte"。这 3 个角色涵盖了组织机构中的分公司经理，以及需要查看所有位置的个人。

（7）单击 Save 按钮保存这些角色。

在创建附加角色之前，首先需要在数据模型中定义一些附加分组，如下所示。

（1）在 Report 视图中展开 Hours 表。

（2）右击 Division 列（而非 Division Hierarchy）并选中 New group。

（3）将 1001 Technology 添加至其自己的名为 Technology 分组中。

（4）类似地，将 2001 Accounting 添加至其自己的名为 Accounting 分组中。

（5）将 3001 Management 添加至其自己的名为 Management 分组中。

（6）选中 Include Other group 复选框。

（7）单击 OK 按钮。

下面通过执行下列各项步骤针对服务经理创建角色。

（1）单击功能区 Modeling 选项卡中的 Manage roles。

（2）单击 Create 按钮并调用新角色 Technology。

（3）基于所选的 Technology 角色，针对 Hours 表单击省略号（...），依次选择 Add filter 和 Division (groups)。

（4）编辑过滤器公式，以显示[Division (groups)] = "Technology"。

（5）针对 Accounting、Management 和 Other Services 角色重复上述处理过程，并分别使用过滤器公式[Division (groups)] ="Accounting"、[Division (groups)] = "Management"和[Division(groups)] = "Other"。

2. 测试角色

测试角色十分重要，以便定义了角色的 DAX 过滤器可正常工作。当查看新角色时，需要执行下列各项步骤。

（1）单击画布的空白区域，利用 Locaton 作为轴、Hours 作为值创建 Clustered column chart。

（2）在功能区的 Modeling 选项卡中，单击功能区的 Security 部分中的 View as Roles 按钮。选中 Accounting 并单击 OK 按钮。

可以看到，通过 Division Hierarchy 显示 Hours 的 Clustered column chart 当前仅显示了 2001 Accounting；通过 Location 显示 Hours 的 Clustered column chart 则显示了所有的 3 个位置，即 Cleveland、Charlotte 和 Nashville。通过观察可知，画布上方黄色的信息栏显示了 Now viewing report as: Accounting。

（3）再次单击 View as Roles 按钮。取消选中 Accounting，随后将报表依次视作 Management、Technology 和 Other Services。相应地，当视作 Other Services 时，可以看到所有未分组的 Divisions。

（4）通过单击 View as Roles、取消选中其他角色、选中 All，随后单击 OK 按钮，进而测试 ALL 分组。不难发现，当前可看到所有的 Locations 和 Divisions。当单击信息栏中的 Stop viewing 按钮时，此时不会产生任何变化。

（5）依次测试每个 Location 角色，并验证正确的位置（且仅包含正确的位置）是否显示于汇总了 Hours by Location 的 Clustered column chart 中。

（6）操作结束后，单击 Stop viewing 按钮。

5.3　使用报表导航特性

除了与分段数据相关的功能之外，Power BI 还提供了报表页面间的导航机制，这些机制可用作分析的辅助功能。

5.3.1　钻取

前述内容讨论了一种如何利用分组、层次结构和行级别安全机制分解数据。此外，Power BI 还提供了另一种功能强大的数据分解和分析方法，称为钻取功能。钻取是一种用于分段数据和导航报表的方法。钻取功能允许我们将报表的页面连接在一起。报表页面经创建后可关注特定的数据实体，如部门、住址或员工。随后，用户可右击某个页面上的数据元素，并钻取至不同的页面，同时维护第一个页面中的原始过滤器上下文。

钻取功能的应用方法如下所示。

（1）创建一个新页面 Page 4，将该页面重命名为 Details，即双击页面名，随后输入 Details。

（2）单击 Page 2 并选择页面左侧的 Matrix 可视化内容，其中包含了 Rows 中的 Names、Columns 中的 Category，以及 Values 中的 Hours。利用 Ctrl+C 快捷键复制该可视化内容，单击返回 Details 页面，随后利用 Ctrl+V 快捷键将该可视化内容粘贴至画布上。

（3）单击 Page 3，将 Hours by Division 可视化内容和 Hours by Locations 可视化内容复制并粘贴至 Details 页面上。必要时，可调整可视化的位置和尺寸。此外，还应适当缩小 Matrix 和其他可视化内容，以便在页面上方留有少量空白区域。

（4）单击页面画布的空白区域。当前，展开 People 表并单击 Location。

（5）将当前可视化调整为 Card 可视化，并将当前可视化移至页面的右上角，必要时还可对尺寸进行适当调整。可以看到，Card 可视化显示了 First Location，即按照字母排序的 Charlotte。

（6）单击画布的空白区域，随后在 VISUALIZATIONS 面板中，将 Location 从 People 表拖曳至 VISUALIZATIONS 面板中 Drillthrough 部分的 Add drillthrough fields here 区域中。

（7）作为 Drillthrough 字段拖曳 Hours 表中的 Division 字段。可以看到，在页面的左上角显示了一个被圆形包围的左箭头图标。

（8）单击返回 Page 3。在 Hours by Location 可视化中，右击 Nashville 列，并依次选择 Drillthrough 和 Details。可以看到，当前已转至 Details 页面，仅 Nashville 出现于 Hours by Location 可视化中。除此之外，Nashville 还出现于 Card 可视化中。实际上，该页面上的全部可视化均被过滤，且仅显示链接至 Nashville 位置的数据。

（9）按 Ctrl 键并单击左上角的左箭头图标，即回退按钮，进而返回至 Page 3。当前，右击 Hours by Location 可视化中的 Cleveland 列。此时，仅 Cleveland 信息显示于 Details 页面上。

（10）使用回退按钮返回至 Page 3。此处，右击 Hours by Division 可视化中的 3001 Management 列，并依次选择 Drillthrough 和 Details，随后将再次转至 Details 页面，不难发现，仅 3001 Management 列显示于 Hours by Division 可视化中。这时，页面上的全部信息均被 3001 Management 部门过滤。

可以看到，Hours by Location 可视化仅显示了 Nashville 和 Cleveland，其原因在于，隶属于 3001 Management 部门的员工仅工作于 Nashville 和 Cleveland。那么，为何页面上方处的 Card 可视化仍显示 Charlotte？这是因为，在当前模型中 People 和 Hours 表间关系的交叉过滤方向被定义为 Single，即从 People 至 Hours。

针对这一问题，需要执行下列各项步骤。

（1）选择功能区中的 Modeling 选项卡，然后从 Relationships 部分中选择 Manage Relationships。

（2）在 Manage relationships 对话框中，除了 Active 复选框之外，单击 From Hours (EmployeeID) To People (ID)关系上的任何位置处。

（3）单击 Edit 按钮。

（4）将交叉过滤方向修改为 Both，随后单击 OK 按钮。

（5）单击 Close 按钮以关闭 Manage relationships 对话框。

（6）在简要地更新了当前可视化内容后，Card 可视化将显示 Cleveland。

提示：

功能区中的 Data/Drill 选项卡包含了 Data actions 部分中的一个 Drillthrough 按钮，当可视化包含了一个层次结构，或能够使用 Drillthrough 时，该选项卡将被激活。单击 Drillthrough 按钮将激活 Drillthrough 特性，以便单击可视化元素时显示 Drillthrough 菜单。

5.3.2　按钮

前述 Drillthrough 应用展示了 Power BI 中另一种导航辅助功能，即按钮。当把 Drillthrough 过滤器添加至某个页面中时，Power BI 自动创建一个 Back 按钮。除此之外，还存在其他按钮类型可与 Power BI 协同工作，下面将对此加以讨论。

1. 按钮类型

当在 Power BI 中考查各种按钮时，需要执行下列各项操作。

（1）创建新的页面并将其重命名为 Buttons。

（2）选择功能区中的 Home 选项卡，在 Insert 部分中单击 Buttons 图标。

相应地，Power BI 存在 9 种按钮类型，如下所示。

- 左键头按钮。
- 右箭头按钮。
- Reset 按钮。
- Back 按钮。
- Information 按钮。
- Help 按钮。
- Q&A 按钮。
- Bookmark 按钮。
- Blank 按钮。

（3）创建某种类型的按钮。

（4）Power BI 自动将按钮置于屏幕的左上角，进而在生成各按钮后可将按钮移至画布的不同区域，以避免两个按钮处于交叠状态。

（5）依次单击每个按钮，可以看到，VISUALIZATIONS 面板发生了变化，并针对每个按钮包含了格式化选项。

不同的按钮包含了不同的默认格式化选项，且默认状态下处于开启或关闭状态。例如，Blank 按钮包含了 Outline 格式化选项，且在默认状态下处于开启状态，而其他按钮则无此选项。相比较而言，VISUALIZATIONS 面板（有时也标记为 Format Shape 面板）中的大多数选项仅为调整按钮观感的选项，Icon 选项便是这些格式化选项之一。另外，全部按钮的选项均处于开启状态。当展开 Icon 部分时，将会看到一个 Shape 设置项。单击 Shape 设置项的下拉箭头将显示一个图标列表，该图标列表镜像可以创建的完全相同的按钮。实际上，Power BI 中的每种不同的按钮类型并不是真正的按钮类型，而是针对单一元素类型的默认设置，即按钮。

2. 按钮状态

Button Text、Outline 和 Fill 格式化选项可显示文本、围绕按钮的轮廓线或按钮的填充颜色。每种格式化设置均包含一个 State 设置项，并可将其设置为 Default state、On hover 或 On press。另外，每种状态均可被单独设置。

为了配置此类状态，需要执行下列各项步骤。

（1）单击 Blank 按钮，并打开 Button Text 格式化选项。

（2）展开 Button Text 格式化选项部分，随后针对 Default state，在 Button Text 框中输入 Default。

（3）将 State 调整为 On hover，并将 Button Text 框中内容编辑为 Hover。

（4）将 State 修改为 On press，并将 Button Text 框中内容修改为 Pressed!。

（5）可以看到，Blank 按钮的文本显示为 Default。

（6）将鼠标悬停于 Blank 按钮上方，按钮文本将显示为 Hover。

（7）单击 Blank 按钮后，按钮的文本内容变为 Pressed!。

3. 按钮动作

按钮的真正功能主要体现在动作的执行方面。具体来说，按钮的动作通过 Action 格式设置加以控制。根据所选的 Blank 按钮，打开 Action 设置，随后展开 Action 区域。在 Type 框下，单击下拉箭头可看到 4 种动作类型，如下所示。

- ❑ Back。
- ❑ Bookmark。
- ❑ Q&A。
- ❑ Web URL。

前述内容介绍了 Back 动作的工作方式，以及当使用诸如 Drillthrough 这一类特性时 Back 的有效性。当考查如何使用 Web URL 时，可执行下列各项步骤。

（1）选择 Web URL。

（2）此时将显示 Web URL 框，接下来将 https://www.powerbi.com 输入 Web URL 框中。

（3）按 Ctrl 键并单击 Blank 按钮，随后将打开 Web 浏览器并访问 powerbi.com 网站。

提示：

按钮动作同样适用于插入的图像和形状。相应地，图像和形状可通过 Insert 部分中功能区的 Home 选项卡插入报表页面中。这意味着，可像按钮那样任意使用图像和形状。

稍后还将考查其他两种动作，即 Bookmark 和 Q&A，这也是 Power BI 中功能强大的特性，并可与按钮结合使用（或单独使用）。

5.3.3　Q&A

Q&A 是指问题和答案，同时也是 Power BI Service 自发布以来功能强大的内建工具。近期，Q&A 也被添加至 Desktop 中。Q&A 使得用户可使用自然语言与数据模型中包含的数据相关的问题；对应答案将以可视化形式返回。

Q&A 最佳实践

当高效地使用 Q&A 时，存在多种最佳实践方案，如下所示。

- 第一，使用较好的数据模型，其中包含了表间的所有相应关系。
- 第二，当采用 Q&A 时，表和列的命名机制十分重要，其间使用了输入问题中的单词，并尝试与数据模型中的表名和列名进行单词匹配。
- 第三，数据模型中的列和度量值需要被设置为正确的 Data type，以便 Q&A 返回正确的结果。例如，如果日期列在数据模型中被设置为文本，Q&A 将在使用日期列时返回难以预料的结果。
- 第四，需要正确地配置列的 Default Summarization 和 Data Category，如设置 Calendar 表中的 Year 列并包含默认的 Don't summarize 汇总结果，其原因在于，Year 是一个数字列，但我们并不打算对 Year 执行聚合计算。另外，数据分类也十分重要，因为这可辅助 Q&A 选择正确的可视化内容作为答案返回。

除了最后一点（即数据分类）之外，我们需要遵循上述各项最佳实践方案。数据分类主要与地理位置列结合使用，进而描述列中数据所显示的位置元素的类型。使用标记此类列的数据分类向 Power BI 提供了某些提示信息，此类信息与列中的信息类型及其显示方式相关。例如，将某一列分类为 Address、City、State、Country 或 Zip code 将向 Power BI 提供相应的信息，随后在 Map 可视化中显示该信息。为了进一步理解如何使用数据分类，考查下列各项步骤。

（1）在 Report 视图中，展开 People 表。

（2）通过单击列名上的任何位置以选择 Location 列。

（3）选择功能区的 Modeling 选项卡，在 Properties 部分中单击 Data Category 一侧的下拉箭头。

（4）当前，选择 Uncategorized 后将其修改为 City。

可以看到，一个地球状图标将显示于 Location 列一侧，表明该列将展示显示于地图上的信息。

5.3.4　使用 Q&A 按钮

下面讨论如何使用 Q&A 按钮，如下所示。

（1）单击之前创建的 Blank 按钮，并将其 Action 修改为 Q&A。

（2）按 Ctrl 键的同时单击 Blank 按钮。随后将显示 Q&A 对话框，如图 5.3 所示。

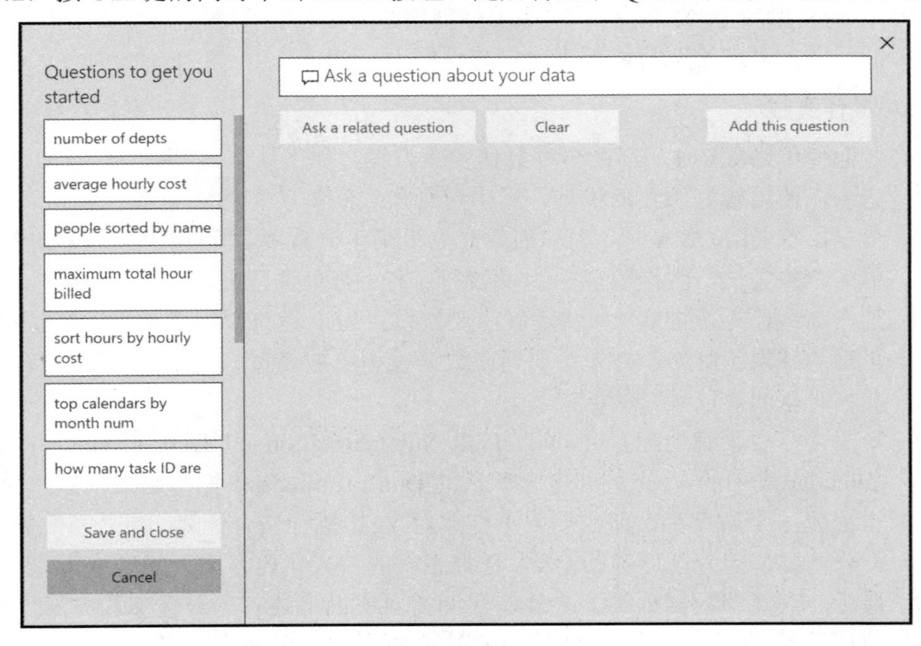

图 5.3　Q&A 对话框

其中，下方左侧表示为示例问题的数量。在主区域中，右上方显示为 Ask a question about your data 的输入区域。

（3）单击框体并输入 hours by location。在主区域中将显示一幅地图并在 Cleveland,

OH、Nashville,TN 和 Charlotte,NC 上显示圆形图案，如图 5.4 所示。

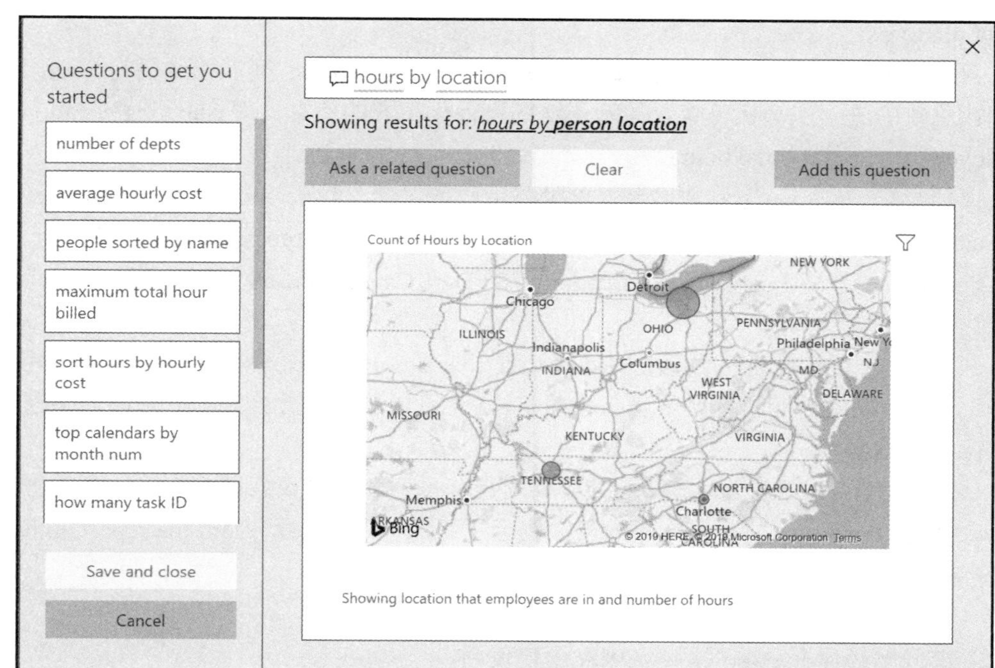

图 5.4　基于地址的 Q&A 小时数

其中，地图上的圆形图案的大小表示各个地区员工工作的全部相对小时数量。对此，可将鼠标悬停于圆形图案上，进而显示包含 Location 和 Count of Hours 的 Tooltip。这里，Count of Hours 可能并非是我们的本意。这意味着，对应数字表示 Hours 表中与每个位置相关的行数，而非每个位置的小时数总和。

使用 Count of Hours 的进一步确认可在地图的底部进行查看，其中显示了 Showing location that employees are in and number of hours。当然，具体阶段可能会有所不同。

为了解决这一问题，hours 和 location 分别添加了下画线。在问题输入框下方是一条语句，即 Showing results for: hours by person location。这里，下画线单词表示 Power BI 已经查找到模型中的表或列名。

（4）在输入问题的文本框中，单击下画线单词 hours。不难发现，Q&A 为数据模型实体提供了多种可能的建议，这些建议可能会引用单词 hours。这里，被选择的上方条目为 hours (Hours)，这指的是名为 Hours 的表。在该选项的下方是另一个选项 hours (Hours > Hours)，这指的是 Hours 表中的 Hours 列。此处选择第二个选项。

（5）再次将鼠标悬停于某个圆形图案上，所弹出的 Tooltip 此时显示了 Hours，而非 Count of Hours。

我们知道，这是对应位置的 Sum of hours，因为默认 Hours 列汇总结果为 Sum。关于求和或总数的进一步确认可查看显示于地图可视化下方的信息，即 Showing location that employees are in and Total hours。

（1）单击 location 后可以看到，此处显示两条建议，即 person location 和 budgets and forecast location，其原因在于，People 表和 Budgets and Forecasts 表中均包含了一个 Location 列。由于将 People 表中 Location 列的 Data Categorization 设置为 City，因此可以移除这种不确定性。

（2）单击当前问题的结尾处并将鼠标置于 location 之后。移除 location 并将其替换为单词 city，以便对应问题显示为 hours by city。可以看到，此处显示了相同的问题，但却移除了不确定性。

（3）单击 Add this question 按钮，将对应问题添加至建议问题列表中。当单击该按钮后，Questions to get you started 列表中显示了两部分内容，即 From the report author 和 Other suggestions。

（4）单击 Save and close 按钮并关闭 Q&A 对话框。

当前问题经保存后可供后续 Q&A 用户使用。

1．在报表创作中使用 Q&A

Q&A 也可用于报表创作中。当以该方式使用 Q&A 时，需要执行下列各项步骤。

（1）单击 Buttons 页面的空白区域。

（2）选择功能区的 Home 选项卡，并在 Insert 部分中选择 Ask a Question。此时，页面上将显示空的可视化内容，以及一个与前面类似的对话框，即 Ask a question about your data。

（3）输入与之前相同的问题 hours by city。不难发现，此时将显示相同的 Map 可视化内容，且在对应问题中包含了相同的下画线单词，如图 5.5 所示。

（4）单击 hours 并将其修改为 hours (Hours > Hours)。

（5）单击画布的空白区域，随后 Q&A 对话框将消失。

当前，我们得到了可重置尺寸和移动的标准 Map 可视化内容。Q&A 对话框仅用作创建可视化内容的一种方法。除此之外，通过简单地双击画布的空白区域，Q&A 特性还可通过不同的方式被激活。当通过这种方式创建一项可视化时，需要执行下列各项步骤。

（1）双击画布的空白区域。

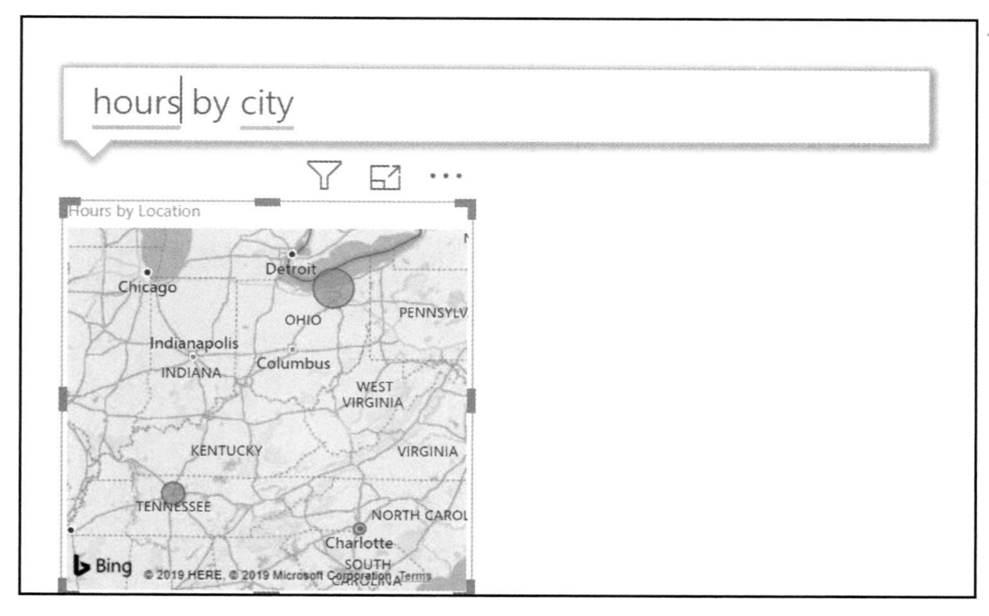

图 5.5　使用 Q&A 创建可视化内容

（2）这次，询问问题 hours by city as bar chart。可以看到，Q&A 遵循当前方向将可视化创建为一幅条形图，而非地图可视化。

（3）单击 hours 并将其修改为 hours (Hours > Hours)。

（4）单击画布的空白区域。

当前，我们得到了 Q&A 创建的第二项可视化内容。

2. 同义词

Power BI 还包含了另一种有用的特性可极大地改进 Q&A 体验，这种特性被称为同义词。当采用同义词时，报表作者可针对表、列和度量值添加附加的名称，随后 Q&A 可将其视为数据模型实体引用。

例如，根据第 3 章中的示例，Pam 了解到，公司在其他 3 个城市设立了分公司（分支机构）。如果双击画布的空白区域，并输入 hours by branch，Q&A 将仅在人名这一上下文中识别单词 branch，即 Rocco Branch、Ellen Branch、Gabriela Branch。当解决这一问题时，可切换至 Model 视图中，在 People 表中，单击 Location。在 PROPERTIES 面板中，可以看到 Name 框之后上方第二个数据框即为 Synonyms。单击 Synonyms 框并添加 branch。再次切换回 Report 视图，单击画布的空白区域，并将 hours by branch 输入 Q&A 框中。此时，Q&A 可将单词 branch 正确地识别为 People > Location，并显示一项 Map 可视化。

5.3.5 书签

书签是 Power BI 中一项功能强大的特性，可捕捉报表的状态并保存该状态以供后续操作引用。当创建书签时，下列元素需要保存为书签定义的部分内容。

- 当前页面和页面上的全部可视化内容。
- 全部过滤器，包括切片的状态和可视化中的选项（如强调交叉行为的过滤器）。
- 可视化内容的排序。
- 可视化内容的钻取位置。
- 可视化和形状的可见性。
- 可视化和形状的 Focus 和 Spotlight 设置。

书签涵盖了诸多应用，例如，书签可用作报表查看者的辅助功能，以便可将报表页面重置为默认状态，移除所选的全部过滤器和切片选项。另外，书签还可创建并分组为一个集合，用于生成逐步表达内容，进而讲述与所关注内容或洞察结果相关的故事。

1. 创建并使用书签

当查看书签的工作方式时，需要执行下列各项步骤。

（1）在 Report 视图中单击 Details 页面。

（2）在 VISUALIZATIONS 面板中，查看 DRILLTHROUGH 区域，并确保不存在处于活动状态的 Drillthrough 过滤器；否则，将鼠标悬停于对应的过滤器上，并单击橡皮擦图标移除该过滤器，如图 5.6 所示。

图 5.6　橡皮擦图标，以红色圆形图案突出显示

当已移除所有的 Drillthrough 过滤器后，应可看到 Card 可视化中页面上方的 Charlotte，以及 Hours by Division 和 Hours by Location 可视化中所有的 Divisions 和 Locations。

（3）当前页面处于适宜状态，折叠 FILTERS 面板和 VISUALIZATIONS 面板。

（4）在当前功能区中选择 View 选项卡，在 Show 部分中选中 Bookmarks Pane 复选框。BOOKMARKS 面板处于折叠的 FILTERS 和 VISUALIZATIONS 面板之间。

（5）在 BOOKMARKS 面板中，单击 Add，随后将显示 Bookmark 1。

（6）双击名称并重命名该书签，输入 Default Details，随后按 Enter 键。

当使用新书签时，需要执行下列各项步骤。

（1）单击 Page 3。

（2）右击 Hours by Division 可视化中的 3001 Management，依次选择 Drillthrough 和 Details。此处可以看到 Card 可视化上方处的 Cleveland，以及 Hours by Division 可视化中的 3001 Management。另外，仅 Cleveland 和 Nashville 出现于 Hours by Location 可视化中。

（3）单击 BOOKMARKS 面板中的 Default Details 书签，对应页面自动重置为书签定义时的状态，同时移除 Drillthrough 过滤器。

（4）单击返回 Page 3。

（5）再次单击 Default Details 书签，此时将自动转向 Details 页面。这意味着，该书签可用于某个页面，同时还可用作页面间的导航辅助项。

2. 高级书签

下面讨论书签的某些高级特性，如下所示。

（1）确保位于 Details 页面中，且 BOOKMARKS 面板处于可见状态。

（2）在 BOOKMARKS 面板中，单击 Default Details 书签一侧的省略号（...）并取消选中 Current Page。

（3）切换至 Page 3，并使用 Hours by Division 可视化中的 Drillthrough，进而钻取（Drillthrough）至 3001 Management 中的 Details 页面。

（4）单击返回 Page 3 并选择 BOOKMARKS 面板中的 Default Details 书签，此处不再被转至 Details 页面。然而，若单击 Details 页面，该页面已被重置以移除 Drillthrough 过滤器。

（5）针对 Default Details 书签单击省略号（...），并再次选中 Current Page。

（6）针对 Hours by Location 可视化单击省略号（...）并选择 Spotlight。可以看到，其他可视化内容将淡出为背景色。

（7）添加新标签并将其命名为 Details Spotlight。

（8）针对 Details Spotlight 单击省略号（...），并取消选中 Data。

（9）切换至 Page 3，并再次针对 Hours by Division 中的 3001 Management 钻取（Drillthrough）至 Details。

（10）通过观察可知，Spotlight 已经消失。

（11）单击 Details Spotlight 书签。不难发现，数据保持一致，Drillthrough 过滤器并未被移除，但 Spotlight 针对 Hours by Location 可视化返回。

可以看到，报表的作者可控制书签的保存状态。

接下来尝试创建一些额外的书签，此次将使用 Selection Pane，具体各项步骤如下所示。

（1）单击 Default Details 书签并重置 Details 页面。

（2）当激活 SELECTION 面板时，可选择功能区中的 View 选项卡，并在 Show 部分中选择 Selection pane。SELECTION 面板显示于 BOOKMARKS 面板的左侧，如图 5.7 所示。

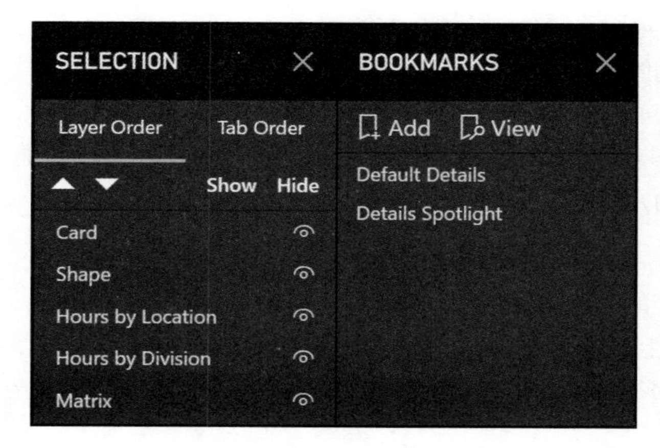

图 5.7　SELECTION 面板和 BOOKMARKS 面板

SELECTION 面板列出了报表页面中所有的可视化内容和形状，如下所示。

- Card 引用了页面右上角的 Card 可视化。
- Shape 引用了回退按钮。
- Hours by Location 和 Hours by Division 利用相同的名称分别引用了各自的可视化内容。
- Matrix 引用了 Matrix 可视化。

当进一步理解如何使用 SELECTION 面板时，可执行下列各项步骤。

（1）在 Hide 列中，可以看到眼球状图标。

（2）针对 Hours by Location，单击眼球状图标。通过观察可知，Hours by Location 可视化消失于页面中，且有一条斜杠线穿过眼球状图标。

（3）隐藏 Hours by Division 可视化。

（4）使用 BOOKMARKS 面板中的 Add 添加一个名为 Default One 的书签。

（5）单击 Default One 书签，并将其拖曳至 Details Spotlight 上方，以及 Default Details 下方。

（6）单击 Hours by Division 一侧的眼球状图标，并再次显示页面上的可视化内容。

（7）添加另一个名为 Default Two 的书签，并将该可视化项拖曳至 Default One 下方。

（8）单击 SELECTION 面板中的眼球状图标，进而显示 Hours by Location 可视化。

（9）创建另一个 Default Three 书签，并将该书签拖曳至 Default Two 下方。该书签将按照下列方式排序。

- Default Details。
- Default One。
- Default Two。
- Default Three。
- Details Spotlight。

（10）在 BOOKMARKS 面板中选择 View。在页面底部，将出现一个灰色的标题栏，并于左侧显示 Bookmark 1 of 5、中部显示 Default Details、右侧显示 3 个图标。

（11）右击 Next 图标，以切换至列表中的下一个标签，即 Default One。

（12）重复步骤（11）的操作过程，以浏览所创建的所有书签。

（13）单击书签栏中的 X 或 BOOKMARKS 面板中的 Exit，以退出标签的幻灯片。

（14）通过单击 Default Details 书签重置 Details 页面。

（15）通过单击标题中的 X 图标，或使用功能区的 View 选项卡并取消选中复选框，进而关闭 SELECTION 和 BOOKMARKS 面板。

至此，我们介绍了如何使用书签构建与报表相关的会话。

5.4　高级可视化技术

截至目前，我们讨论了基于分组和层次结构的数据分段机制，以及如何使用诸如 Drillthrough、Q&A 和 Bookmarks 这一类导航特性发现和着重显示数据中的洞察结果。但 Power BI 在可视化特性方面仍然有更多的特性可提供，这些特性还使我们可突出显示特别感兴趣的信息，或者以独特的方式对数据进行分析。

5.4.1　Top N 过滤机制

在第 3 章的示例中，Pam 已经学习了许多与数据分段方式相关的内容，并使用导航特性着重显示洞察结果，然而，Pam 仍希望进一步采用可视化方式显示重要的信息。针对于此，可执行下列各项步骤。

（1）如果尚未包含 Utilization 页面，则创建一个新的页面，并将该页面重命名为 Utilization。

（2）切换至 Utilization 页面。

（3）使用 People 表中的 Name 和#Measures 中的%Utilization，并沿页面右侧创建表可视化。该列表较长，Pam 了解到，经理一般会关注上方或底部的执行者。相应地，通过单击表中的%Utilization 列可对列表进行排序。对此，Pam 需要简化经理的操作方式，并关注最为重要的信息。

（4）展开 FILTERS 面板，随后通过过滤器标题中的下拉箭头图标展开 Name 过滤器。将过滤机制当前设置为 Basic filtering。

（5）使用下拉菜单并将过滤机制调整为 Top N。

（6）此时将显示 Show items 框并被设置为 Top，随后在其一侧的输入框中输入 10。

（7）将%Utilization 拖曳至 By value 下方的 Add data fields here 区域。

（8）单击 Apply filter，可视化内容将根据%Utilization 仅显示前 10 名员工。

（9）在 VISUALIZATIONS 面板中，单击 Format 子面板（油漆滚筒图标）。

（10）展开 Total 并关闭 Totals。

（11）向下滚动并开启 Title。

（12）在 Title text 中，输入 Top Performers。

（13）将 Font color 修改为黑色，切换至 Center Alignment，然后将 Font size 增至 12。

（14）重置可视化的尺寸，以使其显示于页面的右上方。

（15）基于所选的可视化内容，按 Ctrl+C 快捷键复制当前可视化内容。

（16）按 Ctrl+V 快捷键粘贴当前可视化内容，并将这一新的可视化内容拖曳至第一项可视化内容的下方。

（17）选择这一新的可视化内容，在 FILTERS 面板中，展开 Name 过滤器并将 Show items 修改为 Bottom。

（18）单击 Apply filter。可以得到，此时显示了 10 多个 Name，其原因在于，底部的执行者均位于 0%处。

（19）必要时可将可视化内容调整至页面底部，以便显示全部值。

（20）使用 Format 面板并将 Title 编辑为 Worst Performers。

5.4.2　Gauge 和 KPI

在第 3 章的示例中，Pam 了解到，与 80%的目标百分比相比，整体利用率将是十分重要的。显示与某个目标相关的某一指标的较好方法是使用 Gauge 可视化。当向页面中添加 Gauge 可视化时，可执行下列各项步骤。

（1）单击画布的空白区域，并将 Gauge 可视化添加至页面中。

（2）作为 Value，添加#Measures 中的%Utilization。

（3）Gauge 可视化在 Gauge 上显示为 84.79%，其范围为 0.00%～100.00%。

（4）这里，小数部分并不重要，因而可选择 FIELDS 面板中的%Utilization。接下来，在功能区的 Modeling 选项卡中的 Formatting 部分中，将显示的小数值从 2 减至 0。当前，Gauge 可视化在 Gauge 上显示为 85%，其范围为 0%～100%。

然而，Pam 还需要一个目标值并在 Gauge 上予以显示。当创建这一目标值时，需要执行下列各项步骤。

（1）右击#Measures 表并选择 New measure。

（2）利用下列公式创建一个度量值。

```
#Target Utilization % = 0.8
```

（3）选择 Gauge 可视化，并将这一新的度量值添加至 Target value 区域中。体现目标值的一条直线将被添加至 Gauge 可视化中，进而提供了一条方便的可视化线索（利用率显示于目标的上方或下方）。

除了这一新的可视化信息之外，Pam 还需要调查 KPI 可视化内容。当尝试使用 KPI 可视化时，需要执行下列各项步骤。

（1）单击画布的空白区域，并将 KPI 可视化添加至当前页面中。

（2）将#Measures 中的%Utilization 拖曳至 Indicator 框中。

（3）将#Target Utilization %拖曳至 Target goals 框中。

（4）将 Calendar 表中的 Year 拖曳至 Trend axis 框中。

KPI 可视化内容显示绿色，并报告显示的%Utilization 比 80%这一目标高+5.99%。

5.4.3　What-if 参数

在第 3 章的示例中，Pam 对新的可视化内容十分满意，但却担心#Target Utilization %是一个静态数字。经理们可能希望在未来增加或减少目标利用率。Pam 希望向经理们提供一种方法，以方便地调整其目标利用率。针对于此，可创建一个 What-if 参数。

当创建 What-if 参数时，需要执行下列各项步骤。

（1）选择 Modeling 选项卡，在 What If 部分中选择 New Parameter。What-if 参数对话框如图 5.8 所示。

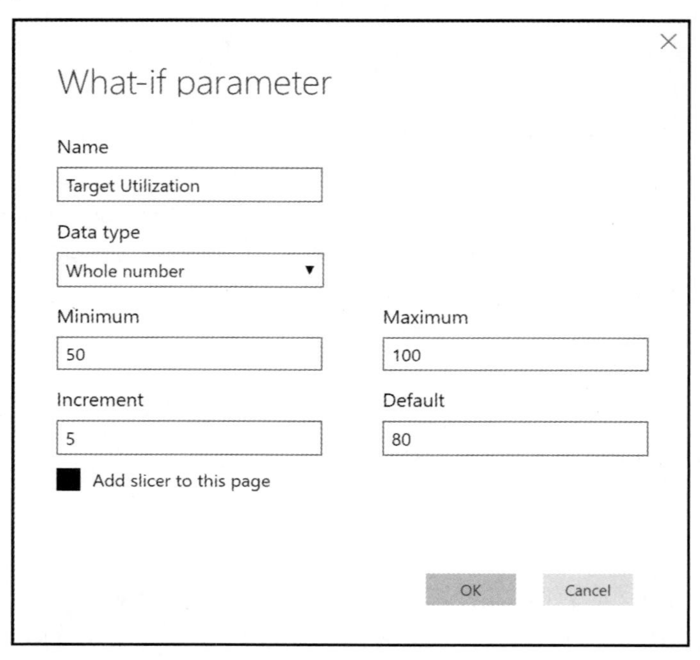

图 5.8　What-if 参数对话框

（2）将 Name 编辑为 Target Utilization，将 Minimum 编辑为 50，将 Maximum 编辑为 100，将 Increment 编辑为 5，最后将 Default 编辑为 80。

（3）保留 Add slicer to this page 为选中状态，随后单击 OK 按钮。

单一值切片将被添加至当前页面中，该切片包含了一个滑块并可调整切片值。

（4）将切片调整为 80。可以看到，在 FIELDS 面板中已添加了名为 Target Utilization 的新表。

（5）展开该表将显示列出两个实体，即一个名为 Target Utilization 的列和一个名为 Target Utilization Value 的度量值。

（6）单击 Data 视图，随后在 Target Utilization 表中，可以看到 50～100（增值为 5）的多个行值。

（7）不难发现，该表由 DAX 公式加以定义，如下所示。

```
Target Utilization = GENERATESERIES(50, 100, 5)
```

GENERATESERIES 被定义为一个 DAX 函数，并接收 3 个参数，即最小值、最大值和递增值。GENERATESERIES 返回一个最小值和最大值（包含指定的递增值）间的全值表。

（8）在当前视图中，选择 Target Utilization Value 度量值。通过观察可知，该度量值的 DAX 公式如下所示。

```
Target Utilization Value = SELECTEDVALUE('Target
Utilization'[Target Utilization], 80)
```

其中，SELECTEDVALUE 表示为一个专用 DAX 函数，该函数在指定为第一个参数的列中返回当前所选值。第二个参数用于指定未选择值时的返回值。

（9）由于利用率表示为一个小数，因此可将当前公式调整为下列内容。

```
Target Utilization Value = DIVIDE(SELECTEDVALUE('Target
Utilization'[Target Utilization], 80),100,0.8)
```

（10）切换回 Report 视图，在 Utilization 页面中，将 Gauge 的 Target 值替换为新的 Target Utilization Value 度量值。类似地，在 KPI 可视化中，将新的 Target Utilization Value 度量值添加至 Target goals 框中，并移除#Target Utilization %度量值。

（11）将 Target Utilization 滑块滑动至 90。注意，当前并未达到 Gauge 可视化指标，因而 KPI 可视化结果变为红色。

5.4.4　条件格式化

除了 Gauge 和 KPI 提供的可视化线索之外，Power BI 还支持条件格式化形式的可视化线索。条件格式化可以与表格和矩阵一起使用，进而为可视化中的单元格提供背景颜色、字体颜色和数据栏。

当查看条件可视化的工作方式时，可执行下列各项步骤。

（1）选择 Top Performers 可视化。

（2）在 VISUALIZATIONS 面板的 Values 区域中，右击%Utilization 并依次选择 Conditional formatting 和 Background color。随后将显示条件格式化对话框。

（3）选中 Diverging 复选框并单击 OK 按钮。

（4）Top Performers 可视化的%Utilization 列将根据列中显示的最大值和最小值进行颜色编码。

在第 3 章的示例中，Pam 已经了解到创建热图或着重显示重要信息时条件格式化的强大功能，但 Pam 真正希望看到的是，大于或等于目标利用率时，%Utilization 列显示为绿色；而小于目标利用率时，该列则显示为红色。针对于此，需要执行下列各项步骤。

（1）利用下列公式在#Measures 表中创建新的度量值。

```
#Meets Goal = IF([%Utilization]>=[Target Utilization Value],1,0)
```

（2）单击 Top Performers 可视化，右击 VISUALIZATIONS 面板中的%Utilization，并依次选择 Conditional formatting 和 Background color。

（3）在 Format by 中，选择下拉菜单中的 Rules 而非 Color scale。

（4）将 Based on 框修改为#Measures 表中新的#Meets Goal 度量值。

（5）在显示的第一条规则中，将 is greater than or equal to 修改为 is。

（6）在下一个 Minimum 框中，输入 0。

（7）将行中右侧的下一个数据框保留为 Number。

（8）操作完毕后，单击当前颜色并选择 Custom color。

（9）利用 FF0000 替换显示值并按 Enter 键。

（10）单击 Add 按钮添加新的规则。

（11）将当前规则修改为 is 和 1。

（12）编辑当前颜色并将自定义颜色指定为 00FF00。

（13）单击 OK 按钮。Top Performers 可视化中的全部%Utilization 单元格均显示为绿色。

（14）针对 Worst Performers 可视化重复相同的条件格式化操作。随后，全部单元格均显示为红色。

5.4.5 Quick Measures

在第 3 章示例中，Pam 对高级可视化十分满意，但仍有所疑虑——经理们可能希望看到一年中全部工作小时数的累计结果。但是，Pam 并不确定如何使用 DAX 创建累计结果。对此，Power BI 提供了 Quick Measures 这一特性，以帮助完成大部分 DAX 中的繁重工作。当查看如何使用 Quick Measures 创建 DAX 公式时，可执行下列各项步骤。

（1）展开 Hours 表，右击 Hours 列并选择 New quick measure。随后将显示 Quick measures 对话框。

（2）在 Calculation 下，通过下拉菜单可看到能够创建的各种 Quick Measures 类型。

（3）在 Totals 标题下，查找并选择 Running total。

（4）将 Month 列从 Calendar 表中拖曳至 FIELD 区域中。

（5）将 Base value 保留为 Sum of Hours，将 Direction 保留为 Ascending，随后单击 OK 按钮。

（6）Hours 表中将生成新的度量值，即 Hours running total in Month。

（7）由于 Pam 希望全部度量值均位于#Measures 表中，因此 Pam 选择了功能区中的 Modeling 选项卡。接下来，在 Properties 部分中，Pam 将 Home 表从 Hours 修改为#Measures。当前，新的度量值显示于#Measures 表下方。

（8）单击画布的空白区域创建新的可视化，随后分别选择#Measures 表中的 Hours running total by Month，以及 Calendar 表中的 Month 列。

（9）将当前可视化从 Clustered column chart 切换至 Line chart。可以看到，在 March 之后的几个月里，直线保持水平状态，因为 March 之后的几个月里并未上报小时数。

5.4.6　报表页面工具提示

在第 3 章的示例中，Pam 了解到另一种高级可视化技术，并打算尝试使用这种技术，以便使管理人员更容易地了解利用率。将该特性称为报表页面工具提示（Report page Tooltips）。

1. 创建报表页面工具提示

当创建报表页面工具提示时，需要执行下列各项步骤。

（1）创建新的页面，并将该页面重命名为 Tooltip1。

（2）在该页面上，单击 VISUALIZATIONS 面板中的 Format 面板。

（3）展开 Page information，并将 Tooltip 从 Off 滑动至 On。

（4）展开 Page Size 并将 Type 修改为 Tooltip。

（5）选择功能区中的 View 选项卡，随后在 View 区域中，依次选择 Page View 和 Actual Size。

（6）单击 Utilization 页面，然后将 Gauge 可视化复制并粘贴至 Tooltip1 页面中。

（7）调整尺寸和位置，以便当前可视化内容占据页面的右上象限。

（8）将 Top Performers 可视化从 Utilization 页面复制并粘贴至 Tooltip1 页面上。调整尺寸和位置，以使其占据页面的左侧位置。

（9）创建位于 Gauge 可视化下方的新可视化内容，进而生成 Table 可视化，该可视化由 Calendar 表中的 Weekday 和%Utilization 构成。

（10）利用 Format 面板调整表可视化。展开 Style 并将 Style 设置为 Condense。另外，展开 Total 并关闭 Totals 行。

当操作结束后，Tooltip1 页面如图 5.9 所示。

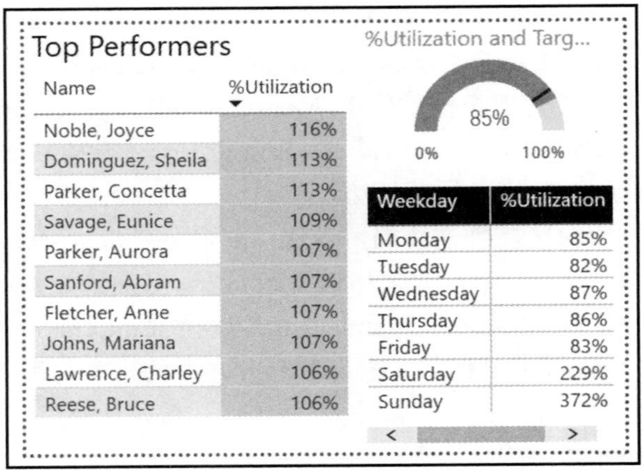

Top Performers

Name	%Utilization
Noble, Joyce	116%
Dominguez, Sheila	113%
Parker, Concetta	113%
Savage, Eunice	109%
Parker, Aurora	107%
Sanford, Abram	107%
Fletcher, Anne	107%
Johns, Mariana	107%
Lawrence, Charley	106%
Reese, Bruce	106%

%Utilization and Targ...

85%

0%　100%

Weekday	%Utilization
Monday	85%
Tuesday	82%
Wednesday	87%
Thursday	86%
Friday	83%
Saturday	229%
Sunday	372%

图 5.9　报表页面工具提示

2. 使用报表页面工具提示

当使用 Report Page Tooltip 时，需要执行下列各项步骤。

（1）单击返回至 Utilization 页面。

（2）利用 Division 和%Utilization 创建新的 Table 可视化。

（3）选择该可视化项，随后在 Format 面板中，向下滚动并将 Tooltip 滑动至 On。

（4）展开 Tooltip 部分，并将 Page 修改为 Tooltip1。

（5）将鼠标悬停于表中所列的 Divisions 上。

可以看到，Tooltip1 页面以弹出方式显示，并针对特定的 Division 过滤信息。

5.4.7　Key influencers

Pam 最近了解到 Power BI 中的一项高级可视化特性且打算对此进行尝试。该特性向 Power BI 中添加了机器学习功能，即 Key influencers 可视化。当查看这一新特性时，需要创建一个新页面 Page 4，随后查找 VISUALIZATIONS 面板中的 Key influencers 可视化，并将该可视化项添加至当前页面中。接下来，可重置该可视化尺寸，以便占据整个页面。随后将 Hours 表中的 Hours 列拖曳至该可视化的 Analyze 框中。接下来向 Explain by 部分添加下列内容。

- ❑ Hours > Division。
- ❑ Hours > PayType。

- People > EmployeeType。
- People > Location。

Key influencers 可视化如图 5.10 所示。

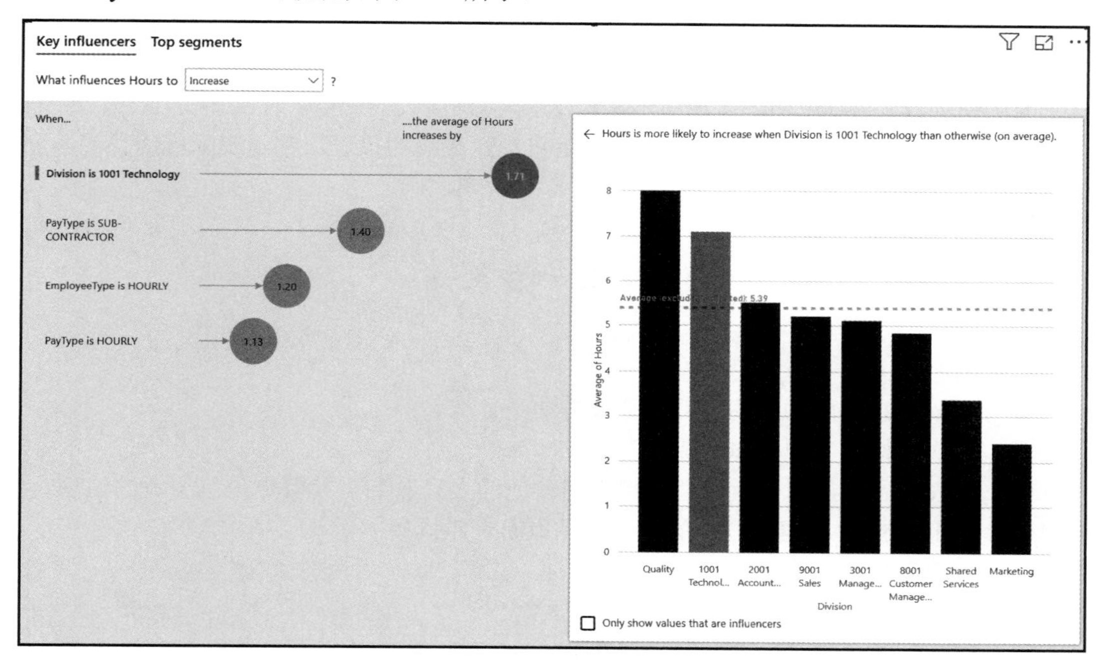

图 5.10　Key influencers 可视化

Key influencers 可视化将大量的分析和洞察结果封装至一个较小的包中。在 Key influencers 选项卡中，可以看到最有可能增加或减少所选指标的因素，在当前示例中为 Hours。单击左侧面板的圆形图案将显示与右侧面板中关联的可视化项。针对可能是 High 或 Low 的所选指标，Top segments 选项卡标识了相应的值集群。用户可单击此类圆形图案获取 Segments 中的额外的洞察结果。

当前，Key influencers 可视化被限定于分析列，而非度量值、聚合或日期层次结构。

5.5 本章小结

本章构建了之前讨论的数据模型和计算过程，并学习了如何使用 Power BI 中的强大功能，包括将数据分段至分组和层次结构中。除此之外，我们还学习了如何展开、折叠和钻取层次结构，以及如何使用行级别安全机制。接下来，本章介绍了如何使用 Power BI 中的额外特性以在报表中提供导航路径，如 Drillthrough、按钮、Q&A 和书签，查看者可据此启用其自服务商业智能洞察机制。最后，我们还考查了高级可视化技术，如 Top N 过滤机制、Gauge 和 KPI 可视化、What-if 参数、条件可视化、Quick Measures、Report page Tooltips 以及高级 Key influencers 可视化。这一类高级可视化技术使得报表作者能够构建真正有吸引力和洞察力的报表，进而为组织机构提供巨大的价值。

前述章节讨论了全部所需技术，第 6 章将构建最终的报表，进而实际应用我们学到的知识。

5.6　进一步思考

下列问题供读者进一步思考。

- Power BI 中两种不同的数据分段方法是什么？
- 层次结构的 4 种操作是什么？
- 报表作者会使用什么特性确保不同角色的人只看到与其特定角色相关的信息？
- Drillthrough 与层次结构的上、下钻取有何不同？
- 按钮可执行的 4 种动作是什么？
- 为什么说数据分类对 Q&A 十分重要？
- 同义词的含义是什么？同义词在 Power BI Desktop 中的可添加位置是什么？
- 书签的含义是什么？它在定义中保存了哪些信息?
- 哪些高级可视化支持度量值的创建，并可通过报表查看者进行调整？
- 当创建 Report Page Tooltip 时，需要调整的 3 个设置项是什么？如何激活 Report Page Tooltip 以供使用？

5.7　进一步阅读

- 在 Power BI Desktop 中使用分组机制和封装机制：https://docs.microsoft.com/en-us/power-bi/desktop-grouping-and-binning。
- 基于 Power BI 的行级别安全（RLS）：https://docs.microsoft.com/en-us/power-bi/service-admin-rls。
- 在 Power BI Desktop 中使用 Drillthrough：https://docs.microsoft.com/en-us/power-bi/

desktop-drillthrough。

- 使用 Power BI 中的按钮：https://docs.microsoft.com/en-us/power-bi/desktop-buttons。
- Power BI Desktop 中的数据分类：https://docs.microsoft.com/en-us/power-bi/desktop-data-categorization。
- Power BI Desktop 中的 Q&A 应用：https://docs.microsoft.com/en-us/power-bi/desktop-qna-in-reports。
- 在 Power BI 中使用书签：https://docs.microsoft.com/en-us/power-bi/desktop-bookmarks。
- 使用 What-if 参数实现变量的可视化：https://docs.microsoft.com/en-us/power-bi/desktop-what-if。
- 在 Power BI 中使用报表工具提示页面：https://docs.microsoft.com/en-us/power-bi/desktop-tooltips。

第 6 章　创建最终的报表

前述章节（第 3、4、5 章）讨论了如何导入、清洗和塑造数据，进而生成相应的数据模型。除此之外，我们还介绍了 Power BI 的诸多功能强大的特性，以帮助我们深入理解数据。

付出总会得到回报。本章将把全部工具和技术整合至最终的报表中，稍后可以与组织机构共享。本章将详细介绍如何创建一个完善的报表，并向查看者提供了易用性和有价值的见解，而且随着时间的推移可以轻松地构建和维护。

本章涉及以下主题。

- 准备最终的报表。
- 创建最终的报表页面。
- 后续工作。

6.1　技 术 需 求

具体需求条件如下所示。

- 连接至互联网。
- 操作环境：Windows 10、Windows 7、Windows 8、Windows 8.1、Windows Server 2008 R2、Windows Server 2012 和 Windows Server 2012 R2。
- Microsoft Power BI Desktop。
- 访问 https://github.com/gdeckler/LearnPowerBI/tree/master/Ch6，并下载 LearnPowerBI_Ch6Start.zip，随后解压 LearnPowerBI_Ch6Start.pbix 文件。
- 在本章最后，Power BI 文件形如 LearnPowerBI_Ch6End.pbix 文件，该文件包含于 LearnPowerBI_Ch6End.zip 中。此外，也可访问 https://github.com/gdeckler/LearnPowerBI/tree/master/Ch6 下载该文件。

6.2　准备最终的报表

在创建报表的最终版本之前，首先需要考查版本的创建方式。相应地，前期准备工作可节省大量的时间和重复性的工作。

6.2.1　规划最终的报表

在第 3 章示例中，Pam 正在思考公司内的个人分组情况，最终的报表将以此展开服务。主要的分组包括以下内容。

- C 级主管。
- 部门经理。
- 分公司经理。

每个分组均关注 Utilization，但具体方式有所不同。例如，一方面，C 级主管仅关注利用率数字的简单汇总、是否达到了预期目标，以及利用率的趋势等；另一方面，部门经理一般会深入了解数据，并查看独立项目的利用率，以及项目中不同程度的贡献者。分公司经理将与部门经理关注同一类信息，但仅限于他们各自的岗位。

Pam 决定最终的报表包含 6 个页面，如下所示。

- Executive Summary：该页面在较高级别上汇总信息，包括相对趋势。
- Division Management：面向部门经理的汇总页面。
- Branch Management：面向分公司经理的汇总页面。
- Hours Detail：该页面包含详细的小时分解信息。
- Employee Details：该页面包含特定员工利用率的分解信息。
- Introduction：该页面包含报表及其应用简介。

6.2.2　清理工作

在 Pam 开始制作最终的报表之前，希望清理工作草案中的某些页面。对此，可执行下列各项步骤。

（1）右击下列页面，选择 Delete page 并单击 Delete 按钮删除这些页面。

- Page 1。
- Page 2。
- Duplicate of Page 2。
- Page 3。
- Page 4。
- Buttons。

如果修改了上述页面的名称，读者可参考 6.1 节并重新下载 LearnPowerBI_Ch6Start.zip

文件。另外，Pam 将会保留其余页面中的某些可视化内容，并决定在编写最终的报表时对其加以使用。

（2）按照下列方式重命名剩余页面。

- Details -> tmpDetails。
- Utilization -> tmpUtilization。
- Tooltip1 -> tmpTooltip1。

6.2.3　使用主题

Pam 希望报表的全部页面保持一致，并使用公司品牌的设计元素。对此，Pam 利用 Power BI Desktop 创建了一个主题 theme（文件）。该主题文件包含了全部经核准的公司品牌颜色和标准以及较大的字体设置。当格式化最终的报表时，此类主题将节省 Pam 大量的时间和工作。与 Power BI Desktop 中的默认颜色相比，经理们会更喜欢公司的品牌主题。坦率地说，Pam 并不太喜欢 Power BI Desktop 中提供的默认颜色。

这里，将主题文件简单地定义为一个文本文件，即 LearnPowerBI.json 文件。这是一个 JavaScript 对象标记（JSON）文件，对应内容如下所示。

```
{
    "name": "LearnPowerBI",
    "dataColors":
        [
            "#EC670F",
            "#3C3C3B",
            "#E5EAEE",
            "#5C85E6",
            "#29BCC0",
            "#7EAE40",
            "#20B2E7",
            "#D3DCE0",
            "#FF6B0F"
        ],
    "background":"#EC670F",
    "foreground": "#FFFFFF",
    "tableAccent": "#29BCC0",
    "visualStyles":
        {"*":
            {"*":
                {"*":
                    [{
```

```
                        "fontSize":14,
                        "fontFamily":"Segoe UI",
                        "color":{"solid":{}}
                    }],
                    "general":[{"responsive":true}]
                }
            },
            "tableEx":
            {"*":
                {
                    "columnHeaders":
                    [{
                        "autoSizeColumnWidth":true,
                        "fontFamily":"Segoe (Bold)",
                        "fontSize":14
                    }]
                }
            }
        }
}
```

读者可访问 GitHub 下载 LearnPowerBI.json 文件，对应网址为 https://github.com/gdeckler/LearnPowerBI/tree/master/Ch6。

当使用当前主题时，可执行下列各项步骤。

（1）选择 Home 选项卡，随后在 Themes 部分中选择 Switch Theme。

（2）在下拉菜单中选择 Import theme。

（3）导航至 LearnPowerBI.json 文件，并单击 Open 按钮。随后将显示 Import theme 对话框，表明当前主题文件是否被成功导入。

（4）单击 Close 按钮。

可以看到，现有的可视化颜色发生了显著的变化，全部字体尺寸均增加到了 14 的 Text size。

6.2.4　创建页面模板

Pam 决定，所有的页面均不含相同的基本布局和观感。对此，Pam 创建了一个页面模板，并可用作报表中全部页面的基础内容。虽然这会在开始阶段产生一定的工作量，但在后续操作中将页面添加至报表中时，将会节省大量的时间。模板页面的价值主要体现在，无须设置每个报表页面的布局和格式，仅需关注具体操作即可。

图 6.1 显示了 Template 页面。

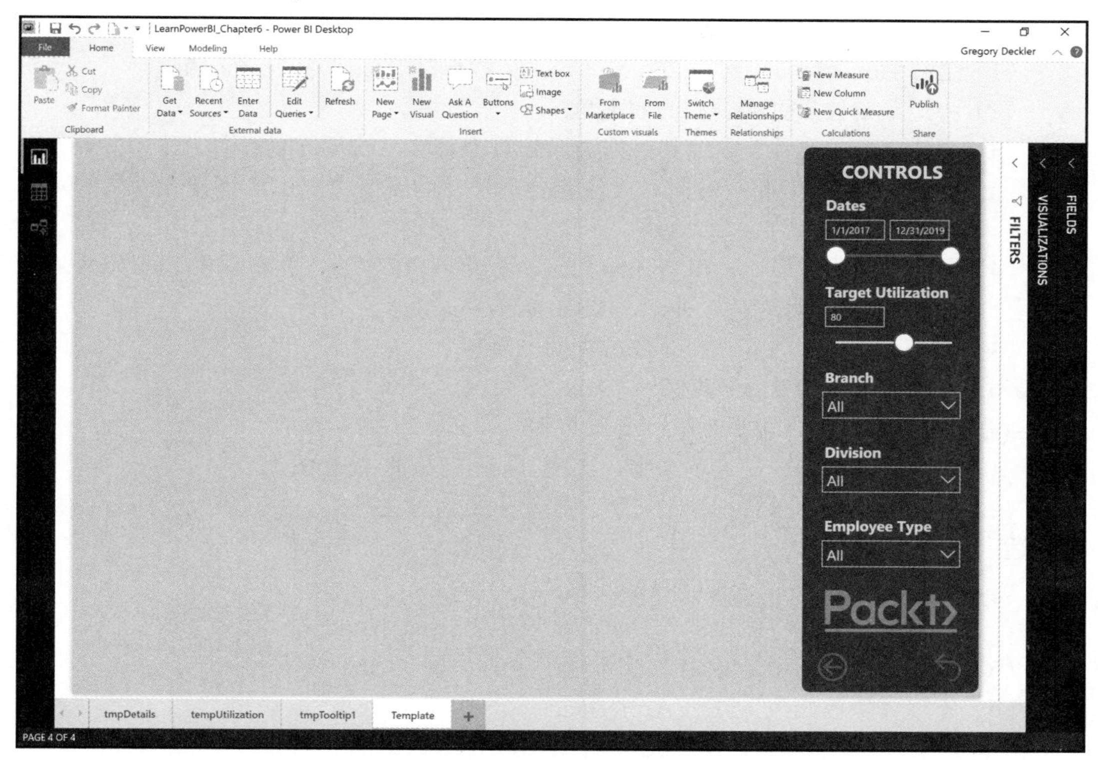

图 6.1　完成后的页面模板

读者可访问 https://github.com/gdeckler/LearnPowerBI/tree/master/Ch6 下载 LearnPowerBI_Ch6TemplateOnly.zip 文件。或者，也可遵循下列各项步骤创建页面模板。

（1）创建一个页面并将其命重名为 Template。

（2）设置页面的背景颜色，即使用 VISUALIZATIONS 面板的 Format 子面板，展开 Page background 并选择 Theme colors 下最上方一行中的最后一种颜色#D3DCE0,Theme color 9；同时将 Transparency 设置为 0%。

当布局页面中的可视化内容时，Pam 决定激活定位和布局工具，即选择功能区的 View 选项卡。在 Show 部分中，Pam 选中了 Show Gridlines 和 Snap Objects to Grid 一侧的复选框，此时可以看到画布上以网格模式布局的浅色白点。

Pam 决定将每个页面的右侧部分保留为切片，终端用户可以此在页面上创建针对所需信息的各种可视化视图。为了将这一区域标记为单独区域，可创建一个矩形标记切片的放置位置。

对此，可执行下列各项步骤。

（1）选择 Home 选项卡。在 Insert 部分，依次选择 Shapes 和 Rectangle。

（2）将矩形定位于页面画布的右上角。

（3）调整矩形的尺寸，以使其占据页面的整个长度，以及页面右侧的前 3 条垂直网格线。当在水平方向上调整尺寸时，应注意矩形尺寸的跃变方式。这可视为网格的对齐方式。

（4）根据所选的矩形，展开 Format Shape 面板的 Fill 部分，并将 Fill color 修改为左侧最上方一行中的第 4 种颜色，即#3C3C3B,Theme color 3。

（5）展开 Line 并将 Line color 修改为同一颜色。

（6）最后将 Round edges 调整为 10 px。

当命名当前区域时，可执行下列各项步骤。

（1）在功能区的 Home 选项卡中，选择 Insert 部分的 Text Box。

（2）将该可视化部分置于矩形上方（位于上方边缘之外），并对其尺寸进行调整以使其适合于有效的区域。

（3）在 Text Box 中输入 CONTROLS。

（4）双击单词 CONTROLS，并将字体修改为 Segoe (Bold)。

（5）将字体尺寸增至 24，并将文本置于中心位置（Center）。

（6）将字体颜色修改为#E5EAEE,Theme color 4。

文本框的最终位置可在 VISUALIZATIONS 面板的 General 部分中予以查看，并可在必要时进行调整。

- X Position：1056。
- Y Position：16。
- Width：224。
- Height：48。

接下来，Pam 打算显示一个相对日期切片。对此，可执行下列各项步骤添加一个切片。

（1）单击画布的空白区域，展开 FIELDS 面板中的 Calendar 表，并选择 Date。

（2）将这一新的可视化切换至 Slicer。

（3）将当前可视化内容缩至最小垂直尺寸，此时仍可显示滑块及移动切片，以便直接居中于 CONTROLS 文本框的下方。其间，红色的基准线将有助于执行定位。

（4）必要时还可调整水平方向上的尺寸。

日期数字通常难以读取，对此，可执行下列步骤。

（1）在 Format 子面板中，展开切片的 Data inputs 部分，并将 Font color 修改为

#E5EAEE,Theme color 4。

（2）在切片的 FIELDS 区域，在 VISUALIZATIONS 面板的 FIELDS 子面板中双击 Date，并将其重命名为 Dates。

这将重命名特定可视化的对应字段，且不会修改列名。通过将鼠标悬停于字段名上，并查看弹出信息即可查看列的来源，如下所示。

（1）切换至 Format 子面板，展开 Slicer header 并将 Font 颜色修改为#E5EAEE,Theme color 4。

（2）将 Font size 增至 14，并将 Font family 修改为 Segoe (Bold)。

（3）调整垂直尺寸，直至 Dates 增至适宜的尺寸。随后，Slicer header 区域中的黄色警告信息将消失。

通过检查 Format 子面板中的 General 部分，切片应包含下列尺寸和坐标数据。

- X Position：1072。
- Y Position：64。
- Width：192。
- Height：160。

接下来，Pam 打算使用之前创建的 Target Utilization 切片。在将该切片添加至当前页面中时，可执行下列各项步骤。

（1）切换至 tmpUtilization 页面。

（2）选择 Target Utilization 切片，并通过 Ctrl+C 快捷键复制该切片可视化内容。

（3）切换回 Template 页面，并使用 Ctrl+V 快捷键将该切片粘贴至当前页面中。

（4）此时将显示 Sync visuals 对话框，表明当前可视化与复制它的源可视化保持同步。随后单击 Sync 按钮。

（5）调整切片的尺寸并将其置于 Dates 切片下。如果可视化重叠，则表示操作正确。

（6）格式化 Numeric inputs，以使用#E5EAEE,Theme color 4 的字体颜色（Font color）。

（7）格式化 Slicer header，使其 Font Color 为#E5EAEE,Theme color 4、Text size 为 14、Font family 为 Segoe (Bold)。

通过查看 Format 子面板中的 General 部分，切片应包含下列尺寸和坐标。

- X Position：1072。
- Y Position：176。
- Width：192。
- Height：160。

除此之外，Pam 还想针对分公司使用切片。对此，可执行下列各项操作步骤。

（1）单击画布的空白区域，这时，展开 FIELDS 面板中的 People 表并选择 Location。

（2）将当前可视化也切换至 Slicer。

（3）在垂直方向上缩小切片，并使其宽度与 Dates 切片保持一致，即编辑 Format 子面板中的 General 部分，并针对 Width 输入 192。

（4）在 Target Utilization 切片下方重新定位切片，并在矩形中将其置于中心位置。如果可视化内容重叠，则操作成功。

（5）切换至 VISUALIZATIONS 面板的 FIELDS 子面板，双击 FIELDS 区域中的 Location，并将其重命名为 Branch。注意，此处修改名称将调整可视化中字段的名称，而非数据模型中的列名。

（6）将鼠标悬停于切片上。在可视化的右上角，使用下拉箭头图标将其切换至 Dropdown 切片，而非 List 切片。

（7）切换至 Format 子面板，展开 Selection controls 部分，并开启 Show “Select All” option。

（8）展开 Slicer header 部分，并将 Font color 修改为#E5EAEE,Theme color 4。

（9）将 Text size 增至 14，并将 Font family 修改为 Segoe Bold。

（10）类似地，展开 Items 部分，将 Font color 修改为#E5EAEE,Theme color 4，将 Background 修改为#3C3C3B,Theme color 3，并将 Text size 修改为 14。

（11）将 Height 缩至 80。

当前切片应包含下列 General 属性。

- X Position：1072。
- Y Position：288。
- Width：192。
- Height：80。

当创建 Division 切片时，可执行下列各项操作步骤。

（1）选择 Branch 切片，并使用 Ctrl+C 和 Ctrl+V 快捷键分别复制和粘贴切片。

（2）在原 Branch 切片下方直接重定位切片。

（3）利用 Hours 表中的 Division 列（而非 Division Hierarchy）替换切片的 Field。

此时，切片应包含下列 General 属性。

- X Position：1072。
- Y Position：384。
- Width：192。
- Height：80。

当根据员工类型创建切片时，需要执行下列各项步骤。

（1）单击画布的空白区域，再次按 Ctrl+V 快捷键以创建第三个切片。

（2）将该切片直接定位至 Division 切片下方。

（3）利用 People 表中的 EmployeeType 列替换切片的 Field。

（4）将 VISUALIZATIONS 面板中的此 Field 重命名为 Employee Type。

此时，切片应包含下列 General 属性。

- X Position：1072。
- Y Position：480。
- Width：190。
- Height：80。

这些是 Pam 在每个页面上设想的常规切片。然而，Pam 注意到，在将鼠标悬停于 Target Utilization 和 Branch 切片的特定部分时，Dates、Target Utilization 和 Branch 切片将会重叠，并会选中上方的切片。

针对这一问题，可执行下列各项步骤进行修正。

（1）选择 Target Utilization 切片。

（2）选择功能区中的 Format 选项卡。在 Arrange 部分，依次选择 Bring forward 和 Bring to front。

（3）针对 Branch 切片重复上述过程。

Pam 计划针对每个页面创建一个书签，进而可重置页面上的切片和过滤器。对此，可执行下列各项步骤。

（1）利用功能区的 Home 选项卡中的 Buttons 插入一个 Reset 按钮。

（2）将此按钮缩小至可以看到整个图标的最小水平宽度，并将该按钮重新放置在页面的右下角。

（3）根据所选的按钮，开启 VISUALIZATIONS 面板中的 Button Text。

（4）展开 Button Text 并将对应状态修改为 On hover。

（5）在 Button Text 中输入 RESET。

（6）将字体颜色修改为#E5EAEE,Theme color 4，并将 Font family 修改为 Segoe (Bold)。

（7）将 Horizontal alignment 修改为 Center。

除此之外，Pam 还计划在某些页面中使用 Drillthrough。当对此进行准备时，可执行下列各项步骤。

（1）复制和粘贴 Reset 按钮，并将其重定位至矩形的左下角。

（2）在 VISUALIZATIONS 面板中，展开 Icon 部分并将 Shapes 从 Reset 修改为 Back。

（3）展开 Button Text 部分，将当前状态修改为 On hover，并将 Button Text 中的单词 RESET 替换为 BACk。

（4）开启 Action，并针对 Type 选择 BACK。

最后，Pam 希望将所有报表页面都标记为公司 Logo。当添加 Logo 时，可执行下列各项步骤。

（1）选择功能区中的 Home 选项卡，并选择 Insert 部分中的 Image。

（2）选择 Packtlogo.png 文件。读者可访问 GitHub 下载该文件，对应网址为 https://github.com/gdeckler/LearnPowerBI/tree/master/Ch6。

（3）必要时可缩小该图像，并将其置于按钮上方。

完成后的 Template 页面应如本章开始处的图 6.1 所示。

6.2.5　同步切片

Pam 需要在全部报表页面间将 CONTROLS 区域中的切片保持同步。这意味着，当修改或调整某个页面上的切片时，报表中的其他页面也应反映这一变化。

当采用 Sync Slicers 特性时，需要执行下列各项步骤。

（1）选择功能区中的 View 选项卡。在 Show 部分中，选中 Sync slicers 一侧的复选框。随后，Sync slicers 面板将显示于 FILTERS 面板和 VISUALIZATIONS 面板之间。

（2）选择 Dates 切片。可以看到，上方列出了报表中的所有页面名称。Visible（眼球状）图标表示切片是否显示于页面上。此外，还存在一个 Sync 图标，进而检查切片在哪些页面上保持同步。

（3）展开 Advanced options 部分。

（4）在该字段中，输入 Date 后可以看到，Sync field changes to other slicers 一侧的复选框将自动被选中。该选项意味着，包含相同分组名的任何切片均将被处于同步状态，而与其所处的页面无关。

（5）单击 Target Utilization 切片。由于已经复制和粘贴了 tmpUtilization 页面中的该切片并选取为同步切片，因此 tmpUtilization 页面包含了两个已被选中的 Sync 和 Visible（眼球状图标）复选框以及 Template 页面。在 Advanced options 中，存在一个 Target Utilization 的现有的分组名称。

（6）单击 Branch 切片并添加一个 Branches 的分组名称。

（7）单击 Division 切片并添加一个 Divisions 的分组名称。

（8）单击 Employee Type 切片并添加一个 Employee Types 的分组名称。

6.2.6　调整日历

Pam 仅需要将包含于报表中的日期显示于 Dates 切片中。当 Pam 最初创建 Calendar

表时，她使用了 CALENDAR 函数，以及使用了 1/1/2017 和 12/31/2019 作为 CALENDAR 函数参数的开始和结束日期。这意味着，Dates 切片将显示所有这些日期。但在最终的报表中，实际情况并非如此。

当解决这一问题时，可单击 Calendar 表并编辑 DAX 公式定义，使其如下所示。

```
Calendar = CALENDAR( MIN(Hours[Date]), MAX(Hours[Date]) )
```

上述公式利用 Hours 表中的最小和最大日期值替换了硬编码日期值。当前，Dates 切片仅包含 1/1/2019—3/22/2019 的有效日期。Pam 知道，当向报表中添加日期时，该表在刷新过程中将被重新计算。因此，报表中的 Date 切片将通常仅包含数据模型中的有效日期。

提示：

除此之外，CALENDARAUTO 函数还可确保模型中的全部日历日期为日历表中的一部分内容。CALENDARAUTO 类似于 CALENDAR，它也创建了一个日期表；但 CALENDARAUTO 将对数据模型进行分析，并在模型的最小日期和最大日期之间创建日历表。

6.2.7　添加报表过滤器

作为准备工作的最后一步，Pam 希望添加全部的报表过滤器。这里，报表级别的过滤器将过滤所有的报表页面，与在每个页面放置此类过滤器相比，这将节省大量的时间。

Pam 知道，就报表而言，管理层仅关注计费资源，而不关心后台资源，如管理员、人力资源和销售等。另外，Pam 已经创建一个分组，并对计费资源进行分组。

当实现报表过滤器时，可执行下列各项步骤。

（1）依次展开 FIELDS 面板和 People 表。

（2）右击 EmployeeType (groups)，并依次选择 Add to filters 和 Report-level filters。

（3）展开 FILTERS 面板，然后在 Filters on all pages 部分中查找 EmployeeType (groups)。

（4）确保 Filter type 被设置为 Basic filtering。随后，在数值区域中检查 Billable。

当前，EmployeeType 切片仅列出了 HOURLY、SALARY 和 SUB-CONTRACTOR。

类似地，Pam 希望仅关注与公司提供的 3 项主咨询服务相关的报表，即技术、会计和管理咨询。

当添加过滤器时，可执行下列各项步骤。

（1）扩展 FIELDS 面板中的 Hours 表，并向 Report-level filters 中添加 Division（而非 Division Hierarchy）。

（2）当采用 Basic filtering 时，可选择 1001 Technology、2001 Accounting 和 3001 Management。

当前，Division 切片仅显示与此类值相关的数据。

6.3 创建最终的报表页面

截至目前，各项准备工作已经完毕，下面将创建最终的报表页面。

6.3.1 创建 Executive Summary 页面

Executive Summary 是第一个被创建的页面，该页面面向管理人员展示重要信息的简要快照。当创建 Executive Summary 页面时，可执行下列各项步骤。

（1）右击 Template 页面并选择 Duplicate Page。

（2）将 Duplicate of Template 重命名为 Executive Summary。

鉴于 Executive Summary 页面是 Template 页面的副本，因而该页面上的全部切片均包含相同的分组名称（针对 Template 页面上的切片而定义）。这意味着，该页面上的切片将与 Template 页面上的切片保持同步，并可通过复制 Template 页面创建其他页面。

Pam 希望 Executive Summary 页面是一类高级信息汇总，可供管理人员即时查看，并了解与月份、部门和子公司相关的利用率状态。另外，Pam 希望该页面的可视化内容设置为较大的字体，并采用粗体和多种颜色予以显示，进而快速地传递大量信息。对此，Pam 偏爱于之前创建的关键绩效指标（Key Performance Indicator，KPI）可视化内容，包括其颜色以及在有限空间内显示大量信息的能力。

当添加 KPI 可视化时，可执行下列各项步骤。

（1）单击 tmpUtilization 页面，并将 KPI 可视化复制、粘贴至 Executive Summary 页面中。

（2）将该可视化置于页面的左上角，调整其尺寸以便在垂直方向上占据一半页面，并在水平方向上占据一半浅灰色区域。

（3）将 Trend Axis 中的 Year 替换为 Calendar 表中的 Month。

（4）使用 Format 子面板，展开 Indicator 并将 Text size 调整为最大值 60。

（5）展开 Title 并将 Title text 修改为% Utilization vs. Target by Month。

（6）将 Font color 修改为#3C3C3B,Theme color 3，将 Alignment 修改为 Center，将 Text size 修改为 24，将 Font family 修改为 Segoe (Bold)。

展开 Goals 部分后，Pam 失望地发现，此处并不存在相应的可视化选项可增加字体尺寸或修改字体颜色。对此，Pam 打算亲自创建一个可在可视化中使用的度量值，同时提供期望的可视化选项。

对此，可执行下列各项步骤。

（1）关闭 Goal 和 Distance。

（2）右击 FIELDS 面板中的#Measures 表，选择 New measure 并定义下列度量值公式（记住，当在公式栏中进行编辑时，Alt+Enter 快捷键可创建新的一行或换行符）。

```
@KPI Goal =
    VAR __currentMonth = MAX('Calendar'[Month]) //get current month
    VAR __table =
FILTER(SUMMARIZE('Hours','Calendar'[Month],"__utilization",[%Utilization]),
[Month]=__currentMonth) //return the Hours table summarized by calendar
month with the %Utilization measure
    VAR __target = [Target Utilization Value] * 100 // Get the
target value for utilization
    VAR __difference = ROUND((MAXX(__table,[%Utilization]) -
[Target Utilization Value]) * 100,0) // compute difference
    VAR __sign =
 SWITCH(
 TRUE(),
 __difference > 0,"+",
 __difference < 0,"-",
 ""
 ) // Compute either a positive (+) or negative (-) sign based upon
computed difference
 RETURN
 "Goal: " & __target & "% (" & __sign & ABS(__difference) & "%)"
//return goal text
```

其中，@符号表示该度量值将返回文本和数字（#）。

（3）创建 Card 可视化并将@KPI Goal 度量值置于其中。

（4）使用 Format 子面板关闭 Category 标记。

（5）展开 Data label，将 Font color 修改为#E5EAEE,Theme color 4，并将 Text size 增至 24。

（6）缩减该可视化并将其置于 KPI 可视化（位于数据标记下方）上方。

（7）选择 KPI 可视化。在 Format 选项卡中，依次选择 Send backward 和 Send to back，以确保 KPI 可视化显示于 Card 可视化后方。

注意：

如果将 Target Utilization 可视化增至 90%，KPI 可视化将变为红色，且新的度量值将被正确地重新计算。

下一个将要创建的可视化是% Utilization by Division 汇总。对此，可执行下列步骤。

（1）单击画布的空白区域。

（2）依次选择 Hours 表中的 Division 和#Measures 表中的%Utilization。

（3）将当前可视化修改为 Clustered bar chart。

（4）使用 Format 子面板编辑 Title text，并将其修改为% Utilization by Division。

（5）将 Font color 修改为#3C3C3B,Theme color 3；将 Alignment 修改为 Center；将 Text size 修改为 24；将 Font family 修改为 Segoe (Bold)。

（6）将 Y axis 和 X axis 的 Color 修改为#3C3C3B,Theme color 3。

（7）开启 Data labels，并将其 Color 修改为#3C3C3B,Theme color 3。

（8）将该可视化重置为 KPI 可视化下方，并调整其尺寸以占据相同的水平方向空间。

（9）单击 VISUALIZATIONS 面板中的 Analytics 子面板。此时，对应图标呈现为一个放大镜图案。

（10）展开 Average line 并单击+ Add。

除此之外，Pam 还想要% Utilization by Branch 的汇总。当创建该可视化时，可执行下列步骤。

（1）复制和粘贴% Utilization by Division 可视化，并将其副本置于原可视化一侧。

（2）将 People 表中的 Location 添加至 Axis 中并移除 Division。

（3）将 Title 修改为% Utilization by Branch，并将当前可视化修改为 Clustered column chart。

最后，Pam 希望显示全部利用率。

针对于此，可执行下列步骤。

（1）创建 Card 可视化，并将#Measures 表中的%Utilization 度量值置于该可视化的 Field 中。

（2）格式化 Card 可视化并关闭 Category label。

（3）开启 Title 并作为 Title text 输入 Total % Utilization。

（4）将 Font color 修改为#3C3C3B,Theme color 3；将 Alignment 修改为 Center；将 Text size 修改为 24；将 Font family 修改为 Segoe (Bold)。

（5）将 Data label 的 Color 修改为#EC670F,Theme color 2。

最终的 Executive Summary 页面如图 6.2 所示。

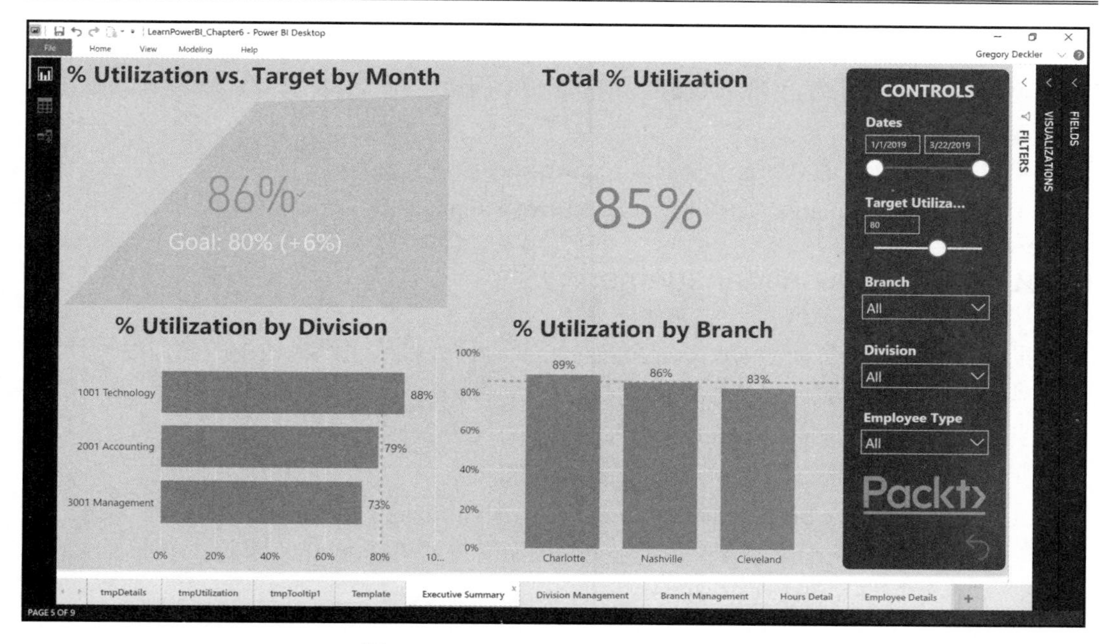

图 6.2　Executive Summary 报表页面

目前，Pam 对 Executive Summary 页面十分满意。在 KPI 可视化中，管理人员可以看到最新的月度利用率、之前月份中的趋势以及与目标利用率之间的比较结果。除此之外，管理人员还可进一步查看部门和子公司的整体利用率，最后，针对所选日期、子公司、部门和员工类型，管理人员还可查看整体的汇总利用率。

在执行后续操作之前，Pam 需要针对 Executive Summary 页面完善某些细节内容。当完善 Executive Summary 页面时，可执行下列步骤。

（1）鉴于该页面并非是钻取页面，因而可删除深灰色矩形左下方的 Back 按钮。

（2）选择功能区中的 View 选项卡，并针对当前页面创建书签。随后在 Show 部分中，选中 Bookmarks Pane 一侧的复选框。

（3）在 BOOKMARKS 面板中，选择 Add 并将对应书签重命名为 Reset Executive Summary。

（4）此时不再需要之前创建的书签。因而针对每个书签，单击书签名称一侧的省略号（...），随后选择 Delete。

Pam 计划创建更多的书签并使其保持有序。对此，可针对书签创建分组，如下所示。

（1）针对其余的 Reset Executive Summary 书签，单击省略号（...），随后选择 Group。

（2）将当前分组重命名为 Executive Summary。

（3）关闭 BOOKMARKS 面板。

（4）最后，单击深灰色矩形左下角的 Reset 按钮。在 VISUALIZATIONS 面板中，开启 Action。

（5）展开 Type 的 Action 并选择 Bookmark。

（6）对于 Bookmark，选择 Reset Executive Summary。

6.3.2 创建 Division Management 页面

报表中的下一个页面是 Division Management 页面，以供组织机构中的部门经理使用，进而显示相关信息以充分发挥部门的功效。

当创建 Division Management 页面时，可执行下列步骤。

（1）右击 Template 页面并选择 Duplicate Page。

（2）将 Duplicate of Template 重命名为 Division Management。

（3）Pam 计划将 Division Management 页面支持 Drillthrough。因此，单击画布的空白区域，并依次展开 VISUALIZATIONS 和 FIELDS 面板。接下来，将 Hours 表中的 Division 拖曳至 Add Drillthrough fields here 区域中。考虑到该页面已包含了一个 Back 按钮，因而 Power BI 不会自动向该页面中添加此类按钮。

Pam 知道，部门经理主要关注其部门在公司中的表现，以及部门的整体% Utilization。对此，Pam 已创建了相应的可视化，并作为 Executive Summary 页面的部分内容。

当复制可视化时，可执行下列步骤。

（1）切换至 Executive Summary 页面。

（2）选择 Total % Utilization 可视化。在按 Ctrl 键的同时选择% Utilization by Branch 可视化。

（3）按 Ctrl+C 快捷键复制可视化内容。

（4）切换至 Division Management 页面并按 Ctrl+V 快捷键粘贴可视化内容。

（5）在垂直方向上将 Total % Utilization 可视化缩减至最小高度，并可于其中查看到整体数据标记。

Pam 知道，对于部门经理来说，还需要根据员工类型跟踪利用率。当添加此类可视化时，可执行下列步骤。

（1）复制和粘贴% Utilization by Branch 可视化，并将该可视化副本重置于原始可视化的左侧。

（2）将 People 表中的 EmployeeType 添加至 Axis 中，并移除 Location。

（3）切换该可视化至 Clustered bar chart 可视化。

（4）将 Title text 格式化（Format）为% Utilization by Employee Type。

与 Executive Summary 级别相比，部门经理需要更多的细节内容。这意味着需要根据各自的岗位代码跟踪小时数和利用率。当创建此类可视化时，可执行下列步骤。

（1）单击画布的空白区域。随后选择 Hours 表中的 JobID 和 Hours。其中，JobID 表示正在为客户工作的特定项目。

（2）选择#Measures 表中的%Utilization，这将在画布的左上方象限中创建一个 Table 可视化。

（3）在列标题区域中，单击表的边缘并将%Utilization 列一直拖曳至可视化的右侧（但还没有到在可视化底部出现水平滑块的程度）。

（4）选择该可视化。在 FIELDS 子面板的 Values 区域，将%Utilization 重命名为%Utilization。

（5）切换至 Format 子面板，展开 Column 标题并将 Alignment 修改为 Center。

（6）展开 Total 部分并将 Background color 修改为 3C3C3B,Theme color 3。

（7）切换回 FIELD 子面板，右击% Utilization，并依次选择 Conditional formatting 和 Data bars。

（8）将 Positive bar 颜色修改为#3C3C3B,Theme color 3，随后单击 OK 按钮。

（9）单击表可视化中的% Utilization 列，并按照降序方式排序。

（10）再次单击% Utilization 列，并按照升序方式排序。

另外，Pam 还认为，部门经理将希望查看到不同任务所花费的小时总数。当创建该可视化时，可执行下列步骤。

（1）单击画布的空白区域。

（2）在 Hours 表中，依次单击 Category 和 Hours。随后将在 Total % Utilization 下方空白区域创建一个表可视化项。

（3）将该可视化修改为 Clustered column chart 可视化。

（4）格式化 Title 并将 Font color 修改为#3C3C3B,Theme color 3；将 Alignment 修改为 Center；将 Text size 修改为 24；将 Font family 修改为 Segoe (Bold)。

（5）将 X axis 和 Y axis 的 Color 修改为#3C3C3B,Theme color 3。

如果用户钻取至该页面，将无法得到任何可视化线索以说明钻取至哪一个部门。针对于此，Pam 决定创建一个动态的标题度量值和可视化。

当创建此类条目时，可执行下列步骤。

（1）右击#Measures，选择 New measure 并使用下列公式。

```
@Divisions Title =
    VAR __allCount = 3
    VAR __currentCount = COUNTROWS(SUMMARIZE('Hours',[Division]))
```

```
    RETURN
        SWITCH(
            TRUE(),
            HASONEVALUE(Hours[Division]),MAX(Hours[Division]),
            __allCount = __currentCount,"All Divisions",
            "Multiple Divisions"
        )
```

（2）在上方处，从垂直方向上缩减表可视化，以在页面的左上角生成空间。

（3）单击画布的空白区域，随后单击 Card 可视化。

（4）重置该可视化的位置并调整其尺寸以占据空白空间。

（5）向可视化的 FIELDS 区域中添加@Division Title。

（6）格式化（Format）可视化的 Data label，并将 Color 修改为#7EAE40,Theme color 7；将 Text size 修改为 24；将 Font family 修改为 Segoe (Bold)。

注意：

从主题中选择绿色，而不是与其他可视化相同的标题颜色，这将从视觉上表明此文本与其他可视化标题不同。

完整的 Division Management 页面如图 6.3 所示。

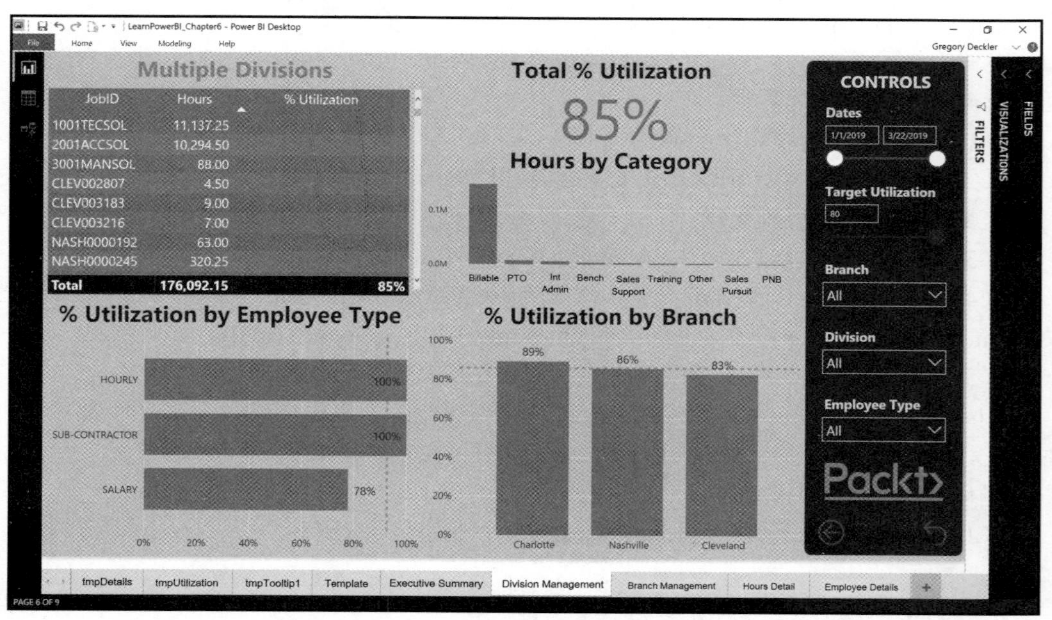

图 6.3　Division Management 页面

Pam 对 Division Management 页面感到十分满意。为了进一步完善该页面，还需要执行下列步骤。

（1）选择功能区的 View 选项卡，针对该页面创建书签。随后在 Show 部分中，选中 Bookmarks Pane 一侧的复选框。

（2）在 BOOKMARKS 面板中，选择 Add 并将该书签重命名为 Reset Division Management。

（3）针对该书签单击省略号（...），随后选择 Group。

（4）将当前分组重命名为 Division Management。

（5）关闭 BOOKMARKS 面板。

（6）单击深灰色矩形左下方的 Reset 按钮。在 VISUALIZATIONS 面板中，开启 Action。

（7）展开 Action，并针对 Type 选择 Bookmark。

（8）针对 Bookmark，选择 Reset Division Management。

6.3.3　创建 Branch Management 页面

Pam 希望分公司经理更多地关注 Branch Management 页面。在该页面中，所显示的大多数信息、布局均与 Division Management 页面类似。

对此，可执行下列各项步骤。

（1）右击 Template 页面并选择 Duplicate Page。

（2）将 Duplicate of Template 重命名为 Branch Management。

（3）Pam 计划将 Branch Management 页面支持 Drillthrough。因此，单击画布的空白区域，随后依次展开 VISUALIZATIONS 和 FIELDS 面板。

（4）将 Location 从 People 表中拖曳至 Add Drillthrough fields here 区域中。

（5）由于该页面已包含 Back 按钮，因此 Power BI 并不会向其中自动添加此按钮。

分公司经理同样关注分公司在部门间的业绩，以及整体利用率百分比。考虑到之前已经创建了相关的可视化内容，因而此处可直接对其加以复用。

对此，可执行下列步骤。

（1）切换至 Executive Summary 页面。

（2）将% Utilization by Division 可视化复制并粘贴至 Branch Management 页面中。

（3）将当前可视化拖曳至浅灰色区域的左下角，并将该可视化切换至 Clustered column chart。

（4）将 Division Management 页面中的 Total % Utilization、Hours by Category 和%Utilization by Employee Type 可视化复制并粘贴至 Branch Management 页面中。

（5）复制 Division Management 页面左上角的表可视化内容，并将该可视化内容粘贴至 Branch Management 页面上。

（6）在该表可视化的 Values 中，将 Name 从 People 表拖曳至 JobID 上方，随后移除 JobID。

（7）在 Values 区域中，右击% Utilization，依次选择 Remove conditional formatting 和 All。

（8）缩减当前可视化中的% Utilization 列，以使其宽度能够清晰地显示% Utilization 文本。

Pam 希望针对表可视化创建一个彩色的表指示器，以表明每名员工是否以满足 Target Utilization。Pam 之前曾创建了一个#Meets Goal 度量值，若%Utilization 大于或等于 Target Utilization，该度量值返回 1；否则返回 0。据此，可创建一个图形化的指示器。

对此，可执行下列步骤。

（1）右击#Measure 表并选择 New measure。

（2）将下列公式输入 DAX 公式栏中。

```
@Utilization Goal Indicator =
    VAR __table =
        SELECTCOLUMNS(
            FILTER(
                SUMMARIZE(
                    'People',
                    [Name]
                    ,"__countOfHours",
                    COUNTROWS(RELATEDTABLE('Hours'))
                ),
                NOT(ISBLANK([__countOfHours]))
            ),
            "__Name",
            [Name]
        ) // Return a list of names for people that have filed
hours for the current context
    VAR __person = MAX('People'[Name]) // Get the current name of
the person in the current context
    VAR __selected = IF(__person IN __table,TRUE(),FALSE())
determine if current person is in our table
    VAR __shape = "Circle" // We will be creating a circle SVG
graphic
    VAR __indicator = [#Meets Goal] // Create an indicator variable
based upon our #Meets Goal measure
```

```
    VAR __radius = 5 // Radius of SVG circle
    VAR __opacity = 0.75 // Opacity of SVG circle
    VAR __color =
        SWITCH(
            TRUE(),
            __indicator=0,"Red",
            __indicator>=1,"Green",
            "White"
        ) // Based upon our __indicator variable, return a color
code for our SVG circle
    VAR __header = "data:image/svg+xml;utf8," &
            "<svg xmlns='http://www.w3.org/2000/svg' x='0px'
y='0px' width='12' height='12'>"
    VAR __footer = "</svg>"
    VAR __shapeTextCircle = "<circle cx='6' cy='6' stroke='black'
stroke-width='1' r='" & __radius & "' fill='" & __color & "' fillopacity='"
& __opacity & "' />"
    // The above __header, __footer and __shapeTextCircle is our
SVG markup
    VAR __shapeText = __shapeTextCircle
    VAR __return = IF(__indicator >=0, __header & __shapeText &
__footer, BLANK())
    // if our __indicator is not zero (0) then return the full SVG
string, otherwise blank
    RETURN
        IF(__selected,__return,BLANK()) // return blank if the name
 is in our list, otherwise our SVG text
```

上述度量值返回所谓的 Scalable Vector Graphic（SVG）。SVG 是一种基于标记语言（如 Web 中的 HTML）的矢量图，此类图像格式支持二位图像，同时还包含了少量的交互性和动画方面的支持。Power BI 针对定义为图像 URL 的度量值支持 SVG 图像格式。

当格式化并使用该度量值时，可执行下列步骤。

（1）选择该度量值（而非该度量值的复选框）。在功能区的 Modeling 选项卡中，将 Data Category 切换至 Image URL 中。

（2）选择表可视化，并向表中添加@Utilization Goal Indicator。

（3）在表的 Values 区域中，将该度量值重命名为 Status。

（4）可以看到，向表中添加该度量值可显著地增加表中行的高度。

（5）切换至 Format 子面板并展开 Grid 部分。

（6）在 Grid 部分的尾部，将 Image height 从 75 修改为 24。

就像对各部门所做的那样，Pam 还希望针对分公司创建类似的动态标题度量值。对此，可执行下列步骤。

（1）右击#Measures 并选择 New measure。

（2）输入下列公式。

```
@Branch Title =
    VAR __allCount = COUNTROWS(SUMMARIZE(ALL('People'),[Location]))
    VAR __currentCount = COUNTROWS(SUMMARIZE('People',[Location]))
    RETURN
        SWITCH(
            TRUE(),
            HASONEVALUE(People[Location]),MAX(People[Location]),
            __allCount = __currentCount,"All Branches",
            "Multiple Locations"
        )
```

（3）在上方处，在垂直方向上缩减表可视化，以在页面的左上角生成空间。

（4）复制 Division Management 页面中的 Division Title 卡片可视化，并将其粘贴至 Branch Management 页面中。

（5）利用@Branch Title 度量值替换该卡片可视化的 Fields。

完整的 Branch Management 页面如图 6.4 所示。

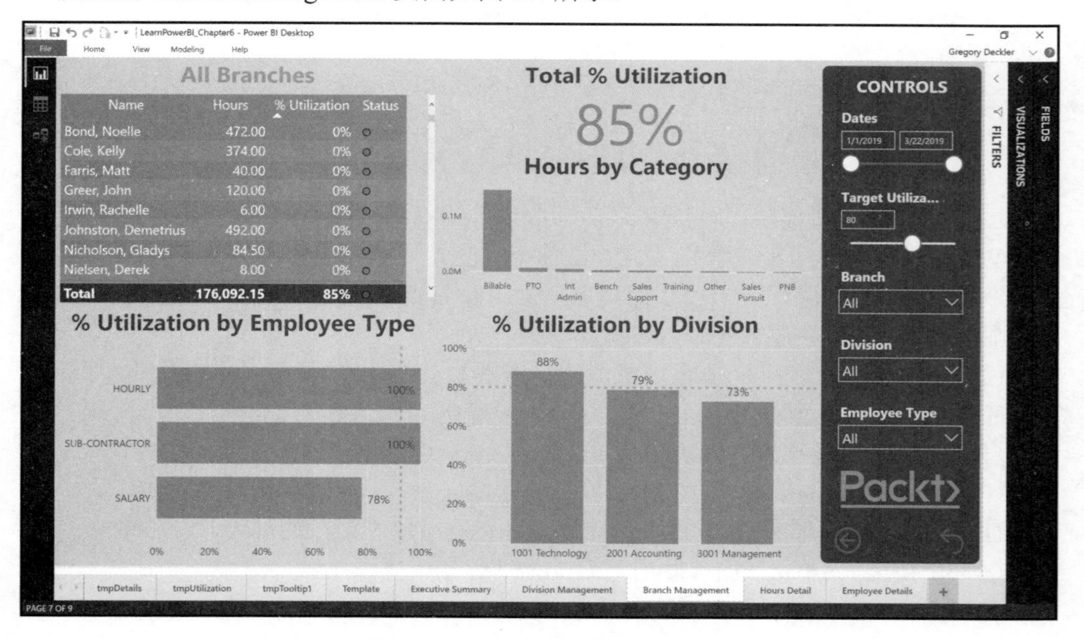

图 6.4　Branch Management 页面

Pam 对 Branch Management 页面感到十分满意。为了进一步完善页面，可执行下列步骤。

（1）选择功能区的 View 选项卡，针对当前页面创建书签。随后在 Show 部分，选中 Bookmarks Pane 一侧的复选框。

（2）在 BOOKMARKS 面板中，选择 Add 并将该书签重命名为 Reset Branch Management。

（3）针对该书签单击省略号（...），随后选择 Group。

（4）将当前分组重命名为 Branch Management。

（5）关闭 BOOKMARKS 面板。

（6）单击深灰色矩形左下方的 Reset 按钮，随后在 VISUALIZATIONS 面板中开启 Action。

（7）展开 Action，并针对 Type 选择 Bookmark。

（8）针对 Bookmark，选择 Reset Branch Management。

6.3.4　创建 Hours Detail 页面

当前，Pam 持有 3 个页面，并在较高级别上汇总了管理人员的信息。但 Pam 知道，一些经理会想了解更多关于员工的细节，以及他们的时间是如何花费在工作上的。因此，Pam 决定创建一个页面，专门显示按员工划分的小时数。

当创建 Hours Detail 页面时，可执行下列步骤。

（1）右击 Template 页面并选择 Duplicate Page。

（2）将 Duplicate of Template 重命名为 Hours Detail。

（3）Pam 计划将该页面支持 Drillthrough。对此，单击画布的空白区域，并展开 VISUALIZATIONS 和 FIELDS 面板。

（4）将 People 表中的 Location 和 EmployeeType，以及 Hours 表中的 Division 拖曳至 Add Drillthrough fields here 区域中。

（5）由于当前页面已包含了一个 Back 按钮，因此 Power BI 并不会向其中自动添加此按钮。

Pam 已经创建了主可视化的基本版本。若重新使用该可视化，可执行下列步骤。

（1）切换至 tmpDetails 页面，然后将 Matrix 可视化从该页面复制并粘贴至 Hours Detail 页面中。

（2）重置（Resize）该可视化的尺寸，并占据画布的全部浅灰色区域。

（3）由于页面中容纳了大量的信息，因此可使用 Format 子面板并针对以下部分将

Text size 减至 12。

- ❑ 列标题。
- ❑ 行标题。
- ❑ 数值。
- ❑ 小计。
- ❑ 总计。

（4）在 Values 区域中，将 Name 重命名为 Employee。

然而，Pam 注意到一个问题：类别的顺序是按字母顺序排列的，因此与管理人员在其他报表中经常看到的顺序不同。对此，可执行下列步骤。

（1）选择功能区的 Modeling 选项卡，随后选择 New Table。

（2）针对当前表选择下列公式。

```
tmpTable = DISTINCT('Hours'[Category])
```

（3）这将创建一个包含 Hours 表的 Category 列中所有不同值的表，以确保所有类别都存在，并且所有拼写都是相同的。

（4）切换至 Data 视图，右击该表并选择 Copy Table。

（5）在 External data 部分的 Home 选项卡中，单击 Enter Data。相应地，Enter Data 查询提供了一种方便的机制，并可手工输入较短的数据清单。

（6）按 Ctrl+V 快捷键，表行被粘贴至第 1 列中，表的第一行 Category 被提升为列标题。

（7）利用 Name 字段重命名 Categories 表。

（8）单击*列并添加一列，将该列重命名为 Order。

（9）按照如图 6.5 所示的顺序排序，随后单击 Load 按钮。

（10）新 Categories 表将被添加至当前模型中。

提示：

Enter Data 查询支持多达 3000 个信息列。如果遭到限制，可在 Power BI 中复制表，然后粘贴到 Excel 中。随后可在 Excel 中添加所需信息，经保存后，可将该 Excel 文件导入 Power BI 中。

（11）切换至 Model 视图，并确认 Power BI 已经添加了 Categories 新表和 Hours 表之间的关系；否则，应添加两个表中 Category 列之间的关系。

（12）右击 tmpTable 并选择 Delete from model。

（13）出现提示时选择 Delete。

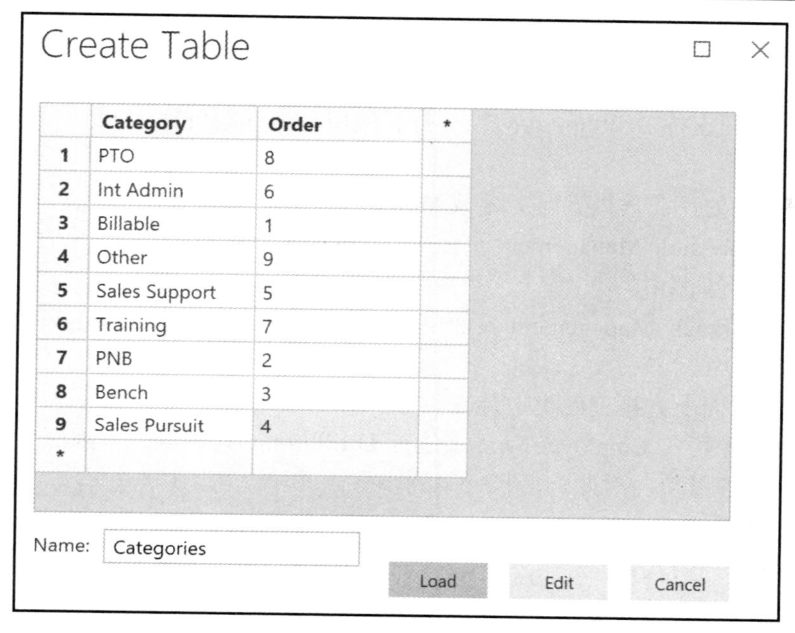

	Category	Order
1	PTO	8
2	Int Admin	6
3	Billable	1
4	Other	9
5	Sales Support	5
6	Training	7
7	PNB	2
8	Bench	3
9	Sales Pursuit	4

图 6.5　创建一个表

（14）切换回 Report 视图。

（15）展开 FIELDS 面板并选择 Categories 表中的 Order（而非复选框）。

（16）选择 Modeling 选项卡，确保 Order 包含 Whole number 的 Data type；否则，将 Data type 设置为 Whole number。

（17）单击 Categories 表中的 Category 列（而非复选框）。

（18）在 Modeling 选项卡中，单击 Sort by Column 并选择 Order。

（19）将 Categories 表中的 Category 列添加至 Columns，并从 Hours 表中移除 Category 列。

Pam 针对当前可视化结果较为满意，但仍希望能够查看%Utilization 总计结果。对此，可执行下列步骤。

（1）将#Measures 表中的%Utilization 添加至 Matrix 可视化的 Values 区域中。

（2）在 Values 区域中，将% Utilization 重命名为简单的%。

（3）这将在每个 Category 下添加第二个级别，每个 Category 当前包含 Hours 和%两个子列。

（4）为了解决此问题，可切换至 Format 子面板，展开 Values 并关闭 Word wrap。

（5）现在，在 Matrix 可视化中，使用上方的 Category 列标题行，仔细缩减每个

Category 列，但不要缩减 Total 列，直至不再显示%为止。

（6）最后，单击%列，并按照降序方式排序该列。

鉴于当前页面支持 Drillthrough，Pam 打算使用动态标题可视化。针对这一类可视化，可执行下列步骤。

（1）在上方处，在垂直方向上缩减 Matrix 可视化，以在页面的左上角生成空间。

（2）复制 Division Management 页面中的 Division Title 卡片可视化内容，并将其粘贴至 Hours Detail 页面中。

（3）复制 Branch Management 页面中 Branch Title 卡片可视化内容，并将其粘贴至 Hours Detail 页面中。

（4）在该页面上方排列此类卡片。

考虑到用户也可在 EmployeeType 上进行 Drillthrough（钻取），因而 Pam 需要一个额外的动态标题度量值。对此，可执行下列步骤。

（1）右击#Measures 并选择 New measure。

（2）输入下列公式。

```
@Type Title =
    VAR __allCount = 3
    VAR __currentCount =
COUNTROWS(SUMMARIZE('People',[EmployeeType]))
    RETURN
        SWITCH(
            TRUE(),
HASONEVALUE('People'[EmployeeType]),MAX('People'[EmployeeType]),
            __allCount = __currentCount,"All Types",
            "Multiple Types"
        )
```

（3）复制 Branch Title 卡片可视化内容，并将副本粘贴至当前页面上。

（4）在上方排列该卡片可视化内容，并利用@Type Title 度量值替换其 Fields。

最终的报表页面如图 6.6 所示。

Pam 对 Hours Detail 页面感到满意。为了进一步完善该页面，可执行下列步骤。

（1）选择功能区的 View 选项卡，并针对 Hours Detail 页面创建书签。随后在 Show 部分中，选中 Bookmarks Pane 一侧的复选框。

（2）在 BOOKMARKS 面板中，选择 Add 并将该书签重命名为 Reset Hours Detail。

（3）针对该书签单击省略号（...），随后选择 Group。

（4）将当前分组重命名为 Hours Detail。

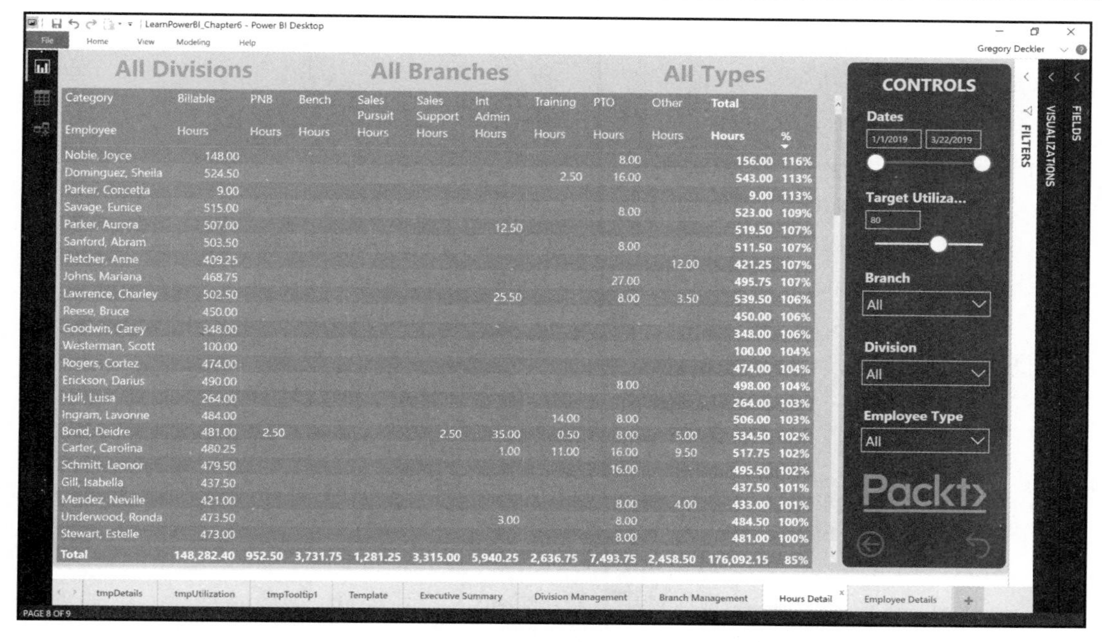

图 6.6　Hours Detail 页面

（5）关闭 BOOKMARKS 面板。

（6）单击深灰色矩形左下方的 Reset 按钮，随后在 VISUALIZATIONS 面板中，开启 Action。

（7）展开 Action，并针对 Type 选择 Bookmark。

（8）针对 Bookmark，选择 Reset Hours Detail。

6.3.5　创建 Employee Details 页面

除了 Hours Detail 页面之外，Pam 还需要一个最终的报表页面，该报表页面将被用于重点显示针对一名员工的详细信息。

对此，可执行下列步骤。

（1）右击 Template 页面并选择 Duplicate Page。

（2）将 Duplicate of Template 重命名为 Employee Details。

（3）Pam 计划使当前页面支持 Drillthrough，因此，单击画布的空白区域，并依次展开 VISUALIZATIONS 和 FIELDS 面板。

（4）将 People 表中的 Name 拖曳至 Add Drillthrough fields here 区域中。

（5）考虑到当前页面已经包含了一个 Back 按钮，因而 Power BI 并未自动向当前页面中添加此按钮。

（6）将 Division Managers 页面中的 Total % Utilization、Hours by Category 和 JobID 表可视化复制至 Employee Details 页面中。

（7）选择 Hours by Category 可视化。

（8）在 Values 区域中的 VISUALIZATIONS 面板的 FIELDS 子面板中，右击 Hours 并依次选择 Show value as 和 Percent of grand total。

（9）在可视化内容仍处于选定的情况下，针对当前可视化内容单击省略号（...），随后依次选择 Sort by 和%GT Hours。

（10）单击 Format 子面板并开启 Data labels。

（11）展开 Data labels 部分，并将当前颜色修改为#3C3C3B,Theme color 3。

（12）单击画布的空白区域。

（13）单击 Calendar 中的 Date。

（14）向当前可视化中添加%Utilization。

（15）在当前可视化的 Axis 区域中，右击 Date 并将其从 Date Hierarchy 修改为 Date。

（16）将当前可视化修改为 Line chart。

（17）将 Title text 格式化为% Utilization and Forecast。

（18）将 Font color 修改为#3C3C3B,Theme color 3；将 Alignment 修改为 Center；将 Text size 修改为 24；将 Font family 修改为 Segoe (Bold)。

（19）将 X axis 和 Y axis 的 Color 修改为#3C3C3B,Theme color 3。

（20）切换至 Analytics 子面板，展开 Forecast 并单击+Add。

考虑到当前页面也采用了 Drillthrough，因而，Pam 需要创建一个动态员工标题度量值。当创建并使用该度量值时，可执行下列步骤。

（1）右击#Measures 并选择 New measure。

（2）输入下列公式。

```
@Employee Title =
    IF(
        HASONEVALUE('People'[Name]),MAX('People'[Name]),
        "Multiple Employees"
    )
```

（3）在上方处，在垂直方向上缩减当前表可视化，以在页面的左上角生成空间。

（4）复制 Division Management 页面中的 Division Title 卡片可视化，并将其粘贴至 Employee Details 页面中。

（5）利用@Employee Title 度量值替换该卡片可视化的 Fields。最终的报表页面如图 6.7 所示。

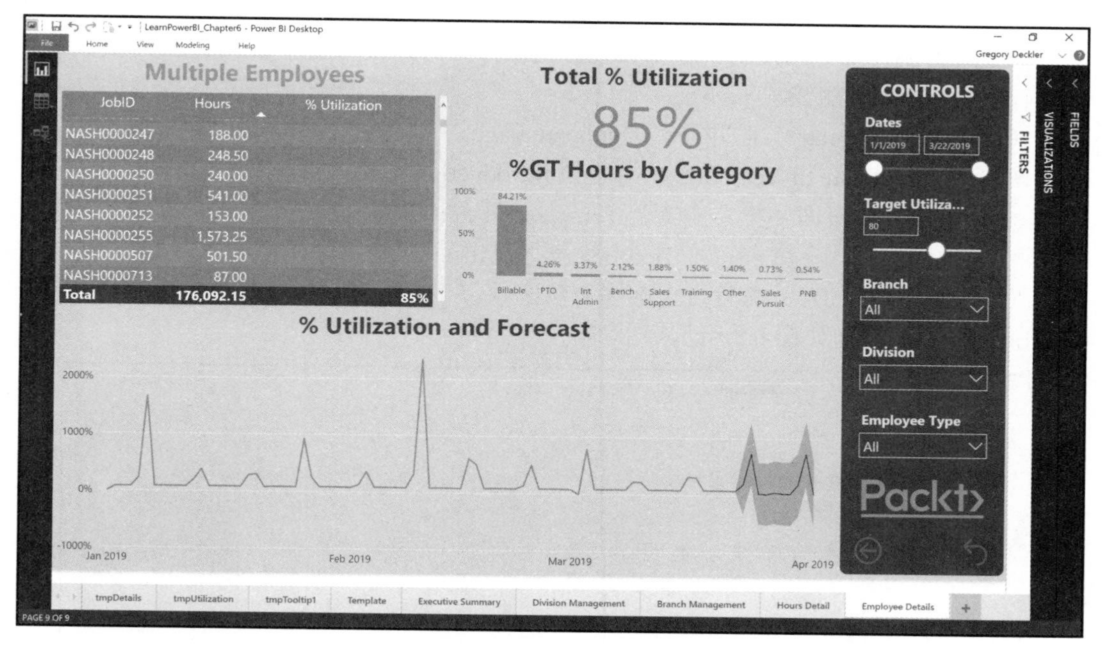

图 6.7　Employee Details 页面

Pam 对当前的 Employee Details 页面感到十分满意。为了进一步完善页面，可执行下列步骤。

（1）选择功能区中的 View 选项卡，针对当前页面创建一个书签。随后在 Show 部分，选中 Bookmarks Pane 一侧的复选框。

（2）在 BOOKMARKS 面板中，选择 Add 并将步骤（1）中创建的新书签重命名为 Reset Employee Details。

（3）针对该书签单击省略号（...），随后选择 Group。

（4）将当前分组重命名为 Employee Details。

（5）关闭 BOOKMARKS 面板。

（6）单击深灰色矩形左下方的 Reset 按钮，随后在 VISUALIZATIONS 面板中开启 Action。

（7）展开 Action，并针对 Type 选择 Bookmark。

（8）针对 Bookmark，选择 Reset Employee Details。

6.3.6　创建 Introduction 页面

Pam 了解到，优秀的报表一般都会包含应用方式简介。当创建 Introduction 页面时，可执行下列步骤。

（1）右击 Template 页面并选择 Duplicate Page。

（2）将 Duplicate of Template 重命名为 Introduction。

（3）单击当前页面并将其拖曳至 Template 页面和 Executive Summary 页面之间。

（4）选择 Home 选项卡并将 Text box 插入（Insert）当前页面中。

（5）将文本框的尺寸重置为全部浅灰色区域。

Introduction 页面如图 6.8 所示。

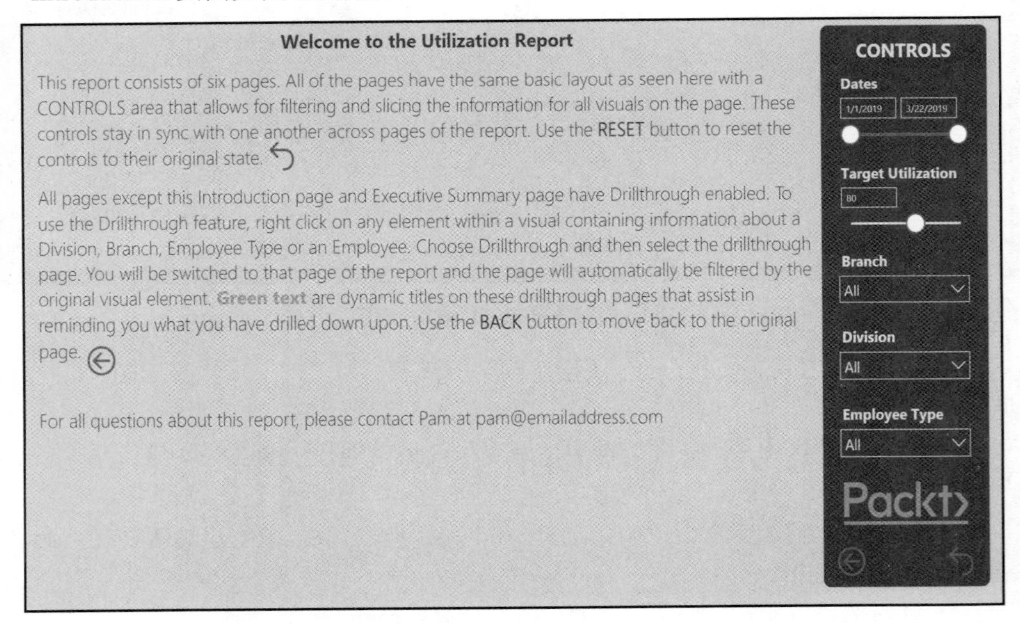

图 6.8　Introduction 页面

6.4　后 续 工 作

虽然 Pam 已经完成了报表的设计任务，但仍需要对该报表进行测试并执行某些清理工作。

6.4.1　测试

Pam 决定通过具体的示例场景查看报表的执行方式。当执行测试时，可执行下列步骤。

（1）打开 Executive Summary 页面后可以看到，整体利用率处于较好的状态并超出了预期目标。其中，全部分公司均位于目标利用率之上。但是，存在一个 Division 低于平均值，即部门 3001 Management。接下来将进一步考查该 Division 以及导致其利用率降低的因素。

（2）在%Utilization by Division 可视化中，右击 3001 Management 列，并依次选择 Drillthrough 和 Division Management。

（3）检查绿色的动态标题文本，可以看到，它将正确地显示 3001 Management。

（4）不难发现，付薪员工的利用率较低，尤其是 Nashville。

（5）下面对此予以进一步考查。右击%Utilization by Branch 可视化中的 Nashville 列，依次选择 Drillthrough 和 Hours Detail。

（6）当检查绿色动态标题文本时，仅针对 3001 Management 和 Nashville 查看相关资源。

（7）单击%列标题并按照升序方式排列。

（8）不难发现，鉴于已被解雇，因而 Irwin、Rachelle 的利用率较低且总小时数也较低。

（9）下一行是 Schaefer、Gustavo，该员工仅包含 3%的利用率，但仅记录了 500 小时。

（10）对此，需要检查 Schaefer、Gustavo 的工时。右击包含 Schaefer、Gustavo 的行，并依次选择 Drillthrough 和 Employee Details。

（11）在%GT Hours by Category 中，可以看到该员工将其大多数时间花费在 Sales Support 上。

（12）此外，还需要检查列表中的下一名员工。对此，单击 Back 按钮（单击时按 Ctrl 键）。

（13）Hours Detail 页面仍保持原样。

（14）右击包含 Beltran、Elvira 的行，并依次选择 Drillthrough 和 Employee Details。

（15）可以看到，该员工占用了大量的 PTO。单击第一个 JobID 代码，通过观察可知，在此代码所记录的内容中，超出 320 小时的 73%用于 PTO。

（16）最后测试 Reset 按钮。在 Employee Details 页面中，按 Ctrl 键，随后单击 Reset 按钮。

（17）针对 Hours Detail 和 Division Management 页面执行相同的操作。

令 Pam 感到满意的是，报表中包含了一个直观的数据流，且处于正常的工作状态。

6.4.2　清除工作

在发布并共享任务之前，Pam 还需要针对报表执行少量的清理工作。对此，可执行下列步骤。

（1）右击页面并选择 Delete Page，进而删除下列页面。

- tmpDetails。
- tmpUtilization。
- tmpTooltip1。

（2）右击页面并选择 Hide Page 进而隐藏 Template 页面。此时，页面名称一侧将显示一个斜线穿过的眼球状图标。相应地，报表的作者可以看到该页面，而报表的查看者则无法看到该页面。

（3）Pam 还计划隐藏一些报表中不使用的表。单击 Data 视图。

（4）右击 Budgets and Forecasts 表，并选择 Hide in report view。随后，Budgets and Forecasts 表变为灰色，表示该表不会出现于 Report 视图中。

（5）隐藏 Target Utilization 表。

（6）此外，Pam 还将隐藏某些列和度量值。例如，#Meets Goal 是一类中间度量值，且不计划在可视化中对其加以使用。

（7）展开#Measures 表，右击#Meets Goal，然后选择 Hide in report view。随后，该度量值将变为灰色。

隐藏报表查看者和自服务商业智能用户不再使用的页面、表、列和度量值将对用户提供极大的帮助，具体方式可描述为，不必要的数据元素不会对用户产生干扰，而这些数据元素不应在报表中被予以使用，并可被简单地视为数据模型的缺陷。

（8）选择功能区的 View 选项卡，取消选中 Show Gridlines 和 Snap Objects to Grid 复选框，并选中 Lock Objects 复选框。

至此，Pam 已经完成了报表的制作，因而定位辅助不再必需。相应地，锁定页面对象的位置可防止意外地移动可视化内容。

6.5　本 章 小 结

本章讨论了创建最终报表时适宜规划机制的重要性。通过思考用户与报表间的应用和交互方式而对报表进行规划将使得报表的构建过程更加流畅，且报表更具直观性和易用性。另外，提前考虑使用同步切片和报表过滤器可节省大量的时间和精力。相应地，使用主题则可确保报表颜色的一致性，还可通过减少可视化所需的格式化工作量进一步节省时间。此外，创建页面模板也可在生成多个报表时节省时间和精力。

在创建利用率报表的各种页面时，本章介绍了如何克服特定可视化的局限性，包括 DAX 的应用，还包括如何使用 DAX 创建动态标题（该动态标题当与 Drillthrough 特性协同工作时可提供相关帮助），以及如何通过 SVG 和数据分类添加可视化线索。最后，我们还学习了如何通过向报表查看者隐藏报表以使报表更加整洁和友好，进而清除特定的报表和数据元素。

至此，我们创建了最终的报表，下一步是发布和共享报表，其间将使用 Power BI Service。

第 7 章将讨论 Power BI Service，并以此发布和共享报表。

6.6　进一步思考

下列问题供读者进一步思考。

- Power BI 的哪一种特性可使报表作者预置元素，如颜色和字体尺寸？
- 在创建最终报表页面之前所采取的 3 种准备步骤是什么？
- 哪一种特性可使切片的设置在页面间保持一致？
- 哪一种可视化类型可显示指标的当前值、该指标的趋势，并相对最终目标跟踪该指标？
- Power BI 中的哪两个特性可使报表的查看者重置页面上的切片？
- 哪一个 DAX 函数可用于确定某个列是否包含单一值？
- 哪一种数据分类类型可用于显示 SVG 图形？
- 哪一种 Power BI 特性允许在数据模型中临时输入信息？
- 哪两种分析特性可用于报表页面中？
- 哪些报表和数据元素可针对报表查看者予以隐藏？

6.7　进一步阅读

- 在 Power BI Desktop 中使用报表主题：https://docs.microsoft.com/enus/power-bi/

desktop-report-themes。

- 在 Power BI Desktop 报表中使用网格线和网格对齐机制：https://docs.microsoft.com/en-us/power-bi/desktop-gridlines-snap-to-grid。
- Power BI 报表中的文本框和形状：https://docs.microsoft.com/en-us/power-bi/power-bi-reports-add-text-and-shapes。
- 表中的条件格式化机制：https://docs.microsoft.com/en-us/power-bi/desktop-conditional-table-formatting。
- Power BI Desktop 中的按列排序：https://docs.microsoft.com/en-us/power-bi/desktop-sort-by-column。
- 使用书签在 Power BI 中共享洞察结果和构造故事：https://docs.microsoft.com/en-us/power-bi/desktop-bookmarks。
- 在 Power BI Desktop 中使用 Analytics 面板：https://docs.microsoft.com/en-us/power-bi/desktop-analytics-pane。
- Power BI Desktop 中创建报表时的一些提示和技巧：https://docs.microsoft.com/en-us/power-bi/desktop-tips-and-tricks-for-creating-reports。
- 颜色格式化和轴属性：https://docs.microsoft.com/en-us/power-bi/visuals/service-getting-started-with-color-formatting-and-axis-properties。
- Power BI 中的切片：https://docs.microsoft.com/en-us/power-bi/visuals/power-bi-visualization-slicers。

第 3 部分

Power BI Service

前述章节在Power BI Desktop中创建了报表，接下来需要将其发布至Power BI Service中，并学习如何共享工作成果并与他人协作。

本部分内容主要涉及以下 4 章。

- 第 7 章：发布和共享
- 第 8 章：在 Power BI Service 中使用报表
- 第 9 章：理解仪表板、应用程序和安全性
- 第 10 章：数据网关和刷新数据集

第 7 章　发布和共享

前述章节讨论了报表的创建过程，包括数据的导入、数据模型的创建和计算，以及报表页面的设计和格式化。截至目前，报表尚令人满意。然而，若报表仅供个人或作者访问，那么，其价值将大打折扣。因此，需要协同组织机构的其他成员分享报表。本章将讨论 Power BI Service，并展示如何将最终的报表发布至 Power BI service 中并与他人共享。

本章主要涉及以下主题。

- 获取账户。
- Power BI Service 简介。
- 发布和共享。

7.1　技术需求

具体需求条件如下所示。

- 连接至互联网。
- Office 365 账户或 Power BI 试用版。
- 操作环境：Windows 10、Windows 7、Windows 8、Windows 8.1、Windows Server 2008 R2、Windows Server 2012 或 Windows Server 2012 R2。
- Microsoft Power BI Desktop。
- 访问 GitHub 并下载 LearnPowerBI.pbix，对应网址为 https://github.com/gdeckler/LearnPowerBI/tree/master/Ch7。

7.2　获取账户

发布和共享任务一般通过 Power BI Sevice 完成。在第 1 章曾讨论到，Power BI 是一个基于云的软件即服务（SaaS）在线平台，并可用于报表的创建和编辑、数据摄取，以及报表的共享、协作和查看。然而，当使用 Power BI Service 时，用户需要持有 Office 365 账户。一旦拥有了 Office 365 账户，就可以注册使用免费的 Power BI 试用版。

7.2.1　Office 365

如果读者已经得到了 Office 365 账户，则可通过该账户的电子邮件地址注册 Power BI 的试用版，或者令 IT 部门或 Office 365 管理员分发一个免费的或 Pro Power BI 证书。如果尚未拥有 Office 365 账户，则需要注册免费的 Office 365 试用版，对应网址为 https://products.office.com/en-us/try。在 Try Office 365 for free 标题下方，单击 TRY 1-MONTH FREE。

7.2.2　Power BI 试用版

一旦持有 Office 365 账户，就还需要获得 Power BI 试用版证书或 Pro 证书。对此，IT 管理员或 Office 365 管理员可向您分发一个 Power BI 的 Pro 证书；否则，可遵循下列步骤注册 Power BI 试用版。

（1）在 Web 浏览器中，输入 https://powerbi.com 并按 Enter 键。

（2）在右上角单击 Sign up free。

（3）向下滚动页面查找页面左侧的 Cloud collaboration and sharing。单击 TRY FREE。

（4）输入 Office 365 电子邮件地址，并遵循后续提示指令。

7.3　Power BI Service 简介

Power BI Service（或简称为 Service）是一款基于 Web 的 SaaS 产品，且互补于 Power BI Desktop。Power BI Service 提供了一种方法，Power BI 用户可以通过该方法创建新的数据集和报表，以及在 Power BI Desktop 中创建的数据模型和报表上完成发布、共享和协作任务。Power BI Service 围绕报表、仪表板、工作簿、数据集和数据流的存储而构建。

下面简要介绍 Power BI Service 及其主要功能。

7.3.1　Power BI Service 概述

一旦登录至 Power BI Service，其界面就会让人联想到 Power BI Desktop 界面，尽管内容稍显简单。

Power BI Service 的用户界面由 3 个主要区域构成，如图 7.1 所示。

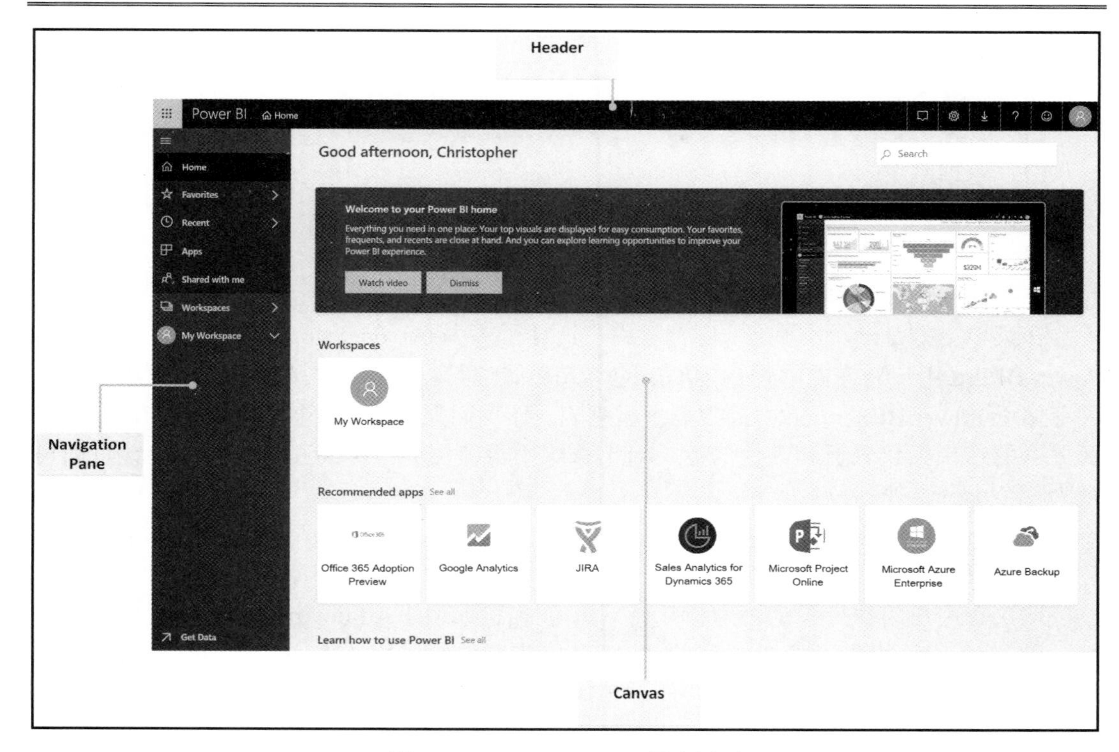

图 7.1　Power BI Service 用户界面

在后续小节中，我们将深入讨论这 3 个主要区域，即 Header、Navigation Pane 和 Canvas。

7.3.2　Header

Header 区域包含了多个有用的条目。其中，最左侧是一个华夫格图标，单击该图标后，即可引用其他 Office 365 应用程序链接。在 Power BI 文本右侧是一个导航微件，可帮助用户跟踪 Power BI Service 中的位置。屏幕右侧则显示了多个图标。

Header 右侧的第一个图标是 Notifications。单击该图标将作为 Canvas 右侧的覆盖层显示 Notification Center。任何重要的通知均可于此处进行查看，其中包括来自 Microsoft 的通知，以及需要进行配置的数据警告消息。

第二个图标是 gear（一个齿轮状图标），并提供了下拉菜单中的 Settings 链接。该菜单选项如下所示。

- ❑ 管理个人存储。

- 创建内容包。
- 查看内容包。
- 管理门户。
- 管理网关。
- 设置项。
- 管理嵌入代码。

下面简要地介绍每一个选项。

在菜单上方是一个小圆形，可查看用户消耗了多少 personal storage（个人存储空间）。Power BI Pro 用户通常能够得到 10GB 的个人存储空间。单击该链接将显示当前用户可用并存储于 Power BI Service 中的数据模型列表。该页面显示了每个模型占据的空间量，以及关联的结果、仪表板和其他信息。对于移除不再使用的数据集和相关数据，该页面可视为一个十分方便的位置。

Content packs 则是创建内容集合，并与其他用户共享内容的早期方法，本书并不打算对此加以讨论。

取决于用户的身份（是否为管理员），可能需要访问 Admin portal 的全部或部分内容。Admin portal 提供了一个界面，并可于其中查看使用指标、管理用户、查看审计记录、调整用户的容量设置、管理嵌入代码和组织机构的可视化内容，以及管理数据流设置和工作区。

Manage gateways 链接可使用户查看和编辑组织机构中的网关设置，稍后将对此加以讨论。这一类设置使得用户可管理隐私、语言、开发者和 ArcGIS 地图设置，以及关闭当前账户。

Settings 链接提供了各种选项的访问功能，包括隐私、语言、账户、开发，以及自定义可视化的集成，如 ArcGIS maps for Power BI。

Manage embed codes 提供了一个页面，用户可以此管理自己的嵌入代码。嵌入代码体现了 Power BI 内容与 Power BI Service 间的外部共享方式。该区域与 Admin portal 的嵌入代码管理有所不同。Admin portal 支持组织机构内的所有嵌入代码，而当前区域仅列出了当前登录的用户的嵌入代码。

第三个图标是 down arrow，并提供了下载链接，进而可下载 Power BI 的各种组件，其中包括以下几个。

- Power BI Desktop。
- Data Gateway。
- Paginated Report Builder。

- Power BI for Mobile。
- Analyze in Excel updates。

第四个图标是 question mark，并提供了 Help & Support 链接，其中包含了与 Power BI 相关的学习和支持信息，部分内容如下所示。

- Getting started。
- Learn。
- Community。
- Power BI for developers。
- Privacy & cookies。
- Accessibility shortcuts。
- About Power BI。

第五个图标是 smiley face，并提供了社区论坛的反馈链接，如下所示。

- Submit an idea。
- Submit an issue。

7.3.3　Navigation Pane

Navigation Pane 涵盖了多个有用的导航链接，接下来将对此进行逐一介绍。

Home 链接将把用户引至相应的页面，并作为 Power BI Service 的整体入口点。该页面列出了收藏和经常访问的报表，以及近期的报表和工作区。除此之外，此处还将显示已经共享的报表，以及可用的推荐应用程序和有用的链接，以供进一步学习。最后，搜索框还可帮助用户快速获取相关内容。

Favorites 和 Recent 链接是一类弹出式菜单，其中列出了已收藏或近期访问过的报表和仪表板。

下一个链接是 Apps，对应的页面列出了已创建和有权访问的任何应用程序。Apps 是一类仪表板和报表集合，并可方便地共享和发布至特定的业务用户或整个组织机构，以使业务人员制订数据驱动的相关决策。

Shared with me 链接则列出了与用户共享的内容。

Workspaces 是另一个弹出式菜单，其中列出了当前登录用户已创建或共享的任何工作区。这里，工作区是一种仪表板、报表、工作簿、数据集和数据流的组织方式。此外，工作区还可针对一组用户作为一种共享环境，同时也是一种 Power BI 中的应用程序的底层技术。相应地，每位用户均始于某个工作区 My Workspace。My Workspace 是一个下拉菜单，用于显示仪表板、报表、工作簿、数据集和数据流的子类别。用户还可创建多个其他的工作区，每个工作区还可进一步包含多个仪表板、报表、工作簿、数据集和数据流。最后，工作区还提供了会话和日历形式的协作功能。这一类协作功能使用了 Office 365 Outlook online 的集成特性。

提示：

创建除默认 My Workspace 工作区之外的工作区则是 Power BI Pro 的一项证书授权功能。

页面底部是 Get Data 链接，该链接流提供了一个中心位置，用于获取发布至组织机构的应用程序和发布的第三方应用程序，以及从文件、数据库中检索数据并创建数据。除此之外，还存在一些与合作伙伴、展示样例报表，以及从已发布的数据集中构建数据集相关的链接。

7.3.4 Canvas

类似于 Power BI Desktop 中的 Canvas 区域，Power BI Service 中 Canvas 区域的特定内容和应用取决于在 Power BI Service 中所处的位置以及操作内容。可以说，Canvas 是查看报表以及与 Power BI Service 交互的主要区域。

7.4 发布和共享

在第 3 章示例中，Pam 十分期待与组织机构中的其他人员共享最新的利用率报表，同时认为 Power BI Service 是一种最为安全的优选方案。特别地，Pam 打算利用行级别安全（RLS）以确保员工关注与其角色相关的重要信息。然而，Pam 所在的组织机构并未购买 Power BI Premium，这意味着，查看报表的每个人需要一个 Power BI Pro 证书。

7.4.1 创建工作区

Pam 决定针对发布至 Power BI Service 的报表创建工作区。此外，Pam 还打算发布多个报表（而非仅仅是 Utilization）。因此，Pam 决定针对这一类报表创建新的工作区，以保持默认的 My Workspace 工作区的简洁性。对此，可执行下列步骤。

（1）单击 Workspaces，随后在弹出菜单的底部单击 Create app workspace。此时将在

屏幕右侧显示 Create a workspace 对话框，如图 7.2 所示。

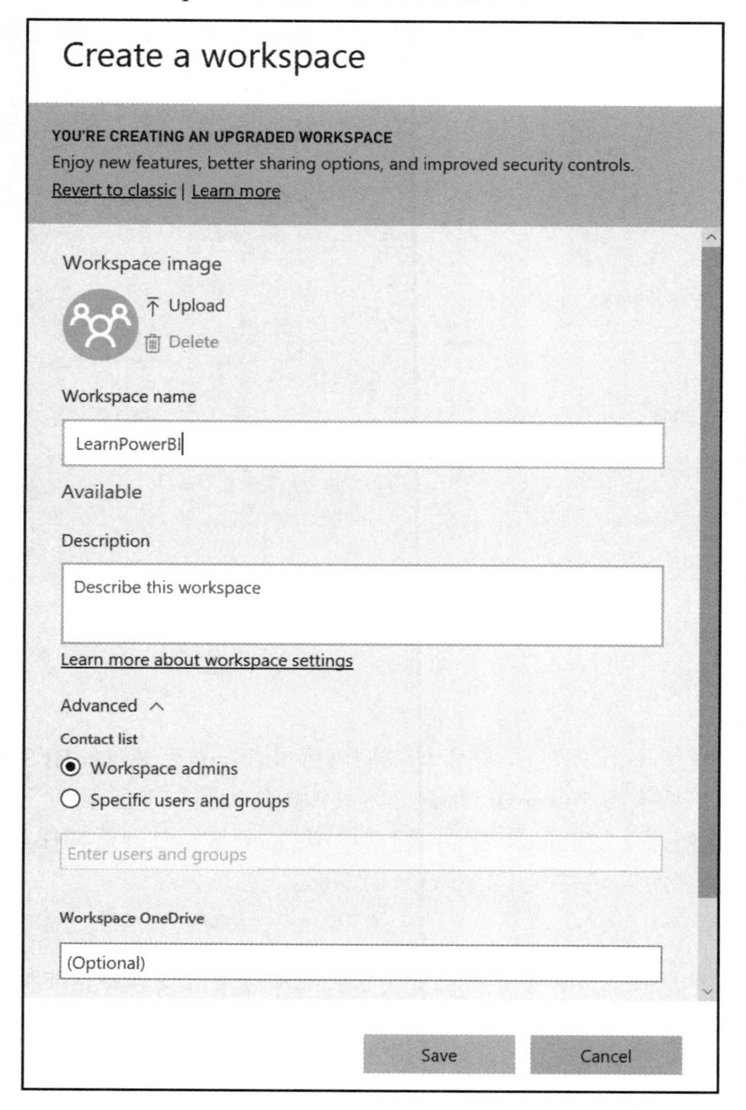

图 7.2　Create a workspace 对话框

（2）输入工作区的名称，如 LearnPowerBI，随后单击 Save 按钮。此时将生成新的工作区且位于工作区的主页面。该主页面显示了与通用 Get Data 页面相同的链接和选项，如图 7.3 所示。

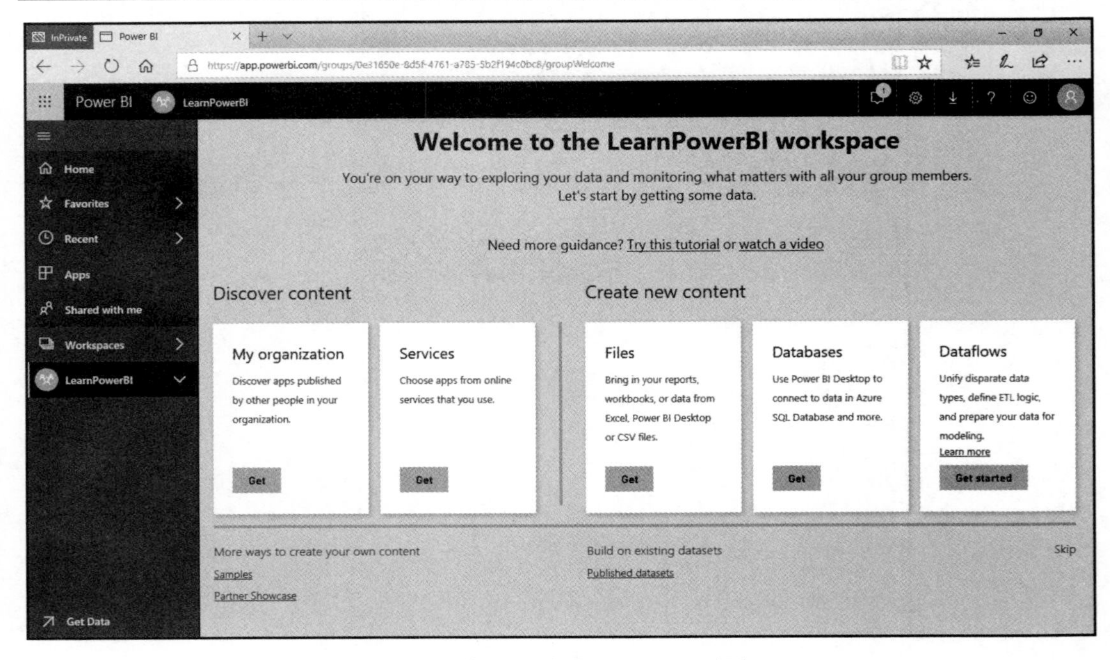

图 7.3　工作区主页面（Get Data 页面）

7.4.2　发布机制

前述内容创建了一个工作区，据此，我们可将报表发布至 Power BI Service 中。当发布一个报表时，可切换回 Power BI Desktop，具体操作步骤如下所示。

（1）选择功能区中的 File 选项卡，随后单击 Open 按钮打开近期保存的报表副本。

（2）访问报表的近期副本并单击 Open 按钮。

提示：

在处理和发布报表之前，可导航至每个报表页面并重置过滤器，即按 Ctrl 键的同时单击每个页面右下角的 Reset 按钮。在执行后续操作之前，可选择初始状态下向用户显示的页面，在当前示例中为 Introduction 页面。向 Power BI Service 发布报表将发布包含任何或所有当前过滤器和切片选项的报表。除此之外，发布时当前所选的页面将变为发布后的报表的默认页面。

（3）再次选择功能区的 File 选项卡并选择 Sign in。对此，可使用现有的工作账户，或者 7.2 节创建的账户注册 Power BI Service。

（4）文件被加载完毕后，再次选择功能区中的 File 选项卡，并依次选择 Publish 和 Publish to Power BI。在出现提示时，单击 Save 按钮保存变化内容。

（5）此时将显示 Publish to Power BI。该对话框显示了 Select a destination 标题下方的全部工作区，如图 7.4 所示。

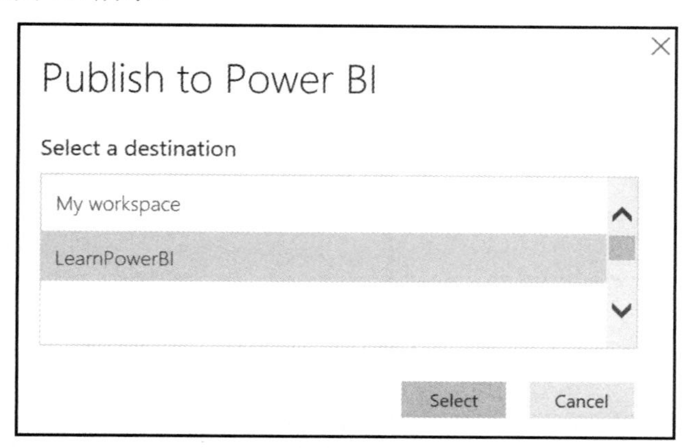

图 7.4　Publish to Power BI 对话框

（6）选择 7.4.1 节中创建的 LearnPowerBI 工作区，随后单击 Select 按钮。

（7）图 7.5 显示了 Publishing to Power BI 对话框。

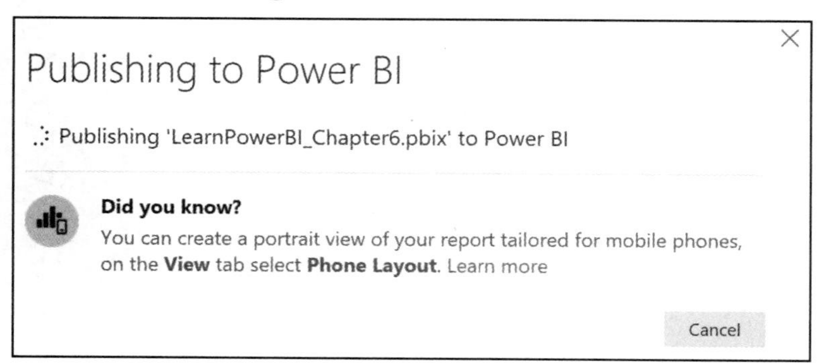

图 7.5　处理中的 Publishing to Power BI 对话框

（8）一旦发布完成，Publishing to Power BI 对话框内容就会发生变化并显示成功或失败信息，如图 7.6 所示。

（9）在获取 Success!消息后，单击 Success!消息下方的 Open...链接。单击该链接将打开一个浏览器窗口或选项卡，以在 Power BI Service 中打开报表。并提示用户登录 Power BI Service，如图 7.7 所示。

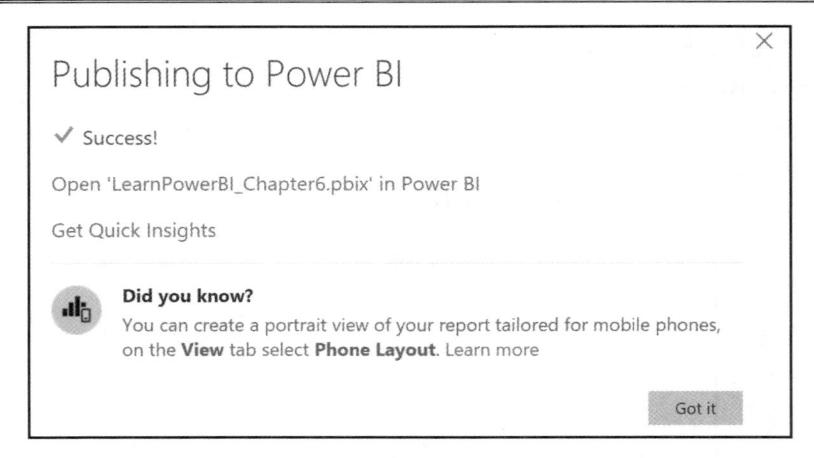

图 7.6　发布完成后 Publishing to Power BI 对话框的状态

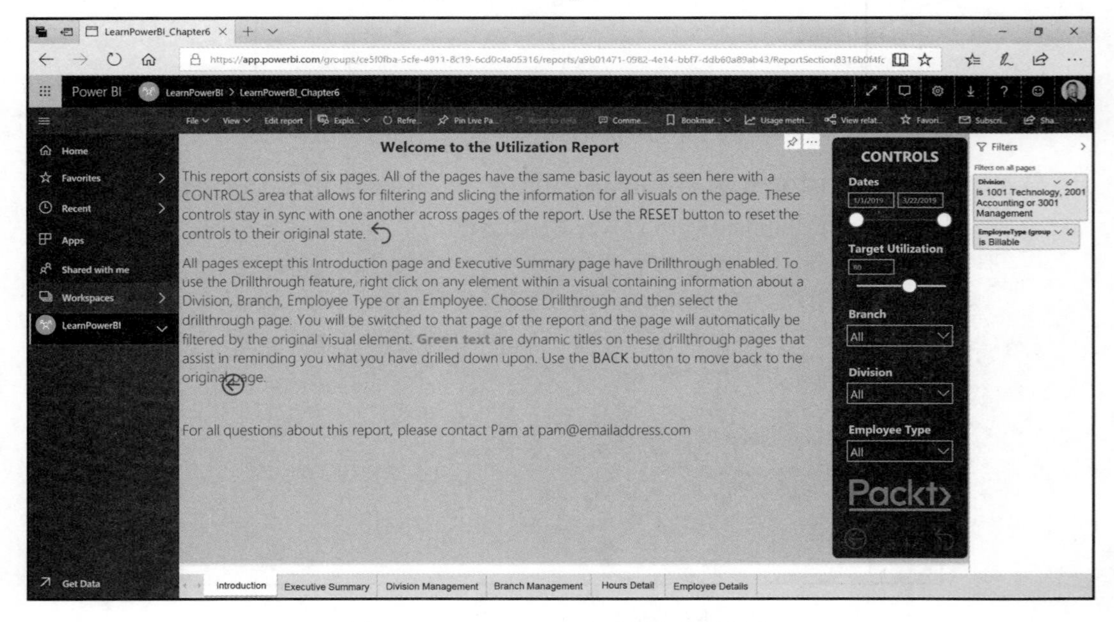

图 7.7　Power BI Service 中发布后的报表

Power BI Service 中发布后的报表的外观和操作与 Power BI Desktop 中类似，包括全部的切片、过滤器、按钮、书签和其他特性。在某些时候，一些可视化元素的显示可能会有所细微的差异，如图 7.7 所示文本区域中的回退按钮图标（圆形包围的左箭头）。

可以看到，默认状态下，FILTERS 面板处于显示状态；但是，在报表的默认显示视图中，VISUALIZATIONS 和 FIELDS 面板在 Power BI Service 中并不显示。

单击报表的每个页面以确保每个页面看起来都是正确的。此外，读者还可考查 6.4.1 节，并尝试在 Power BI Service 中使用发布后的报表。

当报表从 Power BI Desktop 发布至 Power BI Service 后，将在 Power BI Service 中创建多个对象。为了进一步理解这一行为，单击 LearnPowerBI 工作区的 V 形下拉箭头，进而展开 Navigation Pane 的这一部分内容。

当前屏幕状态如图 7.8 所示。

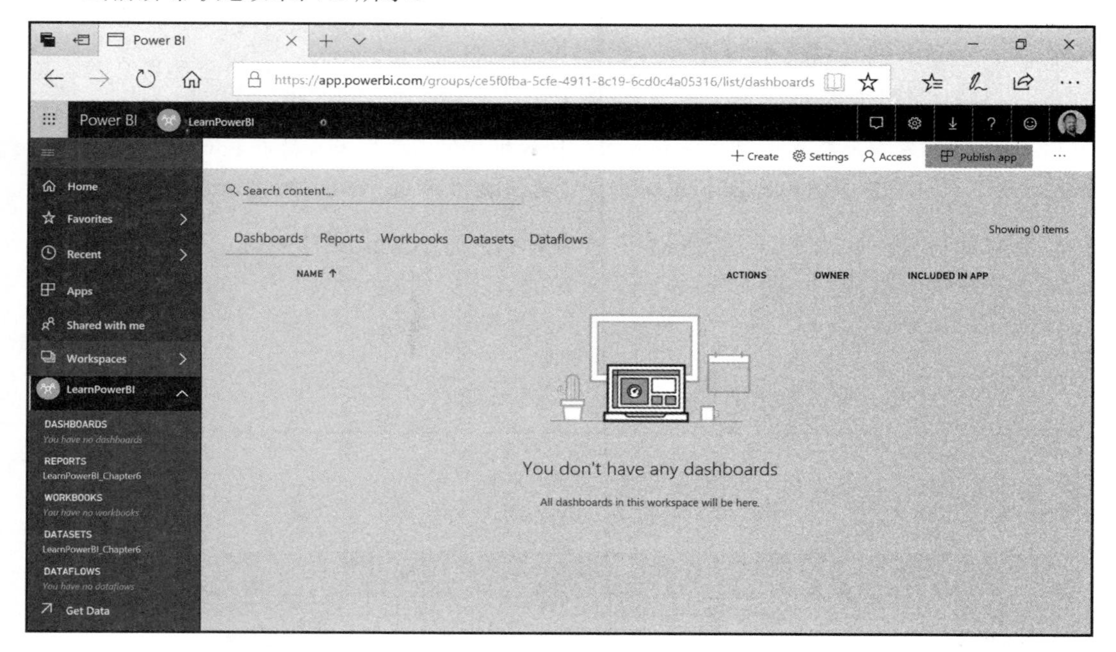

图 7.8　工作区的子部分内容

可以看到，工作区中包含了 5 个子部分内容。

- DASHBOARDS。
- REPORTS。
- WORKBOOKS。
- DATASETS。
- DATAFLOWS。

稍后将对上述元素加以深入讨论。当前可以看到，发布至工作区的 Power BI Desktop 文件名显示于 REPORTS 和 DATASETS 下方。在发布过程中，Power BI 使用报表中的底层数据模型，并作为数据集对其进行发布。报表页面作为 REPORTS 下的一个独立对象被发布，此类报表页面将被链接至这一发布后的数据集中。当创建 Power BI Service 中额外的独立报表时，将报表页面作为独立的链接对象发布则可复用数据集。第 8 章将对此加以讨论。

7.4.3　共享机制

在报表发布完毕后，下一步是与组织机构中的其他用户共享工作成果。

提示：

共享机制是 Power BI Pro 授权特性，这意味着，可查看共享报表的全部用户必须持有 Power BI Pro 证书查看共享报表，除非组织机构使用 Power BI Premium。当使用 Power BI Premium 时，发布至 Power BI Premium 工作区的报表仅需要发布者持有 Power BI Pro 证书。报表的共享用户仅需要 Power BI Free 证书即可查看发布至 Power BI Premium 工作区的报表。

当查看 Power BI Service 中的报表时可以看到，与 Power BI Desktop 功能区类似的可视化元素也存在于 Power BI Service 中。该功能区可访问 Power BI Service 中特定于报表的公共特性和操作。

当与其他人共享报表时，可执行下列步骤。

（1）在功能区中，单击右侧的 Share 链接，如图 7.9 所示。

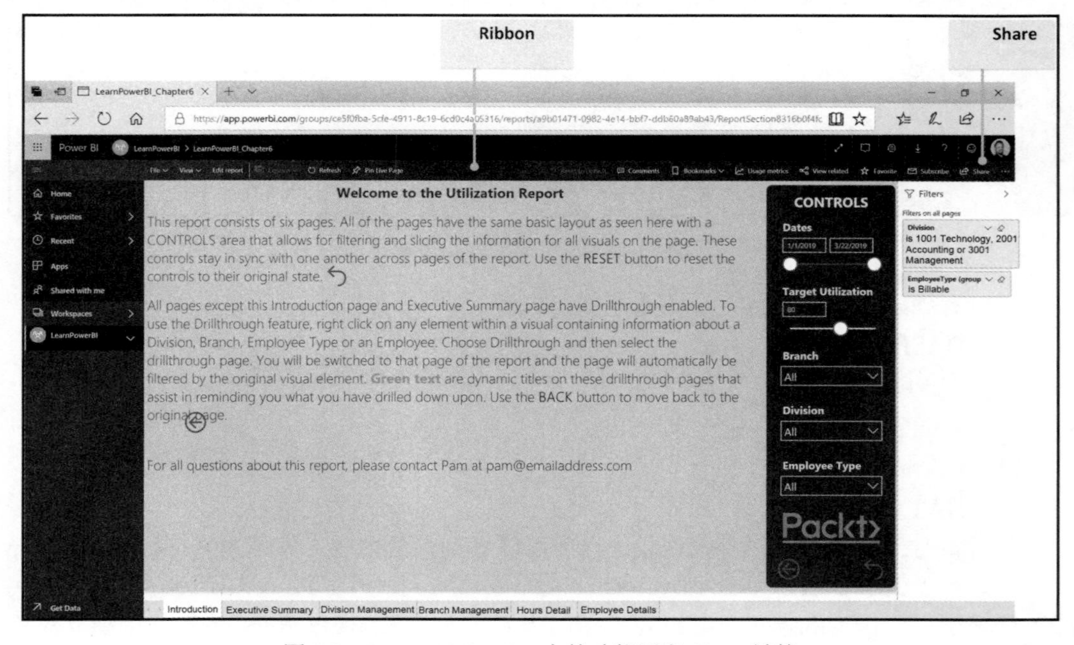

图 7.9　Power BI Service 中的功能区和 Share 链接

（2）此时将显示 Share report 对话框，如图 7.10 所示。

图 7.10　Power BI Service 中的 Share report 对话框

（3）在 Grant access to 框中，输入分享对应报表的电子邮件地址，这些电子邮件地址可以是 Power BI/Office 365 用户的内部电子邮件地址，也可以是外部电子邮件地址，如@gmail.com 和@outlook.com 地址。此外，此类电子邮件地址也可以是 Azure AD 中分组的电子邮件地址。对于外部电子邮件地址，此时将显示一条警告消息，表明当前报表与组织机构外部用户共享。如果要与外部用户共享电子邮件地址，则这一类用户将需要持有 Office 365/Azure AD 登录名以及 Power BI Pro 证书才能查看对应报表。最后，Azure AD 组也可被分配，这一点与个人电子邮件地址保持一致。

（4）作为可选项，当共享报表时，可使用 Include an optional message 字段以在用户接收的通知一侧包含一条个性化消息。

（5）作为可选项，可调整对话框的复选框，这些复选框如下所示。

- Allow recipients to share your report：默认状态下，共享报表的用户也可与其他用户共享报表。为防止这种情况发生，可取消选中该复选框。
- Allow users to build new content using the underlying datasets：默认状态下，用户

可针对报表使用底层数据集进而构建新的报表，而取消选中该复选框可移除这一项功能。

- Send email notification to recipients：默认状态下，电子邮件将被发送至已共享报表的用户，此类用户接收的电子邮件如图 7.11 所示。如果决定取消选中该复选框，那么用户将不会接收电子邮件。然而，通常可使用 Share 报表对话框底部的 Report 链接向当前用户发送邮件。

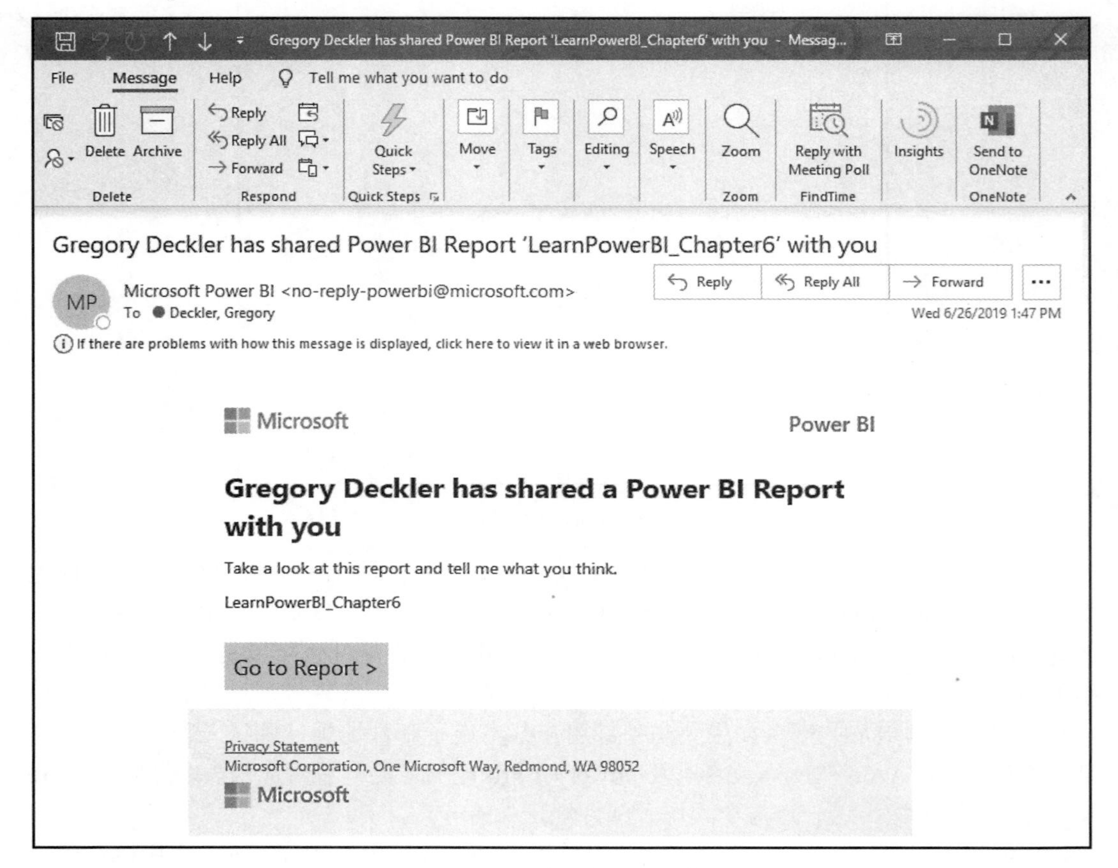

图 7.11　共享一个通知邮件

- Share report with current filters and slicers：如果过滤器和切片在发布报表后已被调整，那么将显示该复选框。默认状态下，报表将与最初发布的过滤器和切片设置共享。如果希望与当前过滤器和切片设置共享报表，则可选中该复选框。

一旦将报表与某位用户共享，该报表就会在单击 Navigation pane 中的 Shared with me

链接时予以显示，如图 7.12 所示。

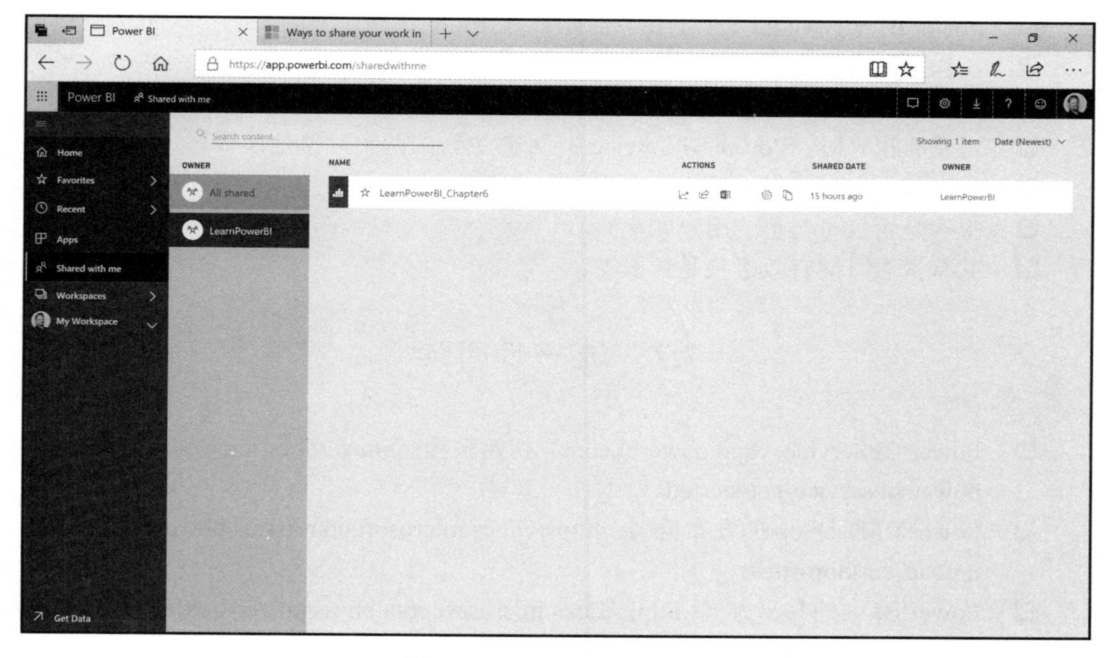

图 7.12　Shared with me 界面

7.5　本 章 小 结

本章主要介绍了 Power BI Service。首先，我们学习了获取 Power BI 账户的多种方法，随后考查了 Power BI Service 中的界面元素。接下来，本章讨论了如何创建工作区和仪表板，以及 Power BI Desktop 文件发布至 Power BI Service 时的各项操作。当发布完毕后，我们考查了如何与组织机构内和组织机构外的其他个人和分组共享报表。

第 8 章将讨论 Power BI Service 中的各项操作，包括报表的查看、导出、嵌入、编辑和创建。

7.6　进一步思考

下列问题供读者进一步思考。

- 获取 Power BI 账户的两种方法是什么？
- Power BI Service 的 3 个主要界面元素是什么？
- 工作区的含义是什么？为什么要使用工作区？
- 尝试发布 Power BI Desktop 或 Power BI Service 中的报表。
- 当发布报表时，Power BI Service 中创建/更新的两个对象是什么？
- 报表是否仅可与组织机构的内部用户共享？
- 报表是否仅可与单一用户共享？
- 共享报表时的有效选项是什么？

7.7　进一步阅读

- Power BI Service（app.powerbi.com）初始教程：https://docs.microsoft.com/en-us/power-bi/service-get-started。
- Power BI Desktop 的发布机制：https://docs.microsoft.com/en-us/power-bi/desktop-upload-desktop-files。
- Power BI 中的共享方式：https://docs.microsoft.com/en-us/power-bi/service-how-to-collaborate-distribute-dashboards-reports。
- Power BI 中新工作区中的组织方法：https://docs.microsoft.com/en-us/power-bi/service-new-workspaces#roles-in-the-new-workspaces。

第 8 章　在 Power BI Service 中使用报表

在第 7 章中，我们向服务发布了一个报表，并讨论了 Power BI Service 中基本的操作方式，其中涉及许多较为重要的特性。与单独使用 Power BI Desktop 相比，Power BI Service 包含了自身的特性扩展集，并可向 Power BI 中添加各种功能。理解这些特性和功能可使我们进一步挖掘 Power BI 的价值，如报表在 Power BI Service 中的应用方式。本章将考查在 Power BI Service 中使用报表时的各种特性，包括报表上的协作方式、接收规则的更新结果、使用书签等。

为了进一步理解 Power BI Service 中报表的全部功能，本章主要涉及以下主题。

- 查看报表。
- 导出报表。
- 嵌入报表。
- 编辑和创建报表。

8.1 技术需求

具体需求条件如下所示。

- 连接至互联网。
- Office 365 账户或 Power BI 试用版。
- 操作环境：Windows 10、Windows 7、Windows 8、Windows 8.1、Windows Server 2008 R2、Windows Server 2012 或 Windows Server 2012 R2。
- 访问 GitHub 下载 LearnPowerBI.zip 文件，对应网址为 https://github.com/gdeckler/LearnPowerBI/tree/master/Ch8。解压 LearnPowerBI.pbix 文件，并参考第 7 章发布报表。

8.2 查看报表

当查看报表时，Power BI 中的报表界面提供了许多有用的功能。其中，某些功能与 Power BI Desktop 中的特性较为类似，而其他内容则是 Power BI Service 中一些独有的特性。相应地，通过报表上方的 Ribbon 栏可访问 Power BI Service 中的报表功能。

8.2.1　尺寸

功能区中 View 菜单下方列出了诸多选项，并可控制相对于浏览器窗口的报表尺寸，其中涵盖了下列内容。

- Fit to page：使报表适用于页面的整体宽度和高度。
- Fit to width：使报表适用于页面的宽度，但不包括高度。
- Actual size：以实际尺寸显示报表，而不考虑浏览器窗口的宽度和高度。

8.2.2　颜色

当采用高对比度颜色查看报表时，功能区中的 View 菜单还包含了许多选项，如下所示。

- None：利用原始颜色显示报表。
- High contrast #1：利用荧光黄色字体和强调色在黑色背景上显示报表。
- High contrast #2：利用荧光绿色字体和强调色在黑色背景上显示报表。
- High contrast black：利用白色字体和强调色在黑色背景上显示报表。
- High contrast white：利用黑色字体和强调色在白色背景上显示报表。

8.2.3　注释

授权个人用户可注释报表以及个人可视化项。当注释报表或查看全部报表和可视化注释时，可执行下列步骤。

（1）单击功能区中的 Comment 按钮，随后在页面右侧显示 Comments 面板，如图 8.1 所示。

注释中涵盖了多个页面，对此，使用 Previous 和 Next 按钮可在多个注释页面间进行浏览。

（2）当发布新的评论时，可在 Previous 和 Next 按钮下方区域中单击，输入注释内容后单击 Post 按钮。此时，注释将直接显示于 Post 按钮下方（通常按照时间顺序显示）。

单击注释左下角的 Reply 链接可回复注释（评论）。另外，还可将鼠标悬停于注释或回复上，并单击右上角的垃圾桶图标，进而删除注释或回复。

除此之外，还可在各自的可视化项上进行注释。对此，可执行下列步骤。

（1）鼠标悬停于页面上的可视化内容上。

（2）单击可视化右上角的省略号（...）菜单。

（3）选择 Add a comment，如图 8.2 所示。

图 8.1　Power BI Service 中的 Comments 面板

图 8.2　向可视化中添加注释

选择 Add a comment 选项还将显示 Comments 面板（如果尚未显示）；然而，仅个体可视化项的注释显示于 Comments 面板中。除此之外，该可视化项还包含了聚光灯效果，以突出显示提供注释的可视化项。当查看所有的注释时，单击特定可视化项的某个注释将高亮显示报表中的该可视化项。

提示：

可在注释中使用@符号，随后填写某人的名称或电子邮件地址。这将标记注释以引起特定用户的注意，并向该用户发送一封 Power BI Service 中的电子邮件消息。

（4）当关闭 Comments 面板时，可单击面板下方的 Close 按钮，或单击功能区中的 Comments。

8.2.4　书签和持久化过滤器

Power BI Service 提供了书签的扩展功能。除了 Power BI Desktop 中报表作者创建的书签之外，Power BI Service 中的用户也可创建自己的个人书签。实际上，Power BI Service 包含了 3 种类型的书签，如下所示。

- 报表书签。
- 个人书签。
- 持久化过滤器。

1. 报表书签

类似于 Power BI Desktop，Power BI Service 包含了一个 BOOKMARKS 面板，该面板可显示于 FILTERS 面板的右侧。另外，该面板可通过以下两种方式之一进行激活。

- 依次单击功能区中的 View 菜单选项和 Bookmarks pane 选项。
- 依次单击功能区中的 Bookmarks 和 Other bookmarks，如图 8.3 所示。

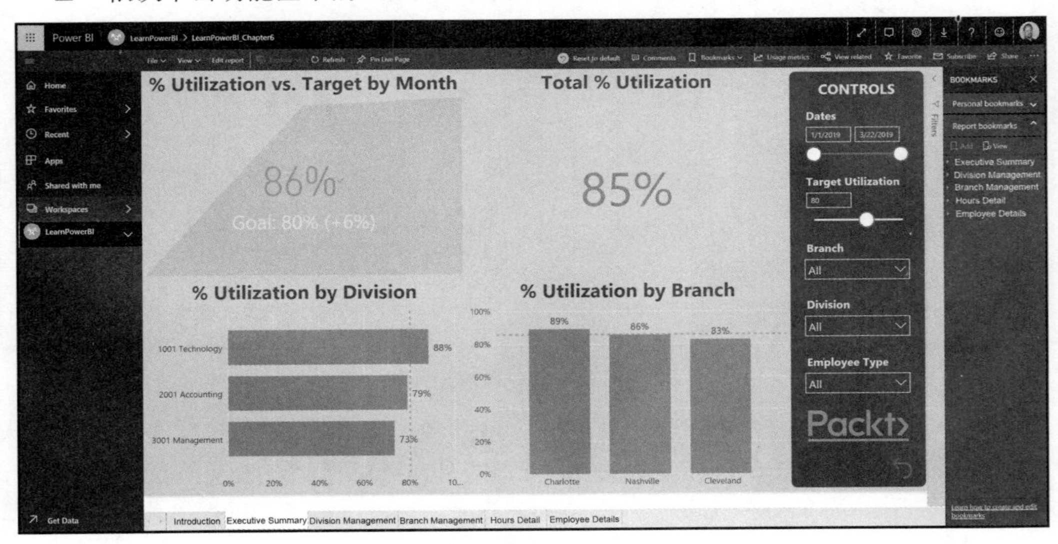

图 8.3　功能区中的 BOOKMARKS 面板

上述BOOKMARKS面板可在Report bookmarks标题下方显示报表作者创建的任何书签，此类书签的操作方式与 Power BI Desktop 类似。

2. 个人书签

个人书签是由报表查看者创建的书签，而非报表作者。个人书签可通过下列方式创建。

（1）当添加个人书签时，可扩展 BOOKMARKS 面板的 Personal bookmarks 部分并选择 Add；或者依次单击功能区中的 Bookmarks 和 Add a personal bookmark。图 8.4 显示了这两种方法。

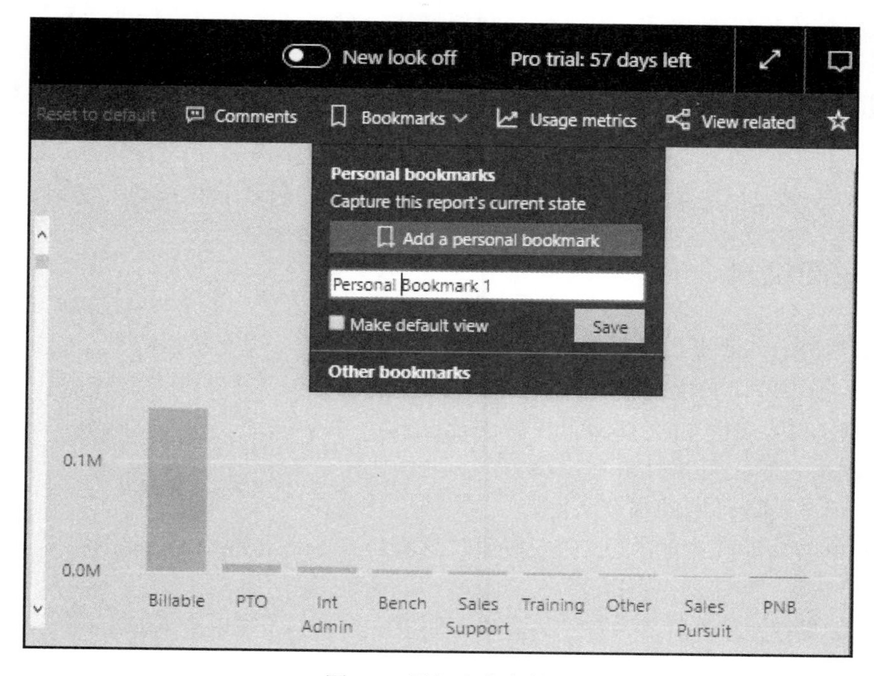

图 8.4　添加个人书签

针对标签的命名机制，上述两种方法提供了相同的选项。

（2）当名称输入完毕后，单击 Save 按钮保存个人书签。

（3）此外，当查看报表时，如果希望个人书签被设置为默认视图，可在保存书签之前选中 Make default view 复选框。

（4）保存完毕后，个人书签将显示于功能区的 Personal bookmarks 部分中，与单击功能区中的 Bookmarks 时一样。

3. 持久化过滤器

持久化过滤器采用了书签的底层技术，并自动保存报表的状态。这意味着，用户可与报表进行交互，调整后的设置项将自动保存，以供下一次返回并查看报表时使用。相应的设置项如下所示。

- 过滤器设置。
- 切片选项。
- 排序选项。
- 钻取位置。

当使用持久化过滤器时，无须执行任何操作。每次调整之前的任何设置项时，报表的当前状态将自动被保存。当清除所调整的设置项并返回至最初的报表状态时，可简单地单击功能区中的 Reset to default 选项。

提示：

将个人书签标记为 Make default view 将覆盖该报表的持久化过滤器的功能。

8.2.5 订阅机制

Power BI Service 提供了报表的订阅功能。这意味着，用户将接收到一封电子邮件，其中包含了报表特定页面的图片，以及在浏览器或移动应用程序中打开报表的链接。此类电子邮件的接收频率可在订阅报表时进行设置。

当订阅报表时，可执行下列步骤。

（1）单击希望订阅的报表页面。

（2）单击功能区中的 Subscribe 按钮，这将打开 Subscribe to emails 面板，如图 8.5 所示。

（3）如果存在现有订阅，订阅内容将在面板中列出。通过单击 Add another subscription 栏，还可添加额外的订阅。

（4）当添加一项订阅时，Power BI Service 将设置大量的默认设置项。如果这些设置项可接受，则可简单地单击面板下方的 Save 和 Close 按钮；否则，可在必要时修改设置项，如下所示。

- Name：该字段位于 Run now 按钮左侧，表示为订阅名。
- Subscribe：对于使用行级安全（RLS）或包含 Analysis Services 实时连接的报表，该字段将不予显示；否则，该字段允许用户输入电子邮件地址，进而向自己或其他用户订阅报表。

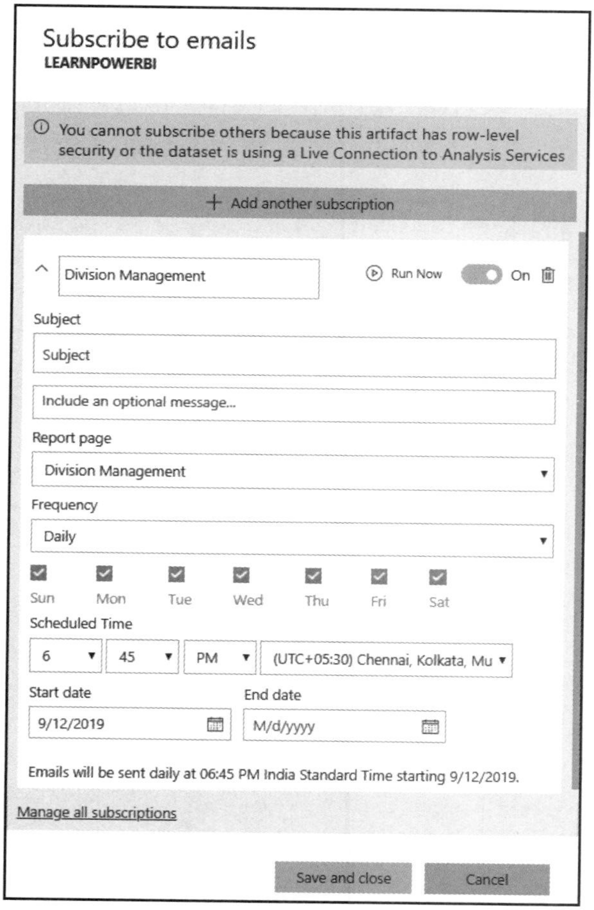

图 8.5　Subscribe to emails 面板

- Subject：表示接收自 Power BI Service 的电子邮件消息的 Subject 字段。如果未提供主题，那么默认的电子邮件主题将采用 Subscription for Report Name (Page Name)这一形式。其中，Report Name 表示报表的名称；Page Name 表示所订阅的报表页面的名称。
- Message：电子邮件中包含的可选的消息。
- Report page：用户订阅的报表名。可以看到，报表订阅与报表页面名绑定。如果报表页面名称发生变化，相应的订阅将不再有效。
- Frequency：频率可表示为 Daily、Weekly 或 After data refresh。其中，Daily 订阅将在每天规定的 Scheduled Time 时发送；Weekly 订阅则允许用户选择接收订阅

电子邮件的日期；After data refresh 仅在报表数据刷新后即刻发送一封订阅电子邮件，且每天不超过 1 次。

- Scheduled Time：表示订阅邮件发送的时间。订阅邮件将在该时刻的 15 分钟内被发送。另外，当 Frequency 已被设置为 After data refresh 时，对该字段将不予以显示。
- Start date 和 End date：Start date 表示订阅激活的时间，且默认为当天。使用 End date 将自动终止订阅；将 End date 留空则表示订阅将无限期地持续下去。

对特定的报表订阅可在 Subscriptions 面板中加以管理，其中包括调整订阅设置项、开启/关闭订阅、即刻执行订阅，或删除订阅。在 Subscriptions 面板底部则是一个 Manage all subscriptions 链接，该链接将导航至某个页面，其中列出了所创建的全部订阅内容，同时还可用于管理订阅内容。

8.2.6 其他功能

Power BI Service 的报表功能区中还包含了其他功能，如下所示。

- Explore：当可视化项在报表中被选中时，该选项将处于激活状态，同时还提供了在可视化项中使用 drillthrough 特性的界面。
- Refresh：这将刷新基于数据模型的报表可视化内容。需要着重理解的是，这一过程并不会从源数据中刷新数据模型中的数据。
- Usage metrics：这将打开一个报表，并显示访问当前报表的用户数量，包括全部的报表视图、所有的查看者、用户视图、每天的视图以及每天唯一的查看者。
- View related：显示关联的仪表板，以及与报表关联的数据集。
- Favorite：将报表添加至 Navigation 面板中的 Favorite 中。
- Generate QR Code：当访问省略号（...）菜单时，这将生成一个 QR 码，该 QR 码可供下载，并与拥有访问权限的用户共享报表。
- Analyze in Excel：该链接将生成一个 Open Data Connection（ODC）文件，并可在 Excel 中被打开。相应地，这将通过 Microsoft Analysis Service 的 OLE DB Provider 创建一个存储于 Power BI 中的数据集的活动链接，这些数据可在 Excel 中被用于创建数据透视表报表。

8.3 导出报表

报表可导出为不同格式，也可复制或输出至 PowerPoint、PDF，甚至是 PBIX 文件中。

相关选项位于功能区的 File 菜单下，如图 8.6 所示。

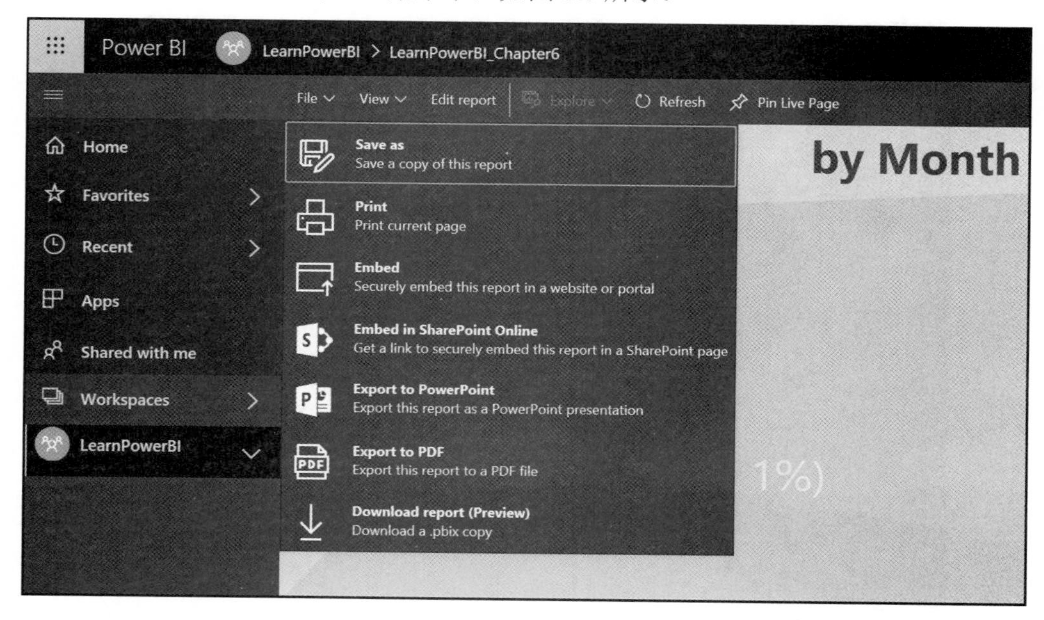

图 8.6 File 菜单

8.3.1 复制

单击 Save As 将弹出 Save your report 对话框，随后可输入新的报表名称，如图 8.7 所示。

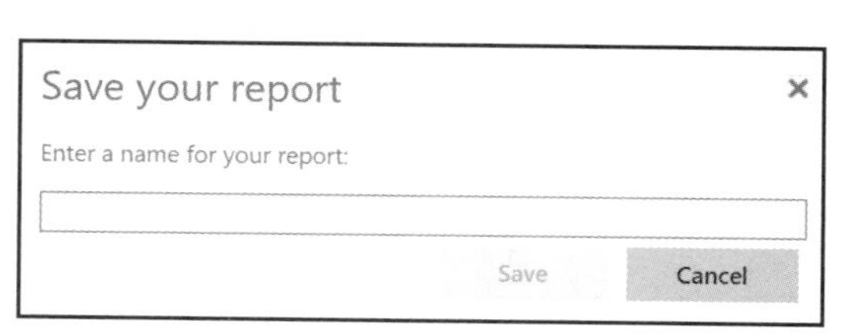

图 8.7 Save your report 对话框

单击 Save 按钮后，报表将在当前工作区内新的名称下被保存。

8.3.2 打印

Power BI Service（而非 Power BI Desktop）支持打印功能。单击打印按钮将弹出一个打印对话框，进而可在本地打印机上打印报表。图 8.8 显示了打印对话框。

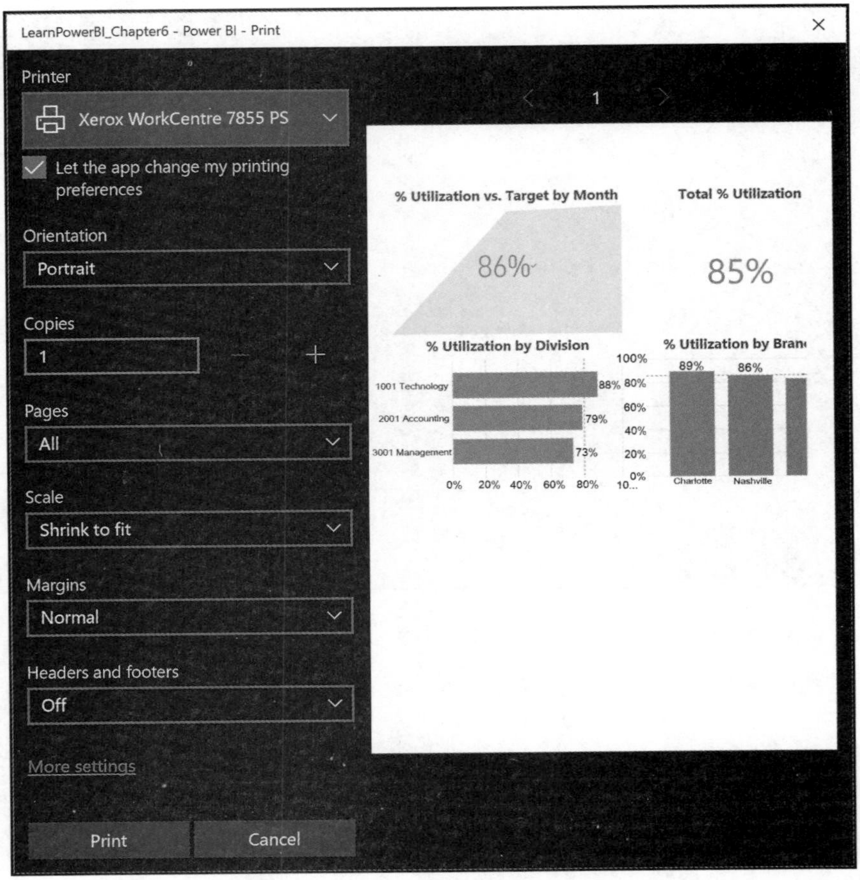

图 8.8　打印对话框

提示：

确保将 Orientation 切换至 Landscape，并最大化报表尺寸，以免可视化内容被页面所剪裁。

8.3.3　导出至 PowerPoint 中

Export to PowerPoint 选项用于将全部报表页面导出至 PowerPoint 文件中。下列步骤将报表或部分报表导出至 PowerPoint 中。

（1）单击 Export to PowerPoint 选项，随后显示 Export 对话框，如图 8.9 所示。

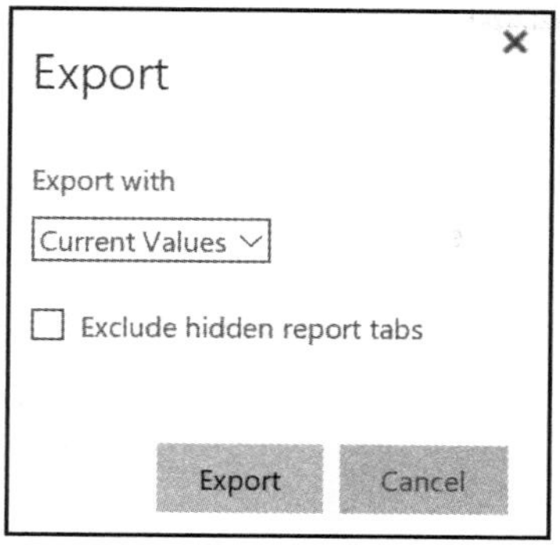

Export
Export with
Current Values
Exclude hidden report tabs
Export　Cancel

图 8.9　Power BI Service 中的 Export 对话框

（2）使用 Export with 下拉菜单导出包含报表当前值（过滤器和切片）或报表默认值的报表。

（3）若不打算包含隐藏的报表选项卡，可取消选中 Exclude hidden report tabs 复选框。

（4）单击 Export 按钮生成一个 PowerPoint 文件。

8.3.4　导出至 PDF 中

Export to PDF 选项用于将全部报表页面导出至 PDF 文件中。对此，单击 Export to PDF 选项将显示与 Export to PowerPoint 选项相同的 Export 对话框。

8.3.5　下载报表

Download report 菜单选项将创建可从 Power BI Service 中下载的 PBIX 文件。

8.4　嵌入报表

嵌入机制可使报表插入站点中，以便仅显示报表画布区域，且不显示报表功能区，或其他 Power BI Service。嵌入报表可以通过下列三种不同方式完成。

- 安全的嵌入代码。
- SharePoint Online。
- 发布至 Web。

8.4.1 安全的嵌入代码

安全的嵌入代码需要得到 Power BI Service 授权，以便显示报表。所有报表的安全性（如 RLS）都在嵌入的报表中执行。

提示：

创建安全的嵌入代码并不会向代码授予权限。报表的权限需要通过 Share 功能单独设置。这意味着，使用嵌入代码的报表查看者必须持有 Power BI Pro 证书，或者报表需要发布至 Power BI Premium 工作区中。

单击 Embed 链接将弹出 Secure embed code 对话框，如图 8.10 所示。

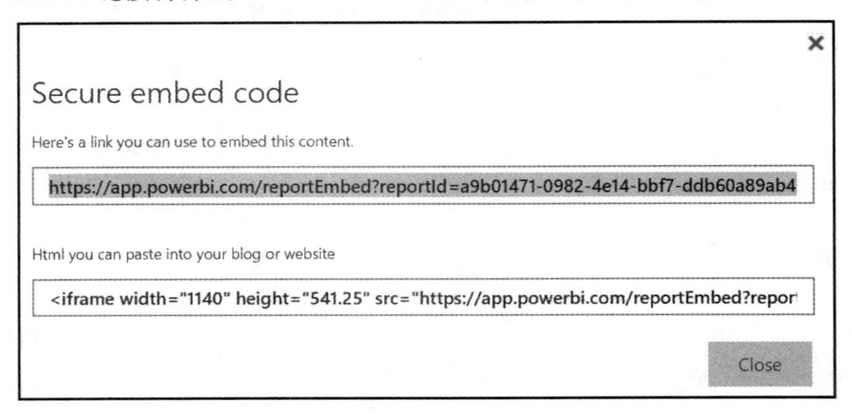

图 8.10　Secure embed code 对话框

相应地，存在两种类型的嵌入代码，即原始嵌入代码（图 8.10 中的上方代码）和 HTML 嵌入代码（图 8.10 中的下方代码）。其中，原始嵌入代码简单地表示为报表的安全链接，该链接可用于任何站点或门户，并通过此类链接提供嵌入功能。另外，此类链接还可用作报表的直接链接。例如，图 8.10 中显示的上方链接即可直接粘贴至浏览器的 URL 栏中。

HTML 嵌入代码表示为一个 IFRAME HTML 片段，IFRAME 是用于在 Web 页面中包含来自其他网站内容的 HTML 标记。因此，当使用 HTML 嵌入代码时，必须将 HTML 片段粘贴至 Web 页面的 HTML 代码中。

提示：

当使用 HTML 嵌入代码片段时，可能需要调整片段的宽度和高度参数，以便在站点中正确地显示报表。

1. 使用嵌入代码的 URL 参数

上述两种类型的嵌入代码均可使用特定的URL参数，进而控制嵌入报表的显示结果。这一类参数包含在URL的查询字符串部分中。

URL 的查询字符串是 URL 的部分内容，且位于问号（？）之后，如下列代码所示。

```
https://app.powerbi.com/reportEmbed?reportId=a9b01471-0982-4e14-bbf7-
ddb60a89ab43&autoAuth=true&ctid=4a042743-373a-43d2-827b-003f4c7ba1e5
```

&符号可用于分隔参数，进而可使用多个查询字符串参数。例如，上述 URL 包含了 3 个独立的查询字符串参数，如下所示。

- reportId。
- autoAuth。
- ctid。

除此之外，还存在两个额外的参数可被添加至 URL 的查询字符串中。

- pageName。
- filter。

2. 使用 pageName 参数

当添加 pageName 参数时，可执行下列步骤。

（1）导航至 Power BI Service 中的当前页面，此处应留意浏览器 URL 栏中最后一个/之后的 URL，如下列代码的粗体部分所示。

```
https://app.powerbi.com/groups/ce5f0fba-5cfe-4911-8c19-6cd0c4a05316/
reports/a9b01471-0982-4e14-bbf7-ddb60a89ab43/ReportSectione40aa5b8b28a
3bc92793
```

这表示为 URL 的报表页面名称部分。

（2）当初始加载报表并强制显示特定的页面时，可按照下列方式编辑嵌入代码。

```
https://app.powerbi.com/reportEmbed?reportId=a9b01471-0982-4e14-bbf7-
ddb60a89ab43&autoAuth=true&ctid=4a042743-373a-43d2-827b-003f4c7ba1e5&
pageName=ReportSectione40aa5b8b28a3bc92793
```

3. 使用过滤器参数

filter 参数也可被用于过滤报表的初始显示。相应地，filter 参数涵盖以下格式。

```
filter=Table/Field eq 'Value'
```

当向嵌入代码添加特定的过滤器时（仅显示 1001 Technology 部门），URL 可按照下列方式编辑。

```
https://app.powerbi.com/reportEmbed?reportId=a9b01471-0982-4e14-bbf7-
ddb60a89ab43&autoAuth=true&ctid=4a042743-373a-43d2-827b-003f4c7ba1e5&
pageName=ReportSectione40aa5b8b28a3bc92793&filter=Hours/Division eq '1001
Technology'
```

提示：

参数的 Table 和 Field 部分对于数据模型的名称均为大小写敏感，而 Value 部分则不存在这一问题。

8.4.2 SharePoint Online

类似于 Embed 选项，单击 Embed in SharePoint Online 选项将打开 Embed link for SharePoint 对话框，如图 8.11 所示。

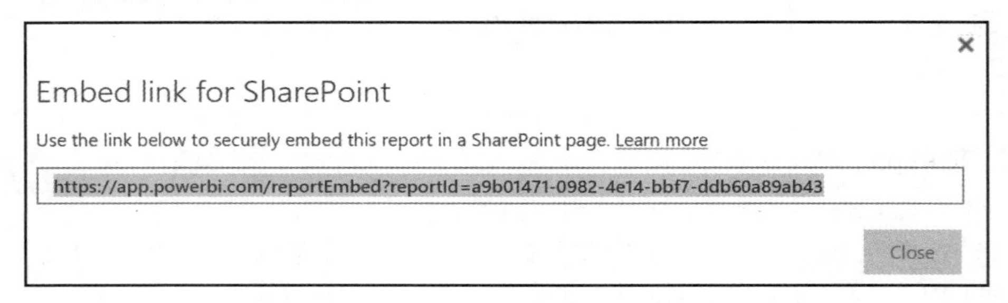

图 8.11　Embed link for SharePoint 对话框

这是一段安全的嵌入代码，专用于 SharePoint Online Power BI 的 Web 部分。与安全嵌入代码一样，该嵌入代码强制执行报表中的授权和安全操作。与前述嵌入代码不同，该嵌入代码并不支持 filter 查询字符串参数。

8.4.3 发布至 Web

Publish to web 选项等同于 Embed 选项，唯一的不同之处在于，此处并未强调安全性问题。这意味着，任何持有嵌入代码或 HTML 片段的用户都可以查看报表，而不受任何安全限制。因此，对于包含 RLS 的报表，Publish to web 选项不可用。

单击 Publish to web 选项将弹出 Embed code 对话框，如图 8.12 所示。

显然，当共享安全内容或敏感信息时，不应使用 Publish to web 选项。Publish to web 选项仅用于全员共享任务。考虑到其间未强调安全问题，因而发送嵌入代码的任何人都可将其转发或与其他人共享该嵌入代码，这些人也可以查看报表。

图 8.12　Publish to web 的 Embed code 对话框

这一特性特别适用于社区内容，如 Power BI Community 网站（community.powerbi.com）。Data Stories Gallery（https://community.powerbi.com/t5/Data-Stories-Gallery/bd-p/DataStoriesGallery）和 Quick Measures Gallery（https://community.powerbi.com/t5/Quick-Measures-Gallery/bd-p/QuickMeasuresGallery）是正确使用 Publish to web 特性的良好示例。

一旦嵌入代码（基于 Publish to web 选项）被创建完毕，任何持有该代码的用户均可访问报表，且无须考虑任何安全问题，包括身份验证。

另外，还可对这一类嵌入代码进行管理，以便对其检索和删除，如下所示。

（1）当访问 Manage embed codes 界面时，单击 Power BI Service 页面 Header 部分中的齿轮图标，并选择 Manage embed codes，如图 8.13 所示。

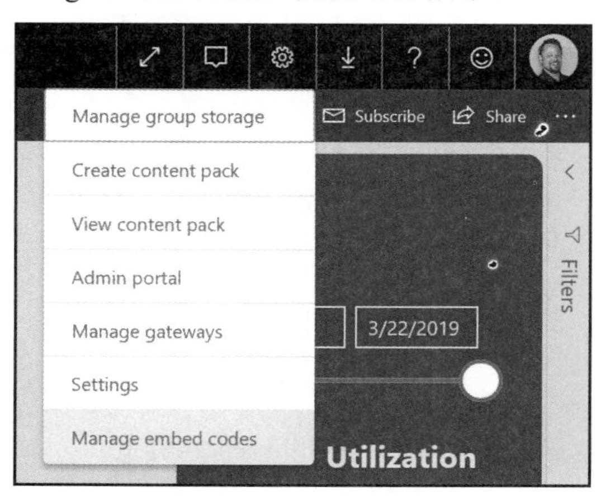

图 8.13　访问 Manage embed codes

（2）此时将显示 Manage embed codes 界面，并针对所生成的全部 Publish to web 嵌入代码包含一个报表列表，如图 8.14 所示。

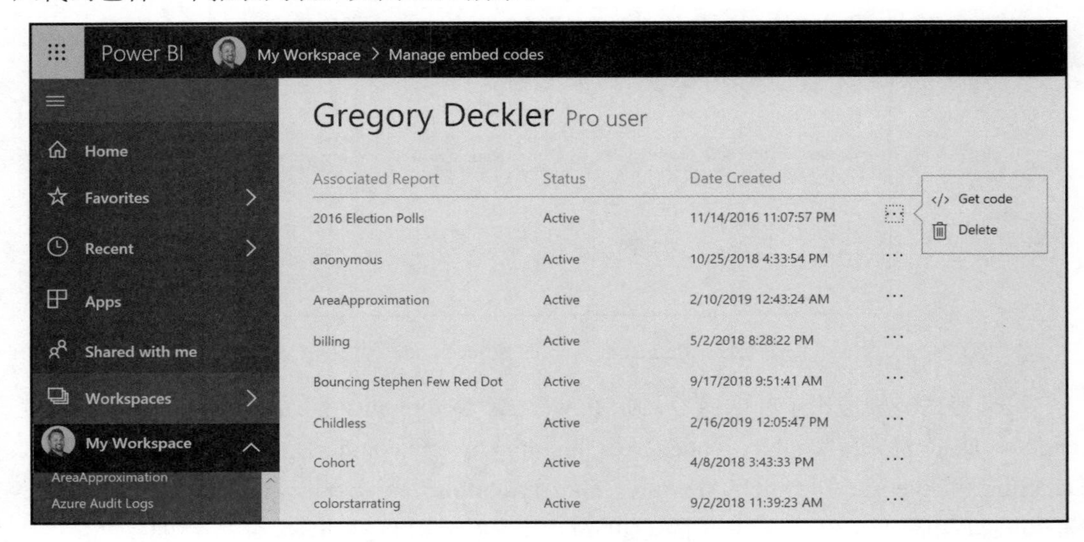

图 8.14　Manage embed codes 界面

（3）在 Manage embed codes 界面中，可检索 Publish to web 嵌入代码，并单击省略号（...）对其进行删除。相应地，当检索 Publish to web 嵌入代码时，可单击 Get code 选项。

（4）当删除 Publish to web 嵌入代码时，可单击 Delete 选项。

8.5　编辑和创建报表

除了向发布自 Power BI Desktop 的报表中添加相关特性和功能之外，Power BI Service 还包含了报表编辑界面，甚至还可在现有数据集上构建全新的报表。报表的编辑和创建取决于基于报表和数据集的用户权限。关于权限问题，读者可参考第 9 章。

8.5.1　编辑报表

当编辑报表时，可执行下列步骤。

（1）当查看报表时，单击功能区中的 Edit report 链接。

（2）此时，报表画布将变为编辑模式，这将改变功能区，以便它可以提供编辑选项。除此之外，它还将激活 VISUALIZATIONS 和 FIELDS 面板，如图 8.15 所示。

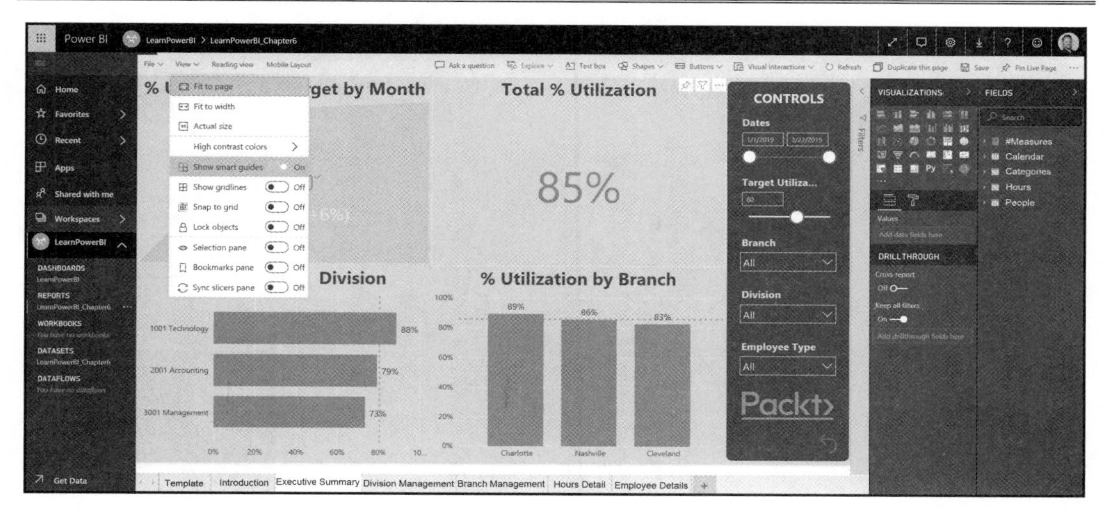

图 8.15 编辑 Power BI Service 中的报表

在编辑模式中，Save 选项被添加至 File 菜单以及功能区的左侧，进而保存修改后的报表。除此之外，View 菜单还提供了与 Power BI Desktop 的 View 选项卡中对应的附加选项。

8.5.2 创建一个移动布局

Mobile Layout 选项可创建针对移动设备优化的报表版本，当使用功能区的 View 选项卡中的 Phone Layout 选项时，这将显示与 Power BI Desktop 相同的界面。现有的报表可视化内容将显示于 VISUALIZATIONS 面板中，同时还可将可视化内容拖曳至移动布局画布中，如图 8.16 所示。

在 Mobile Layout 视图中，可逐页遍历报表并创建每个页面的移动版本。当再次切换回时，可单击功能区中的 Web Layout 链接。

功能区的其余功能和编辑体验与 Power BI Desktop 基本相同。尽管如此，并非所有的 Power BI Desktop 功能均包含于 Power BI Service 中，如无法访问底层数据、数据模型或关系，因而无法创建新的列和度量值。当退出编辑模式时，可单击功能区中的 Reading view。

提示：

当在 Power BI Service 中编辑报表，稍后重新发布至原始的 Power BI Desktop 文件中时，其间将丢失全部修改内容。因此，当在 Power BI Service 中编辑报表时，可使用 File 菜单中的 Download report 选项并替换原始的 PBIX 文件。

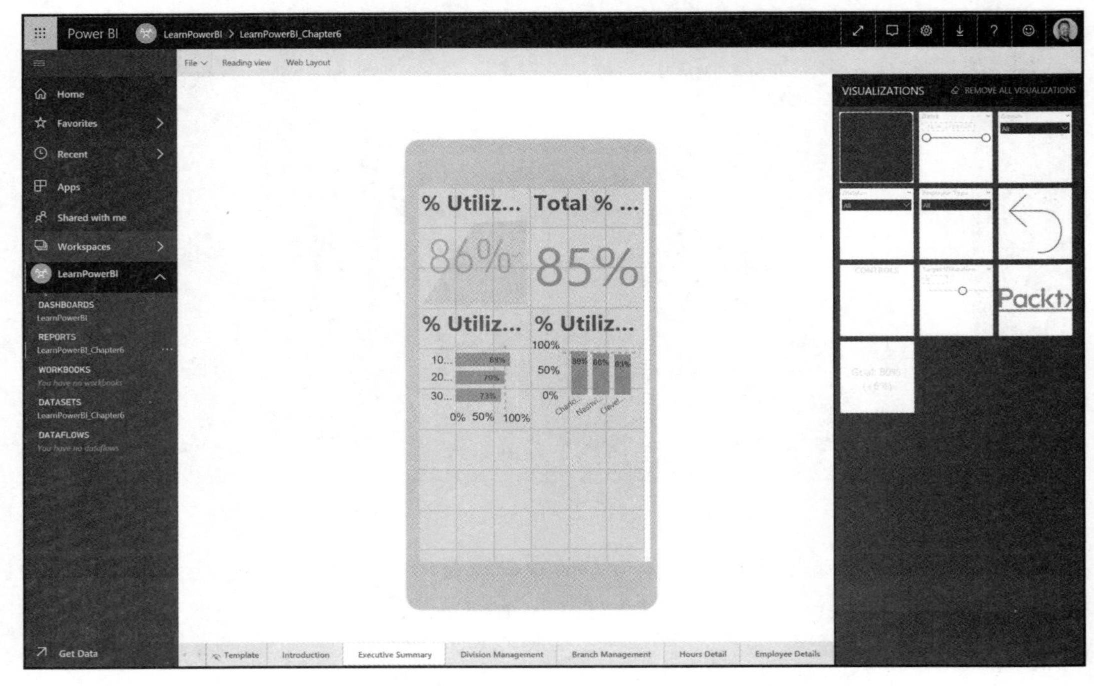

图 8.16　在 Power BI Service 中创建一个移动报表布局

8.5.3　创建报表

Power BI 还可从现有的数据集中创建新的报表，这将弹出一个与编辑报表时基本相同的界面，唯一的差别在于空白的报表画布。当访问该界面时，仅需单击 Navigation 面板中的数据集，单击该数据集，将会显示如图 8.17 所示的界面。

使用图 8.17 所示界面创建新的报表与在 Power BI Desktop 中生成报表类似。类似于在 Power BI Service 中编辑报表，此处无法访问底层数据、数据模型或关系，但是除此之外，具体操作过程并无太多变化。

创建新报表与在 Power BI Desktop 中生成新的 PBIX 文件基本类似，这意味着，此处生成的报表页面与最初发布至 Power BI Service 中的报表页面毫无关联。也就是说，当在 Power BI Service 中创建新报表时，如果使用原始报表中的 Download report 选项，将不会包含所创建的新报表页面。

需要注意的是，原始报表和最新创建的报表均使用了相同的底层数据集，这与 Power BI Desktop 截然不同。对于后者，每个 PBIX 文件包含了自身的数据模型和数据（当未使用活动连接时）。鉴于数据模型可在 Power BI Desktop 中创建并发布至 Power BI Service

中，因而这也使得在 Power BI Service 中创建新报表成为一种强大的特性。随后，Power BI Service 可在相同的底层数据集中创建多个报表。

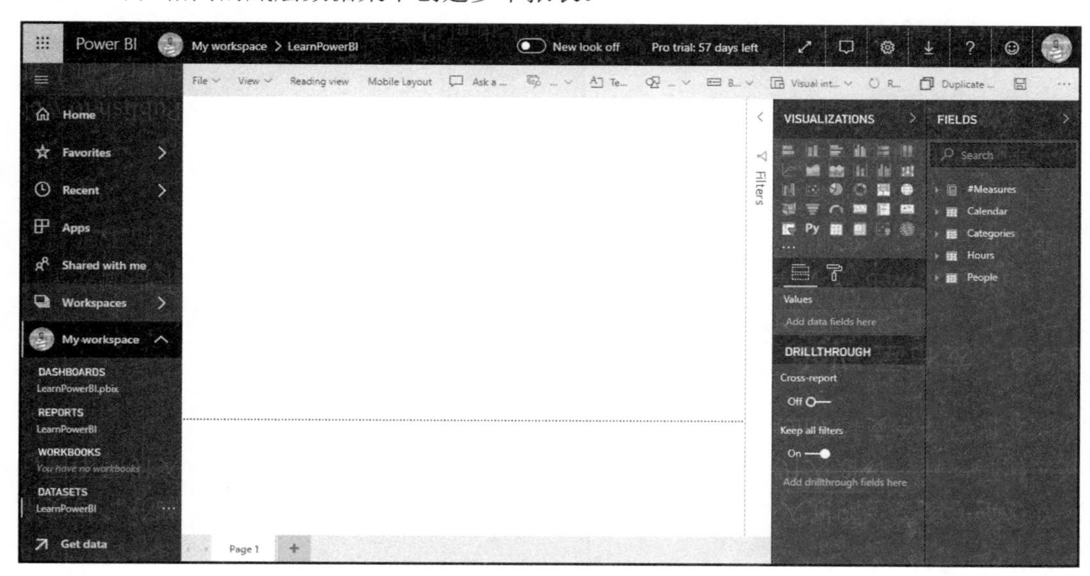

图 8.17　在 Power BI Service 中创建一个新的报表

提示：

考虑使用 Power BI Desktop 创建仅具有一个空白报表页面的底层数据模型，并发布至 Power BI Service 中。随后，使用 Power BI Service 创建实际的报表。相应地，这可将数据模型的发布机制与报表分离，同时允许独立地处理和更新每个报表。

8.6　本 章 小 结

本书讨论了 Power BI Service 中的报表应用。与 Power BI Desktop 中提供的内容相比，Power BI Service 围绕报表扩展了大量功能，包括协作机制、打印和导出机制、嵌入机制，以及新报表的编辑和创建。通过注释（评论）全部报表或个体可视化项，Power BI Service 可使报表作者和查看者之间针对报表展开协作。除此之外，报表用户还可订阅报表，并接收包含当前报表内容的、自动发送的电子邮件。

另外，Power BI Service 还提供了报表的打印功能（Power BI Desktop 中并未涵盖这一功能），并可使报表导出为多种格式，如 PowerPoint 和 PDF。而且，Power BI Service 还可使报表安全地嵌入其他站点和 SharePoint Online 中。最后，我们还可直接在 Power BI

Service 中编辑报表，甚至还可在现有的数据集中创建新的报表。

第 9 章将在报表的基础上考查在 Power BI Service、仪表板和应用程序中创建的新对象。此外，我们还将整体介绍报表、数据集、仪表板和应用程序的安全性。

8.7 进一步思考

下列问题供读者进一步思考。

- 如何在注释中标记另一位用户？
- 报表书签、个人书签和持久化过滤器之间的主要差别是什么？
- 用户可以导出什么格式的 Power BI 报表？
- 报表可被嵌入其他站点中的 3 种不同方式是什么？
- 是否可采用 Publish to Web 特性维护报表的安全性？
- 当使用 Publish to Web 时，如何移除嵌入的链接？
- 关于编辑 Power BI Service 中的报表，最重要的事项是什么？

8.8 进一步阅读

- 在安全的门户或站点中嵌入一个报表：https://docs.microsoft.com/en-us/power-bi/service-embed-secure。
- 采用 URL 中的查询字符串参数过滤报表：https://docs.microsoft.com/en-us/power-bi/service-url-filters。
- 在 SharePoint Online 中嵌入报表的 Web 部分：https://docs.microsoft.com/en-us/power-bi/service-embed-report-spo。
- 从 Power BI 中发布至 Web：https://docs.microsoft.com/en-us/power-bi/service-publish-to-web。
- 在 Power BI Service 中设置持久化过滤器：https://powerbi.microsoft.com/en-us/blog/announcing-persistent-filters-in-the-service/。
- 采用书签共享洞察结果并在 Power BI 中构建故事：https://docs.microsoft.com/en-us/power-bi/desktop-bookmarks。
- 在 Power BI 服务中订阅自己和其他用户的报表和仪表板：https://docs.microsoft.com/en-us/power-bi/service-report-subscribe。

第 9 章 理解仪表板、应用程序和安全性

尽管报表是服务中大多数时候的交互场所，但 Power BI Service 中仍然包含了其他功能强大并可创造一定价值的特性。本章将讨论仪表板和应用程序中的各项功能，进而制订最佳的共享和协作方法。除此之外，我们还将进一步学习 Power BI Service 中的对象，以确保适宜的操作人员可访问数据并与其进行交互。

本章主要涉及以下主题。

- 了解仪表板。
- 了解应用程序。
- 了解安全性和权限。

9.1 技术需求

具体需求条件如下所示。

- 连接至互联网。
- Office 365 账户或 Power BI 试用版。
- 操作环境：Windows 10、Windows 7、Windows 8、Windows 8.1、Windows Server 2008 R2、Windows Server 2012 或 Windows Server 2012 R2。
- 访问 GitHub 下载 LearnPowerBI.zip，对应网址为 https://github.com/gdeckler/LearnPowerBI/tree/master/Ch9。解压 LearnPowerBI.pbix 文件并发布报表（参见第 7 章）。

9.2 了解仪表板

仪表板是单一的页面画布，其中包含了称为磁贴（Tile）的可视化内容。将这一类磁贴也可视为可视化内容，用于固定报表、仪表板、Q&A 显示或其他资源（如快速的洞察结果）。相应地，单一的可视化项或整个报表页面均可被固定。

考虑到仪表板和报表均表示为可视化集合，因而读者可能会对此混淆。二者间最重要的差别在于，报表仅包含基于单一数据集的可视化项；而 Power BI 仪表板则涵盖了多

个不同数据源的可视化内容。除此之外，仪表板还包含了专有特性，如设置警告信息、设置特征化的仪表板、控制导航，以及查看实时数据流。

由于仪表板可包含源自一个或多个报表或多个数据源的信息，因此终端用户可创建全部信息的单一自定义视图。

9.2.1　创建仪表板

当创建简单的仪表板时，可执行下列步骤。

（1）确保可查看 Power BI Service 中的报表，随后单击 Executive Summary 报表页面。

（2）将鼠标悬停于页面上的可视化内容上，可以看到，在可视化内容的左上角将显示多个图标。其中，最右侧图标表示 Pin visual（位于% Utilization vs. Target by Month 可视化上方），如图 9.1 所示。

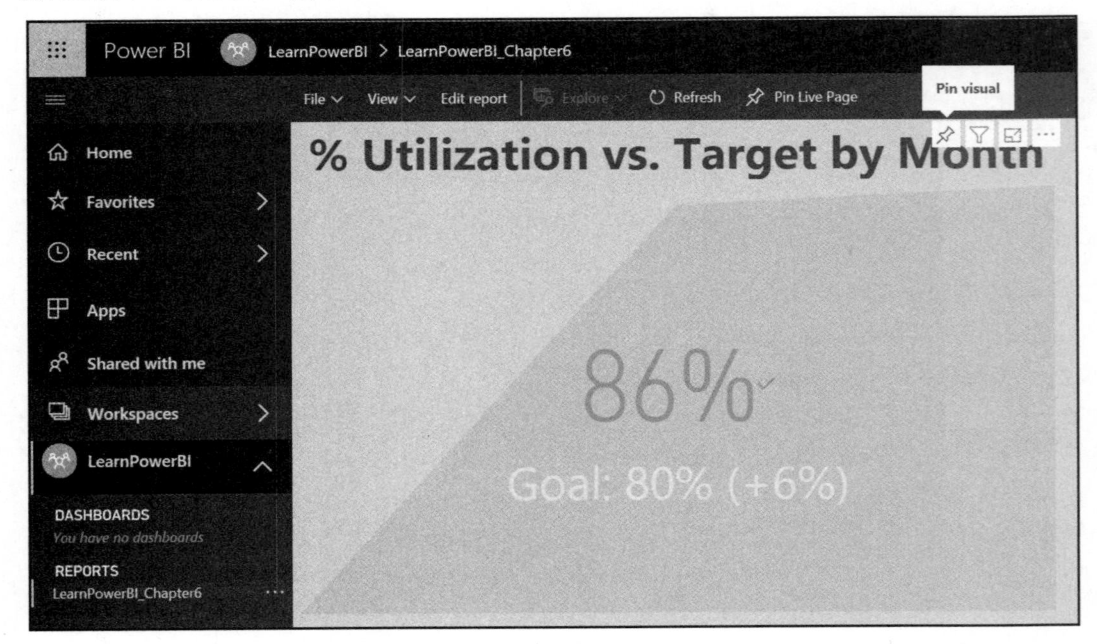

图 9.1　Pin visual 图标

（3）单击 Pin visual 图标，随后将显示 Pin to dashboard 对话框，如图 9.2 所示。

（4）在 Dashboard name 字段中输入 LearnPowerBI，随后单击 Pin 按钮。

（5）名称 LearnPowerBI 显示于 Navigation 面板中 Workspace 的 DASHBOARDS 子标题下方。单击该仪表板将把固定的可视化内容显示为仪表板上的磁贴。

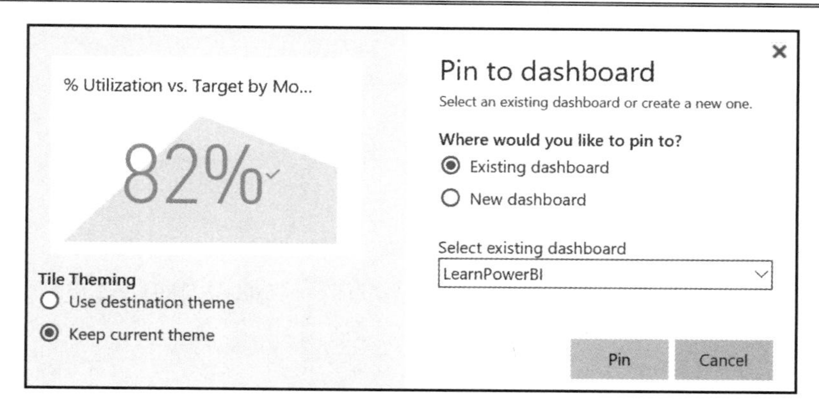

图 9.2　Pin to dashboard 对话框

9.2.2　与仪表板协同工作

当仪表板被创建完毕后，新的仪表板将显示于 Navigation 面板的 DASHBOARDS 标题的下方，如图 9.3 所示。

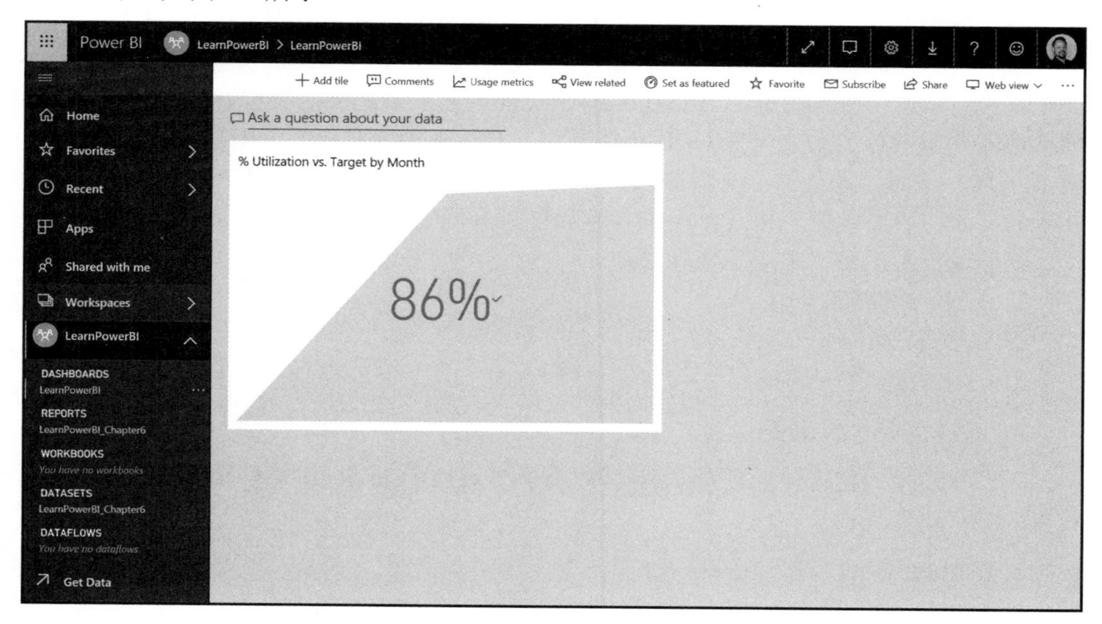

图 9.3　Power BI Service 中的仪表板界面

类似于 Service 中的报表查看方式，Service 中的仪表板查看显示于功能区内，其中包含了不同的功能；而某些功能实际上与报表相同，如下所示。

- 注释。
- 使用指标。
- 相关视图。
- 收藏功能。
- 订阅机制。
- 共享机制。

鉴于此类功能操作基本等同于第 8 章讨论的报表功能，因而此处并不打算对其进行详细介绍。下面考查仪表板中一些专用功能。

1．Add tile

虽然可从各种数据源中添加磁贴，但特定的磁贴类型可直接被添加至仪表板中，具体如下所示。

- Web 内容。
- 图像。
- 文本框。
- 视频。
- 自定义流数据。

选择添加一个磁贴将弹出 Add tile 面板，进而创建期望的磁贴类型。对于图像和视频，简单地向期望内容中添加一个 URL 链接即可。对于视频，对应的 URL 可以是 YouTube 或 Vimeo。注意，此处并不支持图像和视频的上传操作。另外，可在文本框中输入需要显示的文本内容及其相应格式。Web 内容磁贴则采用嵌入代码，通常为 IFRAME 格式。

最后，流数据可以采用下列格式。

- API（推送数据集）。
- Azure Stream。
- PubNub。

2．设置为特征仪表板

设置仪表板为特征仪表板意味着每次访问 Power BI Service 时，登录页面将显示为所设置的特征化仪表板。

3．Phone view

与报表类似，仪表板也可包含自定义移动视图。当切换至 Phone view 时，可执行下列步骤。

（1）单击功能区中的 Web view 选项。

（2）选择 Phone view。随后将显示与 Reports 的 Mobile view 非常类似的界面，进而

针对手机或移动设备构建自定义视图。其间，可从该界面中固定或解除固定磁贴，也可调整尺寸并围绕画布移动磁贴。另外，手机视图创建完毕后将自动保存。

（3）当删除自定义手机视图时，可在 Phone view 中单击省略号（...），然后选择 Delete phone view。

4. 省略号菜单

省略号（...）菜单针对仪表板提供了多个有用的选项，如下所示。

- Dashboard theme：提供了与 Power BI Desktop 主题类似的主题功能。
- Duplicate dashboard：创建当前仪表板的副本。
- Print dashboard：输出当前仪表板。
- Refresh dashboard tiles：刷新仪表板中的磁贴，但不会刷新数据模型中的数据。
- Performance inspector：显示当前互联网连接状态。
- Settings：允许仪表板持有者开启/禁用 Q&A、注释和仪表板磁贴流等。

其中，仪表板主题值得进一步讨论，接下来将对此予以介绍。

虽然省略号菜单中包含了大多数简单直观的选项，但仪表板主题仍需要一些附加的工作。在省略号菜单中选择仪表板主题选项将弹出仪表板主题面板，如图 9.4 所示。

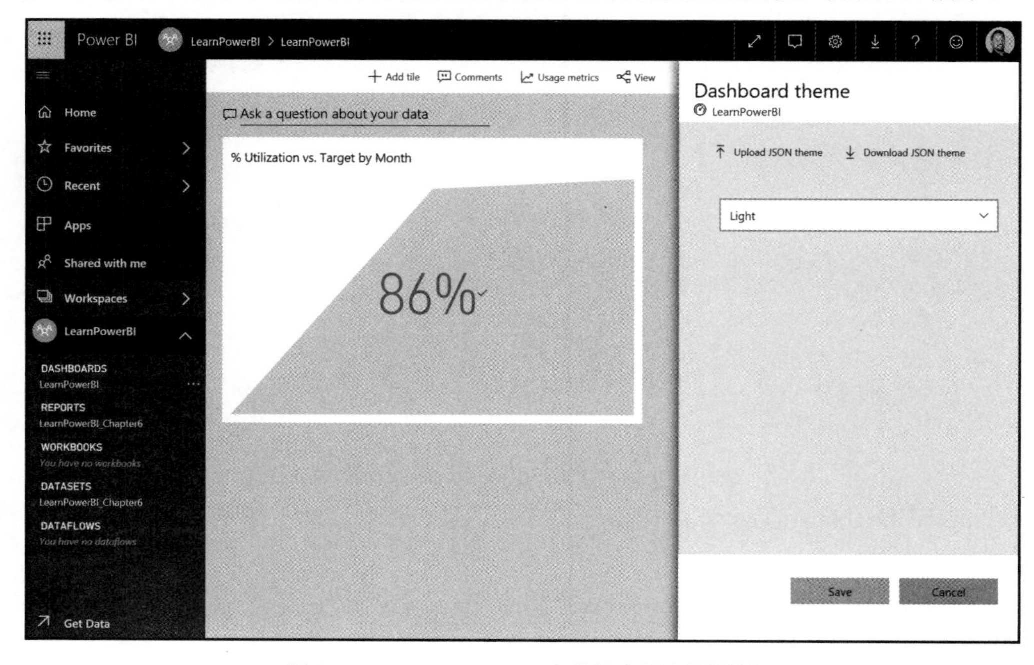

图 9.4　Power BI Service 中的仪表板主题面板

其中，下拉菜单中提供了各种预置主题，如下所示。

- Light。
- Dark。
- Color-blind friendly。

附加选项 Custom 可创建一个自定义主题，即选择颜色、磁贴透明度，以及是否使用背景图像。另外，单击 Download JSON theme 即可下载该主题。下载 JSON 主题可在文本编辑器中编辑 JSON 文件，这针对当前主题提供了额外的控制级别。

例如，可通过下列方式创建主题文件。

```
{
 "name":"LearnPowerBI",
 "foreground":"#FFFFFF",
 "background":"#EC670F",
 "dataColors":
["#EC670F","#3C3C3B","#E5EAEE","#5C85E6","#29BCC0","#7EAE40","#20B2E7","#D3
DCE0","#FF6B0F"],
 "tableAccent":"#20B2E7",
 "tiles": {
 "background":"#3C3C3B",
 "color":"#E5EAEE",
 "opacity":1.00
 },
 "visualStyles": {"*":{"*":{"*":
 [
 {"color":{"solid":{"color":"#E5EAEE"}}},
 {"labelColor":{"solid":{"color":"#E5EAEE"}}}
 ]
 }}},
 "backgroundImage":null
}
```

另外，还可访问 https://github.com/gdeckler/LearnPowerBI/tree/master/Ch9 下载 LearnPowerBIDashboardTheme.json 主题文件。该文件被创建或下载完毕后，可执行下列步骤以实现主题。

（1）使用 Upload JSON theme 上传主题文件。

（2）单击对话框中的 Save 按钮以激活该主题。

当前，仪表板的配色方案与第 6 章中的报表主题类似。

5．Q&A

Q&A 提供了与 Power BI Desktop 类似的功能，并可使仪表板用户询问与底层数据相关的问题，并以可视化形式接收返回答案。针对嵌入了 Q&A 的仪表板，可执行下列步骤访问和使用 Q&A。

（1）单击出现于仪表板画布左上方的 Ask a question about your data 文本，随后将在 Power BI Service 中显示一个 Q&A 界面，如图 9.5 所示。

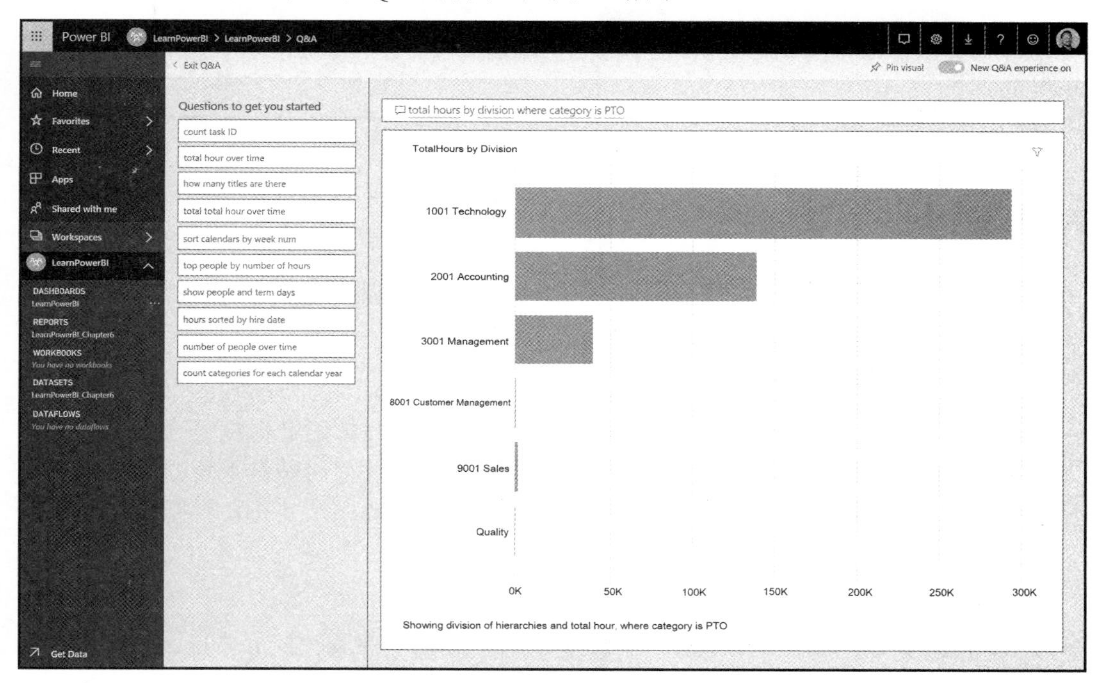

图 9.5　Power BI Service 中的 Q&A 界面

（2）画布的左侧表示为针对仪表板底层数据所建议的问题。

（3）在 Ask a question about your data 字段中输入自己的问题，如输入图 9.5 中展示的 total hours by division where category is PTO。

（4）一旦查找到所喜欢的可视化内容，即可单击功能区中的 Pin visual，随后将显示如图 9.6 所示的 Pin to dashboard 对话框。

（5）单击 Pin 按钮，以在当前现有仪表板中固定磁贴。

（6）返回至 Q&A 界面后，单击功能区中的 Exit Q&A，以返回仪表板并查看新的磁贴。

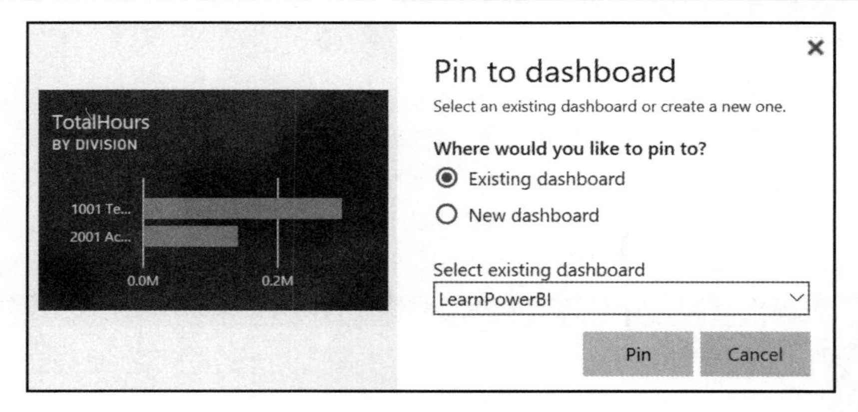

图 9.6　Pin to dashboard 对话框

9.2.3　与磁贴协同工作

磁贴的尺寸和位置可在仪表板画布上对其进行调整。除此之外，磁贴还提供了额外的功能，如创建警告信息和整体导航。

1．尺寸和位置

当重定位某个磁贴时，可单击磁贴上的任何位置，并将该磁贴拖曳至画布上的新位置。当调整磁贴的尺寸时，可将鼠标悬停于磁贴上，随后使用磁贴右下角的尺寸句柄。相应地，磁贴可调整为预置尺寸，当调整磁贴的大小时，磁贴尺寸将在画布上显示为灰色阴影。

2．省略号菜单

将鼠标悬停于磁贴上方将在其右上角显示省略号（...）菜单，单击省略号图标将显示多个选项，如下所示。

- Add a comment：类似于报表可视化，仪表板磁贴可单独注释。
- Go to source：取决于磁贴的原始资源位置，该选项将显示 Go to report、Go to Q&A 或类似信息，选择该选项将把用户导航至磁贴原始资源位置处，如底层报表或 Q&A 界面。
- Open in focus mode：这将在整个画布间显示磁贴。单击 Exit Focus mode 将返回至当前仪表板。
- Manage Alerts：这将针对当前磁贴显示单一的数字值，如 Gauge、KPI 和卡片，并使用户根据输入的阈值创建数据警告消息。如果满足阈值条件，用户将通过仪表板链接自动接收一封电子邮件。

- Export to Excel：针对磁贴将底层数据导出至 Excel 电子表格中。
- Edit details：这将允许仪表板作者调整标题及其子标题，以及显示磁贴的最近刷新时间，甚至是设置自定义链接。默认状态下，单击磁贴将返回该磁贴的原始源位置处。
- Pin tile：这将把磁贴固定至新的仪表板或现有的不同仪表板上。
- Delete tile：这将从画布中移除磁贴。

9.3　了解应用程序

应用程序是将多个仪表板和报表绑定至单一对象中的一种方法，进而可在组织机构中发布和共享。因此，应用程序不会将独立的仪表板或报表共享、授权至整个工作区中，而是使作者选择绑定或共享的实际内容。对此，应用程序提供了一种高效的方式组织共享内容并控制访问操作。

在微软发布了新的工作区体验后，应用程序可有效地替换组织机构的内容包。这一新的模型极大地简化了创作过程。

9.3.1　创建应用程序

在创建实际的应用程序之前，首先向工作区中添加某些内容，以便可以理解在应用程序中包含和排除工作区对象的方式。对此，可简单地复制现有的仪表板和报表，并创建额外的仪表板和报表。

当创建现有的仪表板的副本时，可执行下列步骤。

（1）通过展开 Navigation 面板中的 Workspace，并选择 DASHBOARDS 标题下方显示的仪表板，进而导航至现有的仪表板。

（2）在功能区右侧的省略号菜单中，单击 Duplicate dashboard/Save a copy。

（3）保留仪表板名称 LearnPowerBI(copy)不变，然后单击 Duplicate 按钮。

（4）可以看到，新的仪表板将显示于 Navigation 面板中 DASHBOARDS 标题的下方，并处于已选状态。另外，一个黄色的小标题栏将显示于仪表板名称的中间偏左位置，并以此表明所显示的仪表板。

（5）在省略号菜单中，选择 Dashboard theme 并将当前主题修改为 Dark。

目前，我们持有一份仪表板的副本，并可对其进行区分。接下来将执行下列步骤创建现有报表的副本。

（1）展开 Navigation 面板中的 Workspace，并单击 Reports 标题下方显示的报表，进而导航至现有的报表处。

（2）在功能区的 File 菜单中选择 Save as；如果未包含 File 菜单，也可在省略号（...）菜单中进行查找，然后选择 Save a Copy。

（3）针对当前报表名称，输入 Copy of report 并单击 Save 按钮。

（4）可以看到，Navigation 面板中 REPORTS 标题下方将显示新的报表，且处于未选择状态。

（5）选择 Navigation 面板中的 Copy of report。

（6）单击功能区中的 Edit report。如果未包含该链接，则可在省略号（...）菜单中进行查找。

（7）单击可视化项之一以将其选中，随后按 Delete 键删除该可视化项。

（8）单击功能区中的 File 菜单并选择 Save。

在获得附加内容后，可执行下列步骤创建应用程序。

（1）单击 Navigation 面板中的工作区名称，以显示 Workspace 界面。默认状态下，该界面将列出 Workspaces 中的所有仪表板，如图 9.7 所示。

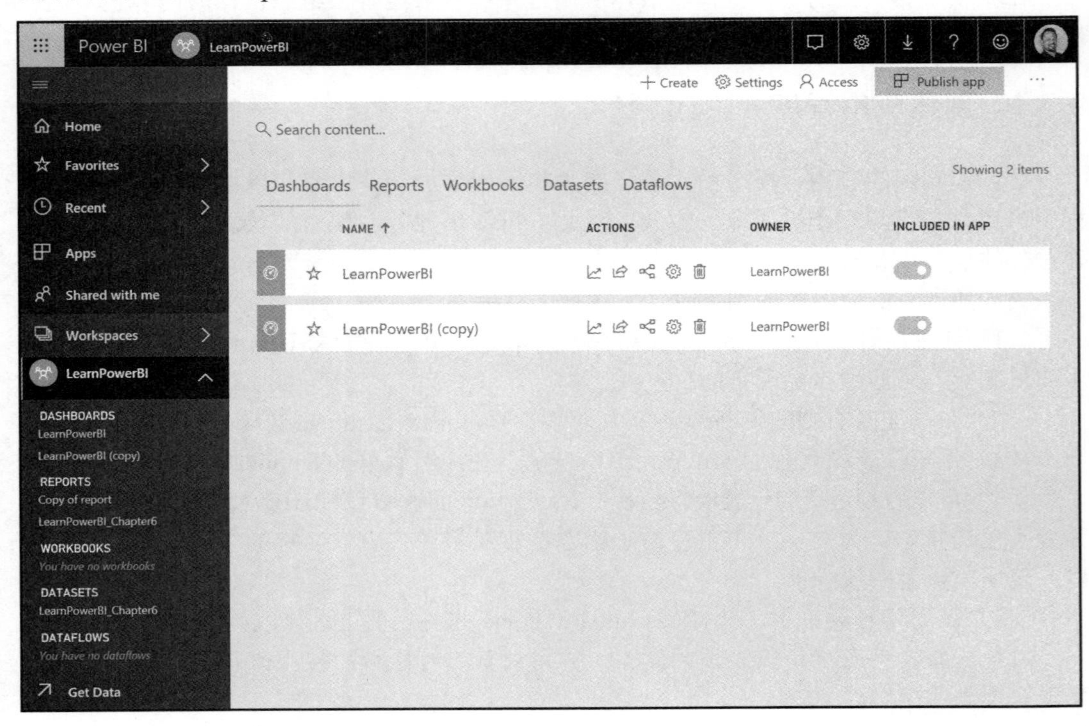

图 9.7　Workspaces 界面

（2）针对仪表板的副本，单击 INCLUDED IN App 滑块将其关闭。关闭该设置项的仪表板将不会在所创建的应用程序中被发布。

（3）单击 Reports 列出 Workspaces 中的报表。

（4）单击 INCLUDED IN App 滑块关闭 Copy of report。关闭该设置项后的报表将不会在所创建的应用程序中被发布。

（5）在功能区中，单击 Publish app 显示应用程序的发布界面，如图 9.8 所示。

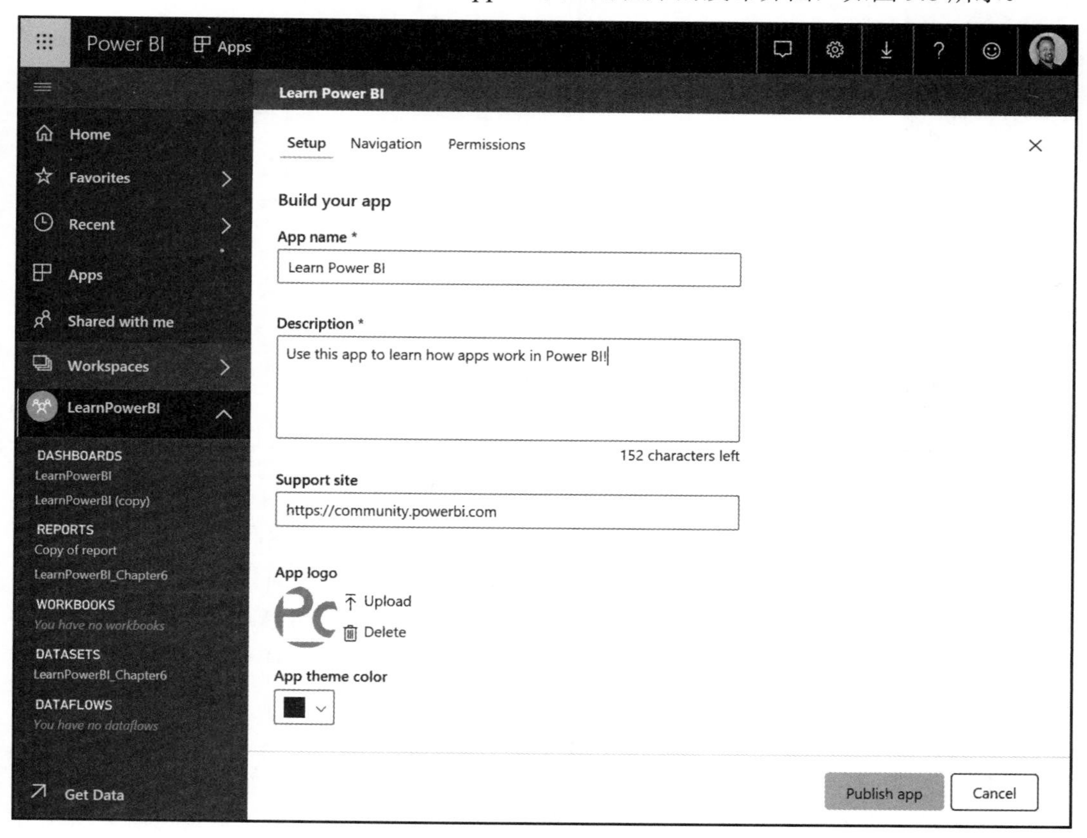

图 9.8　应用程序发布界面，即 Setup 选项卡

（6）应用程序发布界面由 3 个选项卡构成，即 Setup、Navigation 和 Permissions。初始状态下将显示 Setup 选项卡，其中，用户必须提供 App name 和 Description、包含 Support site 站点 URL（可选）、上传图像以修改 App logo，以及调整 App theme color。

（7）选择 Navigation 选项卡，如图 9.9 所示。

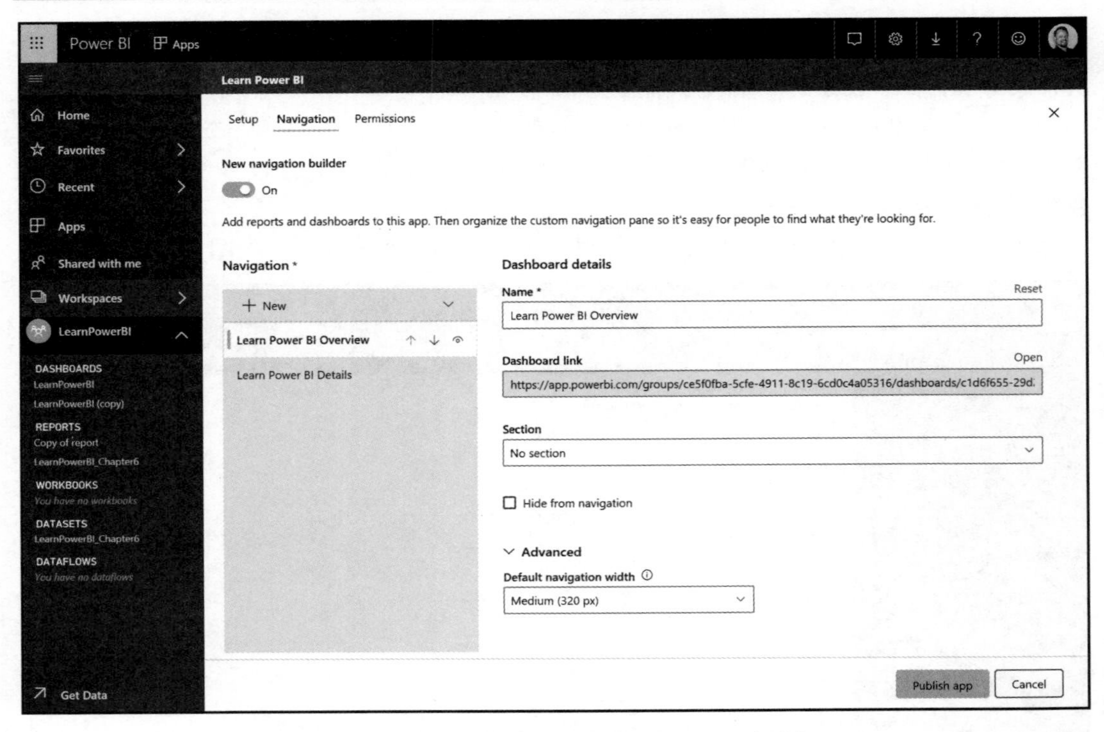

图 9.9　应用程序发布界面，即 Navigation 选项卡

（8）默认状态下，New navigation builder 体验呈 On 状态，这种新体验可以为应用程序创建导航部分，这可通过单击 New 菜单完成。除此之外，当前界面还允许创建者重命名导航元素，并调整所显示的 Section 链接。最后，创建者还可修改 Default navigation width。可以看到，仅指定的内容显示于应用程序中。此外，还可编辑 Navigation 选项卡中的信息，以使其与图 9.9 对应。

（9）选择 Permissions 选项卡，如图 9.10 所示。

（10）选中单选按钮并与 Entire organization 共享应用程序。另外，Permissions 选项卡还可与分组、发布列表、内部用户和外部用户实现共享（虽然组织机构可能会禁用外部用户的共享）。此外还包含其他一些复选框，如下所示。

- ❑ Install this app automatically：该复选框可被组织机构禁用，但却可将发布后的应用程序推送至终端用户，因而无须在用户一方进行设置和配置。
- ❑ Allow all users to connect to the app's underlying datasets using the Build permission：该复选框使得用户可根据应用程序中发布的底层数据集创建新的报表。
- ❑ Allow users to make a copy of the reports in this app：该复选框使得用户可在 My

Workspace 中保存应用程序中的报表副本。

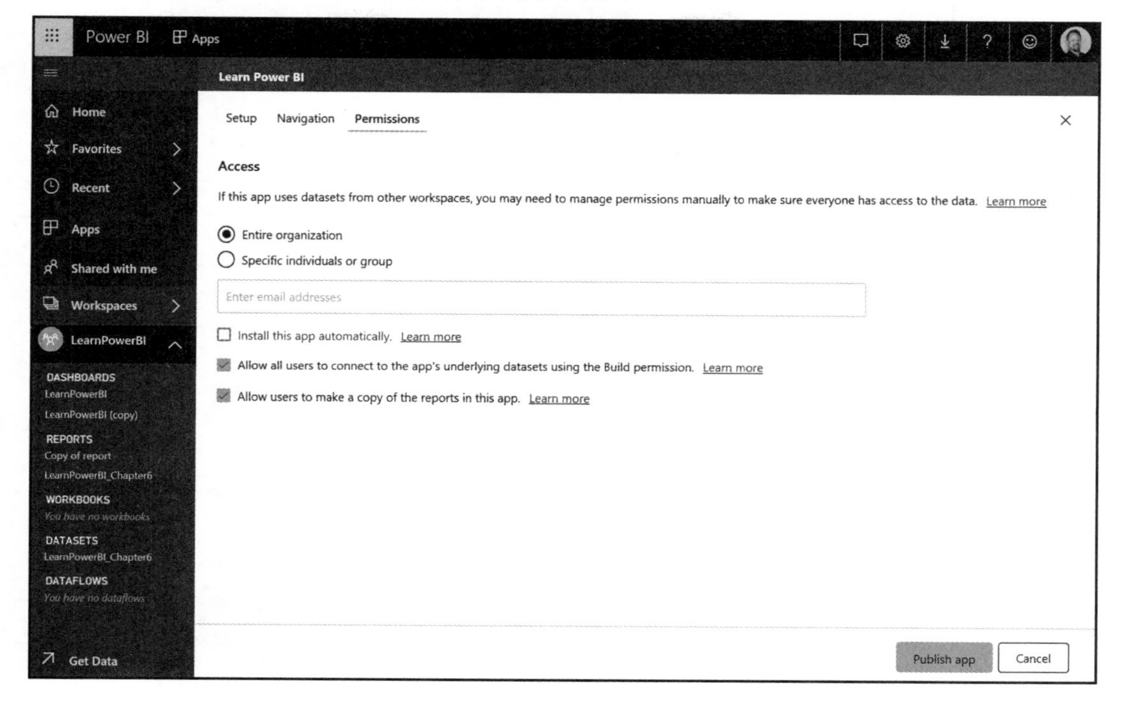

图 9.10　应用程序发布界面，即 Permissions 选项卡

（11）单击 Publish app 按钮，发布应用程序。

（12）此时将显示如图 9.11 所示的应用程序发布对话框。

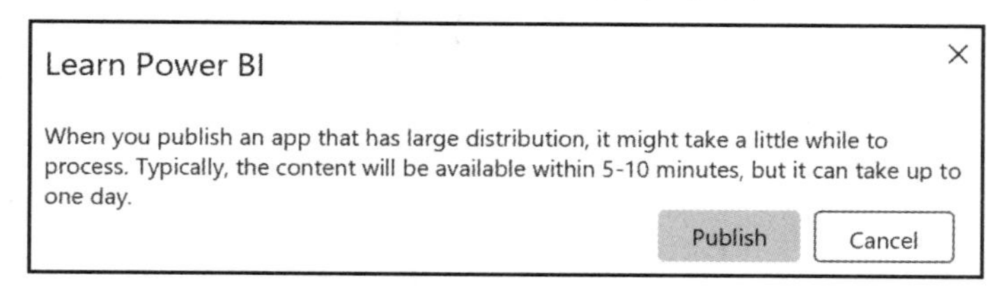

图 9.11　应用程序发布对话框

（13）单击 Publish 按钮。

（14）当成功发布后，将显示 Successfully published 对话框，如图 9.12 所示。此处可将链接 Copy 至应用程序中，并通过邮件发送给用户，也可以通过 Navigation 面板中的 App 链接直接授权用户获取应用程序，如图 9.12 所示。

（15）最后单击 Close 按钮。

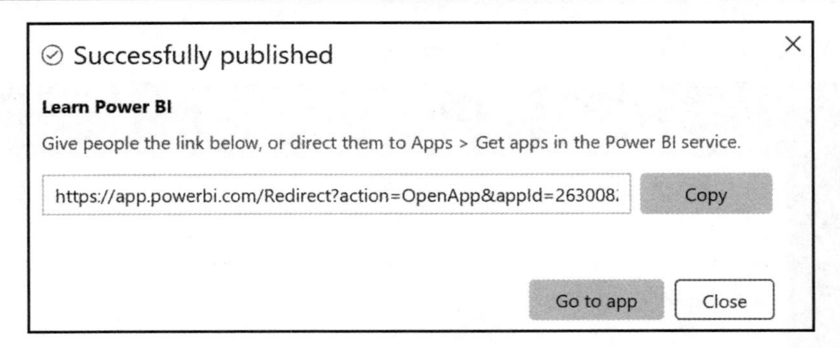

图 9.12　Successfully published 对话框

9.3.2　获取并使用应用程序

当应用程序发布完毕后，应用程序可直接通过发布应用程序时提供的链接进行访问。除此之外，还可执行下列步骤。

（1）选择 Navigation 面板中的 Apps 选项卡。

（2）单击画布右上角的 Get apps 按钮，随后将显示如图 9.13 所示的 AppSource 对话框。

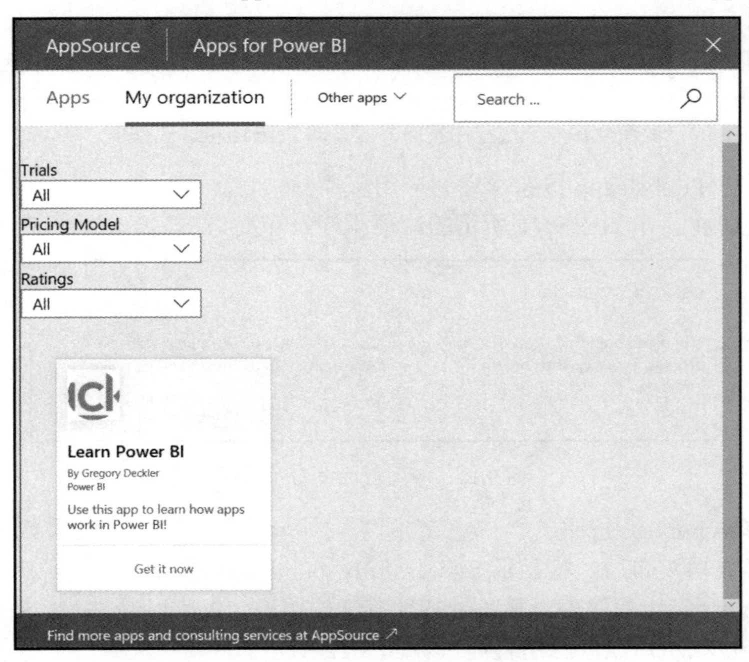

图 9.13　AppSource 对话框

（3）需要注意的是，应用程序在 Power BI、Dynamics 365、Office 365 和其他 Microsoft 产品间是一个统一的概念。因此，除了组织机构发布的应用程序类型之外，还存在可访问的其他应用程序类型。

（4）确保选中 My Organization 选项卡，并单击期望的应用程序的 Get it now 链接。该应用程序将显示于浏览器中，如图 9.14 所示。

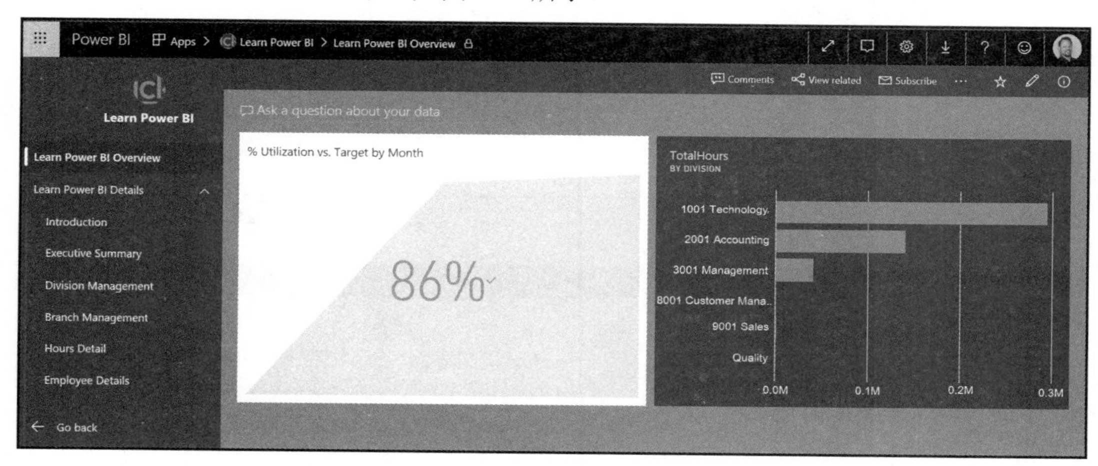

图 9.14　应用程序显示于浏览器中

上述应用程序功能类似于独立的应用程序，其中包含了大量的 Power BI Service 功能，包括 Comments、Subscribe、Bookmarks 等。前述内容讨论了 Power BI Service 中的主要对象和功能，下面将深入讨论安全性和权限。

9.4　理解安全性和权限

Power BI Service 中存在多种级别的安全性和权限。理解这些不同权限级别问题有助于用户访问相应的报表、仪表板、应用程序和数据。

Power BI 中的权限级别包含以下内容。

- 工作区权限。
- 对象权限（仪表板、报表和数据集）。
- 行级别安全（RLS）。

9.4.1　工作区权限

工作区可视为逻辑容器，并可于其中存储仪表板、报表、工作簿、数据集和数据流。

截至目前，我们仅与单一报表和数据集协同工作。然而，工作区可包含多个，甚至数百个不同的仪表板、报表、工作簿、数据集和数据流。在工作区级别上分配安全性提供了对工作区内全部对象的访问权限。这意味着，工作区访问应仅被分配于个人或个人分组，进而查看所发布的所有内容，或者可发布至工作区中的所有内容。

当分配工作区权限时，可执行下列步骤。

（1）在 Navigation 面板中，单击工作区名称，在当前示例中为 LearnPowerBI。这将修改画布以显示工作区界面。

（2）单击工作区界面功能区中的 Access 链接，随后将显示如图 9.15 所示的 Access 对话框。

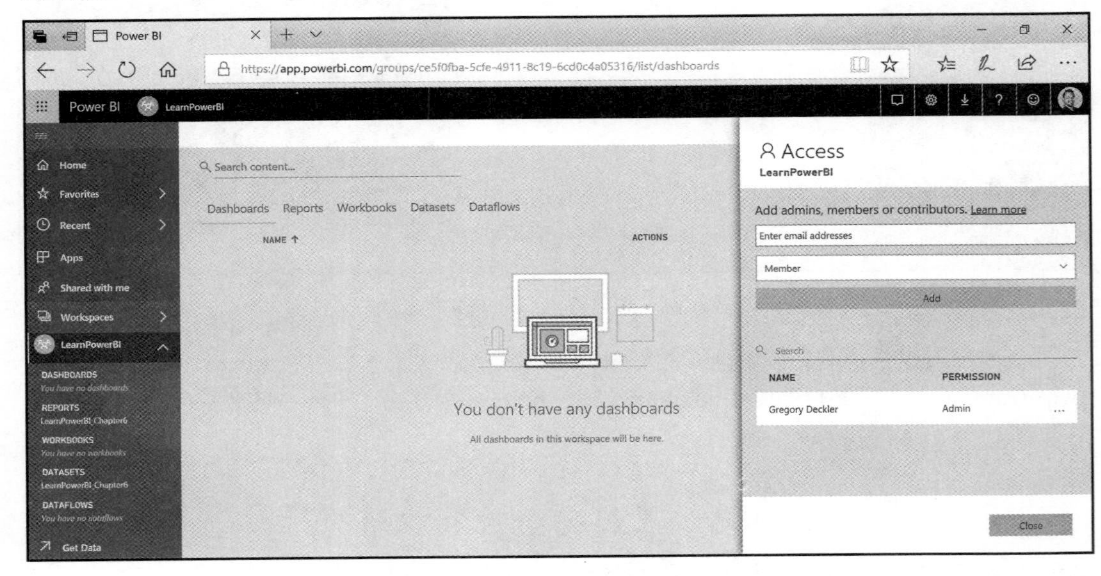

图 9.15　Power BI Service 中的工作区 Access 对话框

（3）类似于报表共享，可在 Enter email addresses 字段中输入电子邮件地址。另外，Azure AD 也可被分配。

提示：

添加至工作区的每位用户都需要持有 Pro 许可证，除非该工作区是 Premium 容量的工作区。

（4）针对工作区，用户可被分配为 4 种不同的安全角色，如下所示。

- Viewer。

- Contributor。
- Member。
- Admin。

其中，Viewer 角色提供了下列权限。

工作区中的视图条目。

Contributor 角色包含了全部 Viewer 角色权限，以及下列权限。

- 将报表发布至工作区并删除内容。
- 创建、编辑和删除工作区中的内容。

Member 角色包含了所有 Contributor 和 Viewer 角色的权限，以及下列权限。

- 允许其他人重新共享项目。
- 共享一个项目或一个应用程序。
- 发布和更新一个应用程序。
- 添加权限较低的成员或其他成员。

Admin 角色包含了所有 Member、Contributor 和 Viewer 角色权限，以及下列权限。

- 添加/移除人员，包括其他管理员。
- 更新和删除工作区。

默认状态下，工作区的创建者被分配为 Admin 角色。

（5）一旦输入了某些电子邮件地址并选择了一个角色，就可单击 Add 按钮。

（6）结束后单击 Close 按钮以关闭 Access 对话框。

提示：

由于 Azure AD 分组可被分配权限至工作区，因此个人可被分配为工作区的多个角色。如果用户被分配为多个角色，那么个人将获得最高级别的访问级别（由分配的角色提供）。

9.4.2　应用程序权限

应用程序权限是指用户可获取和查看发布后的应用程序。如前所述，当发布应用程序时，我们已经考查了如何设置应用程序权限。

当更新应用程序权限时，可执行下列步骤。

（1）访问 Navigation 面板中的工作区。

（2）单击功能区中的 Update app 选项。一旦应用程序被发布，Update app 选项就会替换功能区中的 Publish app 选项。

（3）简单地调整 Permissions 并重新发布应用程序。

9.4.3 对象权限

对象权限是指分配至 Power BI Service 中个体对象的权限，如仪表板、报表和数据集。与工作区权限（将访问权限分配于工作区中的全部对象）不同，对象权限仅向个体对象分配权限。然而，此类对象权限间存在一个层次结构，以便默认状态下，该层次结构中某级位置处的权限可分配于层次结构中的较低关联对象。

为了进一步理解对象权限的工作方式，下面针对仪表板、报表和数据集考查下列层次结构。

- 仪表板。
- 报表。
- 数据集。

这是一个逻辑层次结构，因为仪表板构建于报表，而报表则依赖于数据集。这意味着，当共享报表时，权限分配于对应的报表，同时也分配于该报表的关联数据集。然而，仪表板则未分配任何权限。权限的层次流不可或缺，因为仪表板、报表和数据集都是独立但相关的对象，它们依赖于层次结构中较低的对象。例如，如果用户未拥有相关权限读取报表的底层数据，那么向该用户分配权限以查看报表将毫无用处。类似地，当共享仪表板时，赋予权限将把对应的权限分配至关联的报表和数据集。

相应地，存在 5 种权限可分配于对象。但是，由于对象继承工作区级别的权限，而工作区的读取方式一般会有所不同（取决于处于共享界面还是在 Manage Permissions 界面中），因此情况将会变得稍显复杂。此类权限如下所示。

- 持有者。
- 读取。
- 重新共享。
- 构建。
- 编辑。

考虑到对象权限容易产生混淆，一种较好的方法是通过示例展示权限的工作机制。例如，当前需要分配下列工作区级别权限。

- Gregory Deckler——管理员。
- Kenneth——成员。
- David——贡献者。
- Mark——查看者。

1. 仪表板权限

根据所分配的工作区权限，当与新用户共享仪表板时，即可看到权限继承的工作方式。在当前示例中，可执行下列步骤。

（1）单击 LearnPowerBI 仪表板。

（2）单击功能区中的 Share，随后将显示 Share dashboard 对话框。

（3）与名为 Shane 的用户共享报表，全部复选框均保留为默认状态，具体如下。

- Allow recipients to share your report：这将分配重新共享权限。
- Allow users to build new content using the underlying datasets：这将向底层数据集分配构建权限。

（4）选择对话框中的 Access 选项卡后，可以看到继承的权限和单独分配的权限，如图 9.16 所示。

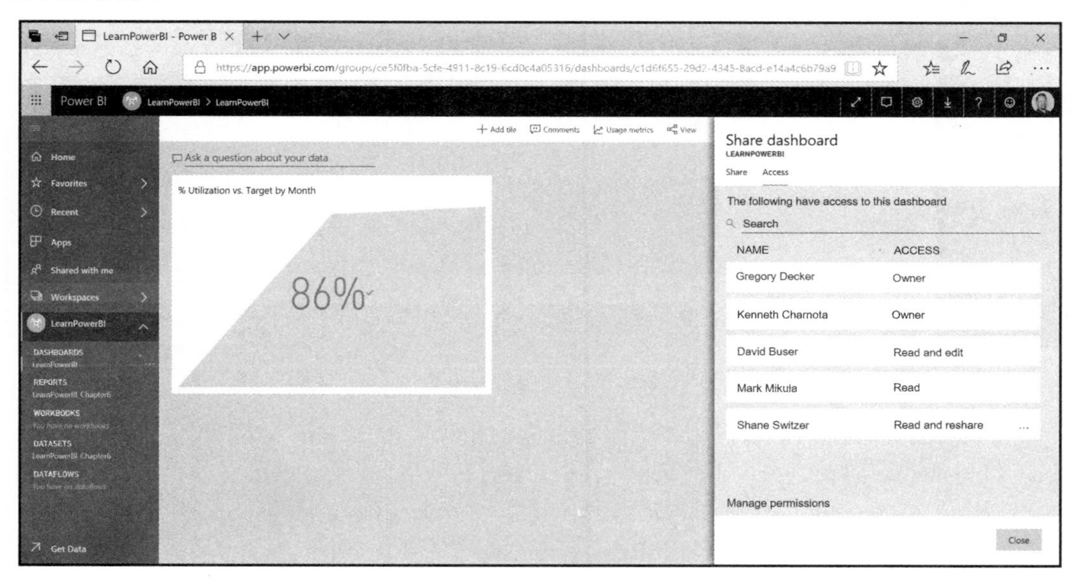

图 9.16　继承的仪表板权限和分配的仪表板权限

在当前界面中，继承和分配的权限如下所示。

- Gregory Deckler——Owner。
- Kenneth——Owner。
- David——Read and edit。
- Mark——Read。
- Shane——Read and reshare。

由于共享时选中了 Allow recipients to share your report 复选框，因此 Shane 拥有了 reshare 权限。如果取消选中该复选框，那么 Shane 将仅拥有对仪表板的 Read 权限。

此外还可看到，省略号菜单仅针对 Shane 显示，省略号（...）菜单中的对应选项可将 Shane 的权限分别修改为 Read、Read and reshare 或 Remove access。在当前界面中，省略号仅针对通过 Share 界面专门分配了对象权限的用户而显示；而继承自工作区级别安全的权限的用户则不包含省略号菜单。

（5）如果单击对话框底部的 Manage permissions 链接，这将弹出不同的权限界面，且权限分配也稍有不同，如图 9.17 所示。

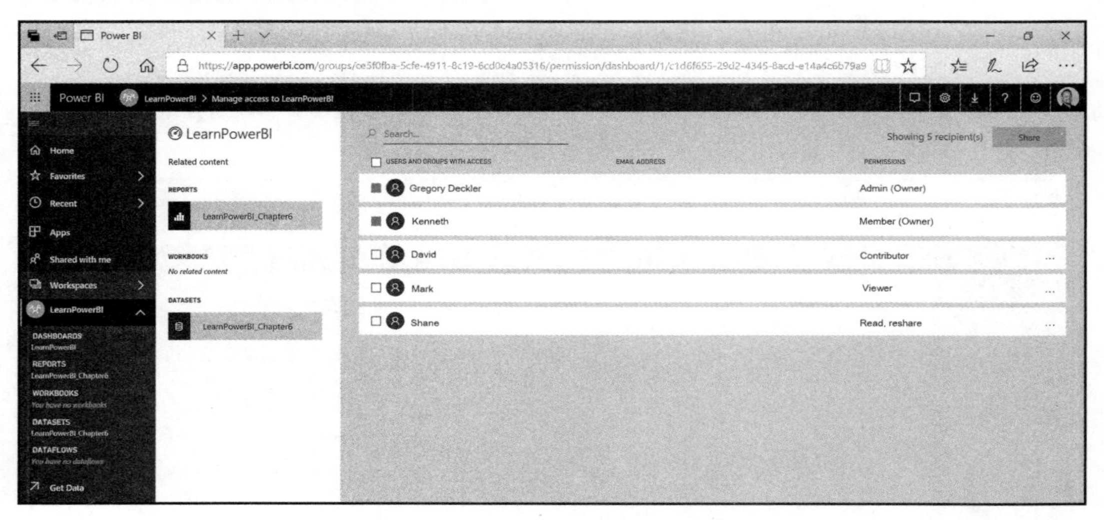

图 9.17　权限管理窗口

继承后的权限显示了源自工作区级别分配的角色，而 Shane 分配后的权限则显示了 Read 和 reshare。除此之外，与 Shane 一样，David 和 Mark 也显示了省略号菜单。

（6）单击 David 或 Mark 的省略号菜单将提供 Add reshare 权限的选项；而单击 Shane 的权限则将提供 Remove reshare 和 Remove access 的选项。由于 David 和 Mark 在工作区级别已被分配了访问权限，因此此处无法移除其访问权限。相比之下，由于 Kenneth 未添加更多的权限，因此这里未对其显示省略号菜单。

因此可得出结论，根据表 9.1，下列工作区级别权限将针对仪表板转换为对应的对象级别权限。

表 9.1　权限转换

工作区角色	仪表板对象权限
管理员	Owner（Read、reshare 和 dit）
成员	Owner（Read、reshare 和 dit）
贡献者	Read 和 edit
查看者	Read

2. 报表权限

报表权限涉及以下示例。

（1）单击 Navigation 面板中的报表对象，随后单击功能区中的 Share 链接。

（2）添加 Pamela 和 Jon。对于 Pam，取消选中 Allow recipients to share your report 和 Allow users to build new content using the underlying datasets 复选框；对于 Jon，仅取消选中 Allow recipients to share your report 复选框。

在共享报表后，可以看到 Jon 和 Pamela 均无仪表板的访问权限，其原因在于，与报表相比，仪表板处于对象层次结构中的较高层次。

（3）检查仪表板的访问权限，可以看到未发生任何变化。

（4）检查报表的 Access 选项卡时可以看到，Jon 和 Pam 均被添加了相应的访问权限，其他用户也继承自该报表权限，如图 9.18 所示。

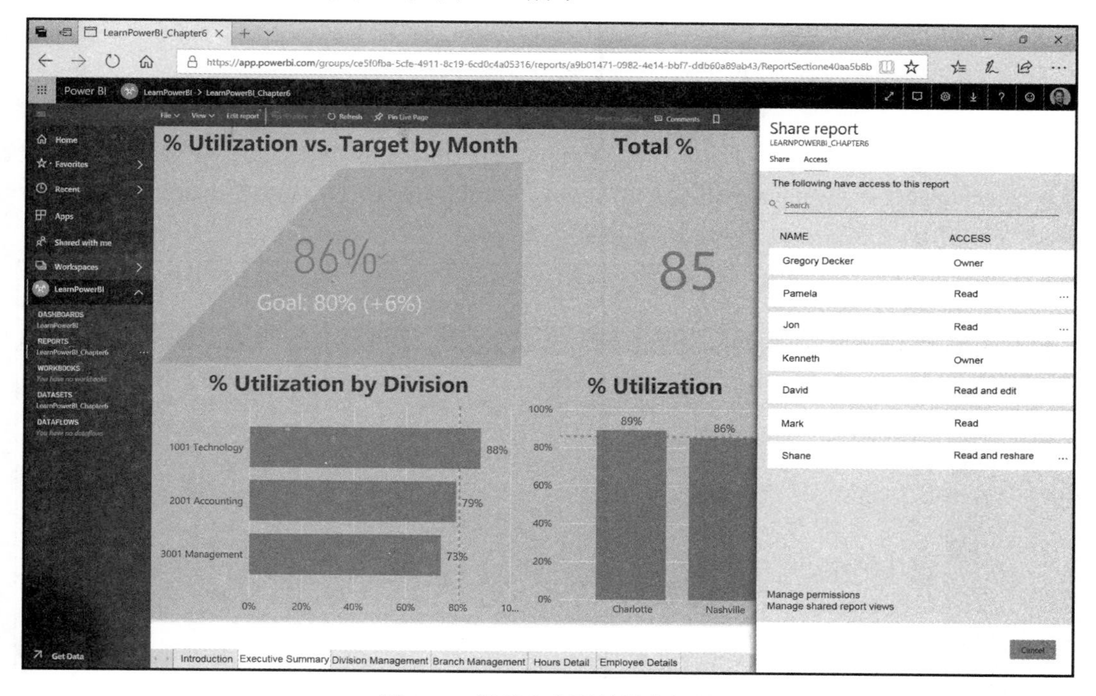

图 9.18　继承和分配的报表权限

源自工作区级别分配的全部用户均继承了报表对象相同权限，这与之前针对仪表板对象的权限操作相同。除此之外，Shane 还继承了该报表对象的权限，且与仪表板权限相同，其原因在于，与仪表板相比，报表位于对象层次结构的较低层次。实际上，我们可针对报表移除 Shane 的重新共享权限，且不会影响仪表板的重新共享权限。这意味着，

Shane 可重新共享仪表板而非报表。

（5）选择省略号菜单中的 Remove access 后将弹出 Remove access 对话框，这将允许移除 Shane 对所关联的仪表板和数据集的访问权限，如图 9.19 所示。

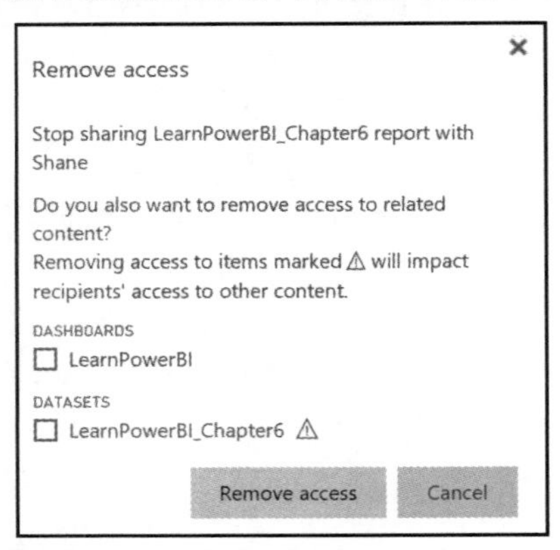

图 9.19　Remove access 对话框

（6）单击 Share report 对话框底部的 Manage permissions 链接，随后将显示一个与仪表板的 Manage permissions 界面类似的界面，唯一的差别在于，Jon 和 Pamela 均包含了 Read 访问权限，如图 9.20 所示。

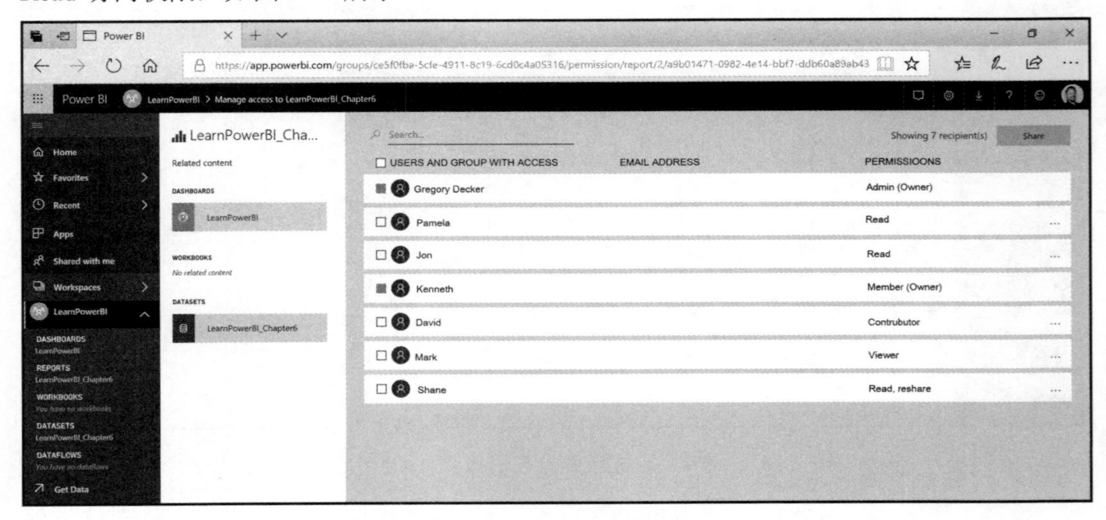

图 9.20　报表的权限管理界面

对于 David 和 Mark，省略号菜单中唯一可用的选项是 Add reshare。实际上，继承后的对象权限（分配于报表）与仪表板完全相同，如表 9.2 所示。

表 9.2　报表对象权限

工作区角色	报表对象权限
管理员	Owner（Read、reshare 和 edit）
成员	Owner（Read、reshare 和 edit）
贡献者	Read 和 edit
查看者	Read

提示：

这里应留意 Manage permissions 界面中的 Related content 面板。对于管理所关联对象的权限，该界面提供了一种更加方便的操作方式。

3. 数据集权限

与仪表板和报表不同，数据集不包含共享界面，且仅包含管理权限界面。

当访问管理权限界面时，可执行下列步骤。

（1）在 Navigation 面板中选择数据集，或将鼠标悬停于数据集上。

（2）单击省略号菜单，随后选择 MANAGE PERMISSIONS，如图 9.21 所示。

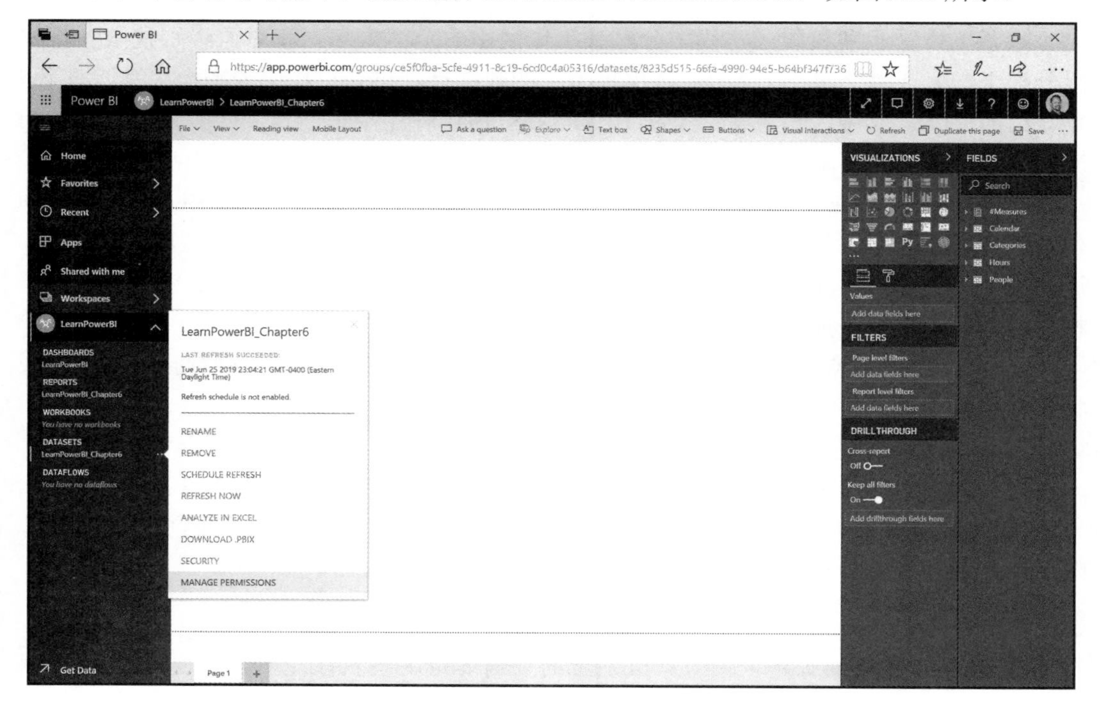

图 9.21　访问数据集的 MANAGE PERMISSIONS 界面

单击菜单选项将弹出所熟悉的权限管理界面，但这一次是针对数据集。继续当前示例，当查看每位用户的省略号菜单时可以看到，大多数用户持有 Add reshare、Add build 和 Remove access 权限。具体来说，Jon 持有 Add reshare、Remove build 或 Remove access 权限；Shane 持有 Remove reshare、Remove build 或 Remove access 权限；特别地，David 仅持有 Add reshare 权限；而 Mark 则持有 Add reshare 和 Add build 权限。因此可得出结论，工作区级别的权限已转换为对应数据集的对象级别权限，如表 9.3 所示。

表 9.3　数据集的对象级别权限

工作区角色	数据集对象权限
管理员	Owner（Read、reshare 和 edit）
成员	Owner（Read、reshare 和 edit）
贡献者	Read 和 build
查看者	Read

9.4.4　RLS

除了工作区级别权限（将权限分配于工作区中的全部内容）和对象级别权限（将权限分配于一个或多个对象）之外，数据模型中的数据行也可获得相应的安全级别，即第 5 章介绍的 RLS。其中，角色在 Power BI Desktop 应用程序中被创建，此类角色包含了相应的计算过程，并可限制用户在这些角色中可查看的数据行。

当 Power BI Desktop 文件发布至 Power BI Service 中之后，在 Power BI Desktop 中创建的任何角色均可作为报表数据集的一部分被发布至 Power BI Service 中。当发布完毕后，这一类角色可在 Power BI Service 中被访问，且用户可被分配给这些角色。要将用户赋予相关角色，可执行下列步骤。

（1）当访问 Power BI Service 中的角色时，可在 Navigation 面板中选择数据集，或将鼠标悬停于数据集上。

（2）单击省略号菜单，随后选择 SECURITY，如图 9.22 所示。

（3）单击 SECURITY 链接将弹出 Row-Level Security 界面，如图 9.23 所示。

（4）将用户添加至角色中较为简单，即单击相应的角色、输入用户的电子邮件地址，随后单击 Add 按钮。

注意：

RLS 并不会影响工作区或对象级别上的任何其他安全权限。相应地，RLS 仅限制用户可以读取的数据模型中的数据行。

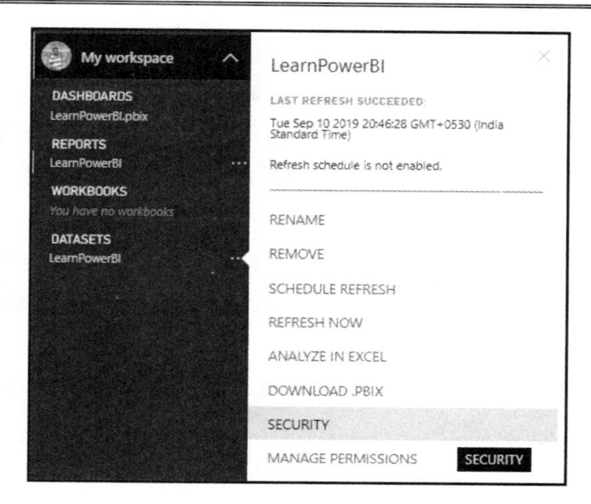

图 9.22　访问 Power BI Service 中的 RLS 界面

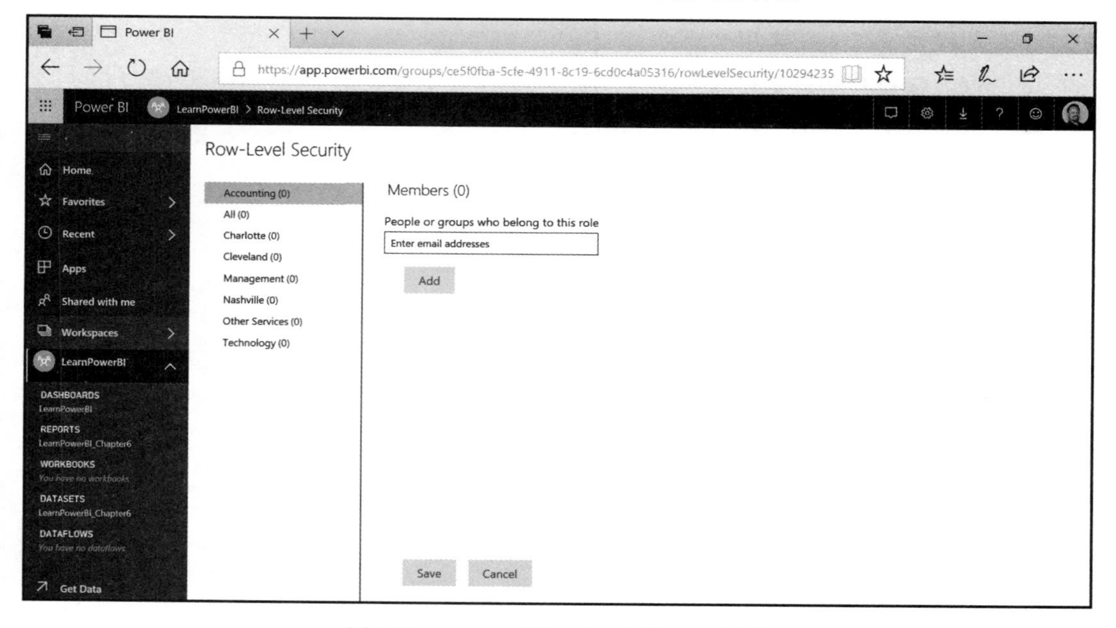

图 9.23　Power BI Service 中的 RLS 界面

9.5　本 章 小 结

本章讨论了 Power BI Service 中两种重要的对象类型，即仪表板和应用程序。

仪表板是一种功能强大的特性，可使终端用户将多个报表、数据集、其他仪表板、Q&A 和其他来源中的全部重要信息整合至包含磁贴的单页画布中。可将此类磁贴在画布上进行调整，并允许创建数据警告信息，以便在满足关键的指标阈值时即时通知用户。

另外，应用程序允许将多个仪表板和报表打包为独立的应用程序，并发布至用户。此类应用程序提供了与丰富的 Power BI Service 类似的特性和功能。

除了理解仪表板和应用程序之外，还需要深入考查 Power BI Service 中的安全性。Power BI 针对工作区、应用程序、仪表板、报表、数据集，甚至是单独的数据集行提供了多个相关的安全设置级别。

第 10 章将重点讨论如何保持已被发布至 Power BI Sevice 中的数据集的刷新。

9.6　进一步思考

下列问题供读者进一步思考。

- 仪表板及其功能是什么？
- 仪表板中可添加何种类型的磁贴？
- 哪一些磁贴支持数据警告信息的创建工作？
- 应用程序是什么？为何使用应用程序？
- 可与应用程序结合使用的两个发布方法是什么？
- 应用程序被发布后如何对其进行修改？
- Power BI Service 中 3 个主要的安全/权限级别是什么？
- 工作区中的 4 种有效的角色是什么？
- Power BI Service 中对象的层次结构是什么？
- 对象的 5 种有效的权限是什么？

9.7　进一步阅读

- 针对 Power BI Designer 的仪表板简介：https://docs.microsoft.com/en-us/power-bi/service-dashboards。
- 针对 Power BI Designer 的仪表板磁贴简介：https://docs.microsoft.com/en-us/power-bi/service-dashboard-tiles。
- 向仪表板中添加图像、文本、视频等：https://docs.microsoft.com/en-us/power-bi/

service-dashboard-add-widget#add-web-content。

- Power BI 中的实时流机制：https://docs.microsoft.com/en-us/power-bi/service-real-time-streaming。
- Power BI Service 中的数据警告消息：https://docs.microsoft.com/en-us/power-bi/service-set-data-alerts。
- Power BI 中应用程序的发布：https://docs.microsoft.com/en-us/power-bi/service-create-distribute-apps。

第 10 章　数据网关和刷新数据集

前述内容讨论了 Power BI Service 中与报表、仪表板、应用程序和安全的协同工作方法，本书的主题是介绍如何创建数据模型和报表，随后使用 Power BI Service 发布和共享工作结果。然而，数据将会随着时间发生变化。其间，新的数据将被添加或者现有的行被删除或修改。因此，一旦工作任务进入 Power BI Service 中，那么如何使当前工作结果与新数据之间保持更新状态，而无须在 Power BI Desktop 中手动刷新数据和重新发布。对此，Power BI Service 包含了更多的功能，并可使数据处于刷新状态。

本章将讨论如何安装和配置数据网关，并保持数据处于更新状态。随后，我们将学习如何配置数据集以使用此类网关。

本章主要涉及下列主题。

- 安装并使用数据网关。
- 刷新数据集。

10.1 技术需求

具体需求条件如下所示。

- 连接至互联网。
- Office 365 账户或 Power BI 试用版。
- Windows 7/Windows Server 2008 R2（或更高版本）的 64 位版本。
- .NET Framework 4.6。
- 访问 GitHub 并下载 LearnPowerBI.zip 文件，对应网址为 https://github.com/gdeckler/LearnPowerBI/tree/master/Ch10。然后解压 LearnPowerBI.pbix 文件并发布至报表中（参见第 7 章）。

10.2 安装并使用数据网关

预置数据网关，或简称为数据网关，是安装在计算机设备上的软件，该网关可提供本地、预置数据和 Microsoft Azure 云中各种服务间的安全连接，包括 Power BI Service。安装完毕后，Power BI Service 可使用该网关刷新被发布至 Power BI Service 中的数据集，如图 10.1 所示。

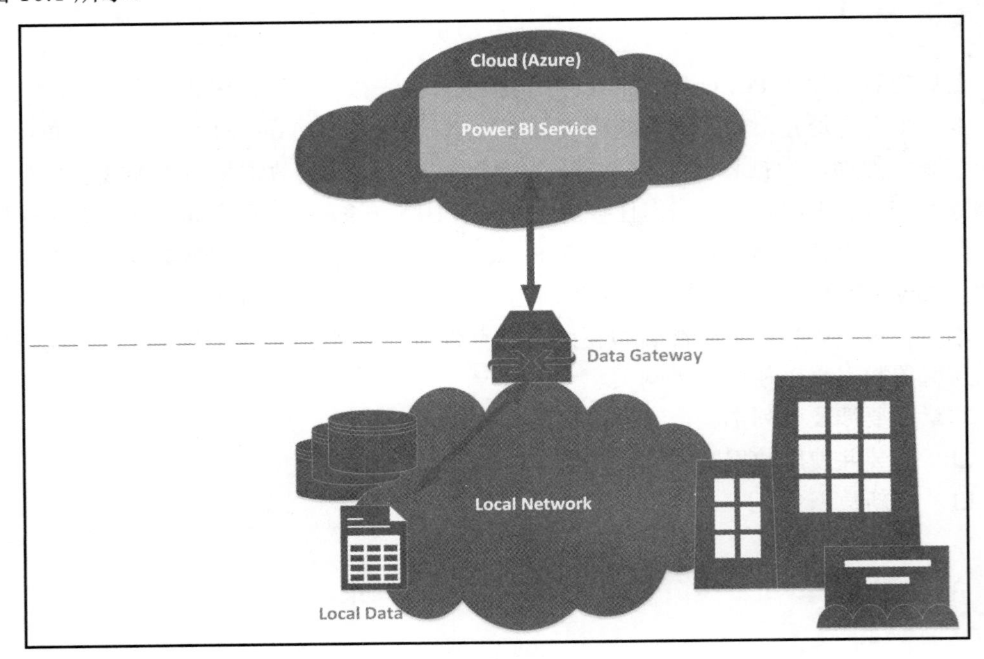

图 10.1　数据网关

网关可操作的两种模式如下。

- Standard（之前称作 Enterprise）。
- Personal。

网关的安装模式取决于使用网关的具体场景。下列情形需要使用 Standard（Enterprise）模式。

- 针对 PowerApps、Azure Logic Apps、Microsoft Flow、Azure Analysis Services、Dataflows 和 Power BI 使用网关。
- 组织机构中的其他用户使用单一中央网关。
- 需要针对分析服务（活动链接）使用 DirectQuery 或 LiveConnect 支持，而非导入。
- 作为管理员运行安装操作。
- 安装网关的计算机设备并不是主控制器。

考虑到本地计算机设备上的非管理员身份，大多数用户一般会以 Personal 模式安装网关。此时，用户仅可使用导入模式以及基于 Power BI 的网关。针对这一类用户，如果需要添加额外的功能，建议让信息技术（IT）部门参与进来，以便以标准或企业模式安装网关。

10.2.1　下载和安装数据网关

当安装数据网关时（两种模式之一），可执行下列步骤。

（1）登录 Power BI Service。

（2）在标题区域中，单击下拉箭头图标并选择 Data Gateway。这将导航至微软数据网关主页，对应网址为 https://powerbi.microsoft.com/gateway/，如图 10.2 所示。

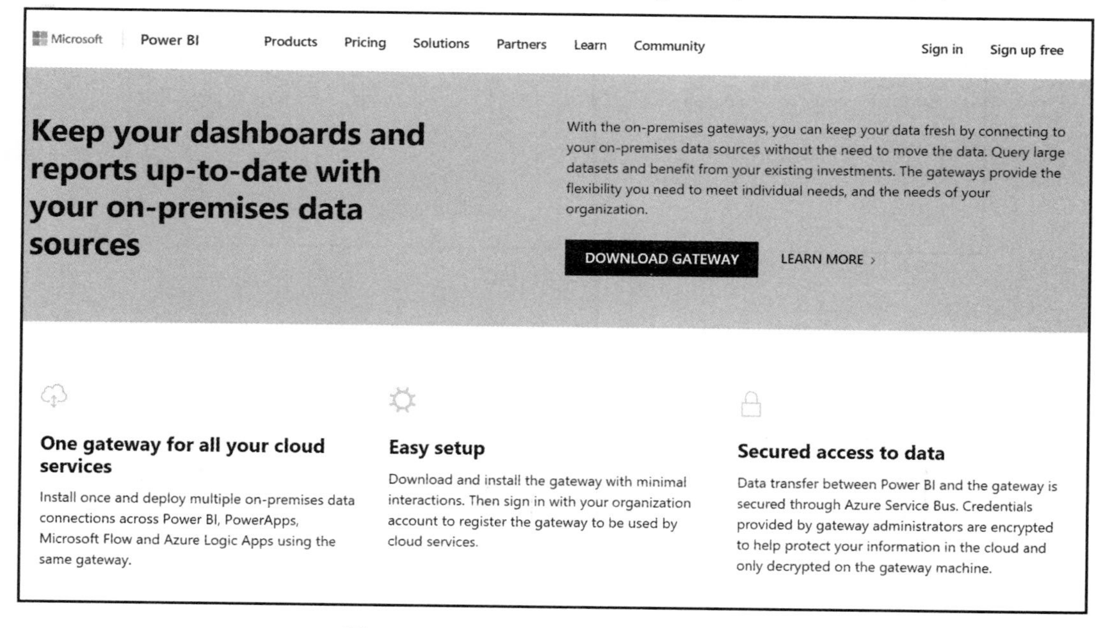

图 10.2　DOWNLOAD GATEWAY 页面

（3）单击 DOWNLOAD GATEWAY 链接。

提示：

当直接下载网关文件时，可访问 https://go.microsoft.com/fwlink/?LinkId=820925 clcid=0x409。

（4）将 PowerBIGatewayInstaller.exe 文件保存至 Downloads 目录中，或本地计算机

设备上的其他位置。

（5）当文件下载完毕后，可选择运行/打开文件，或者打开计算机设备上的文件夹（文件下载于此处），右击文件并选择 Open。如果以标准模式（或企业模式）安装网关，而非个人模式，则需要右击文件并选择 Run as administrator。随后将显示安装程序的欢迎画面，如图 10.3 所示。

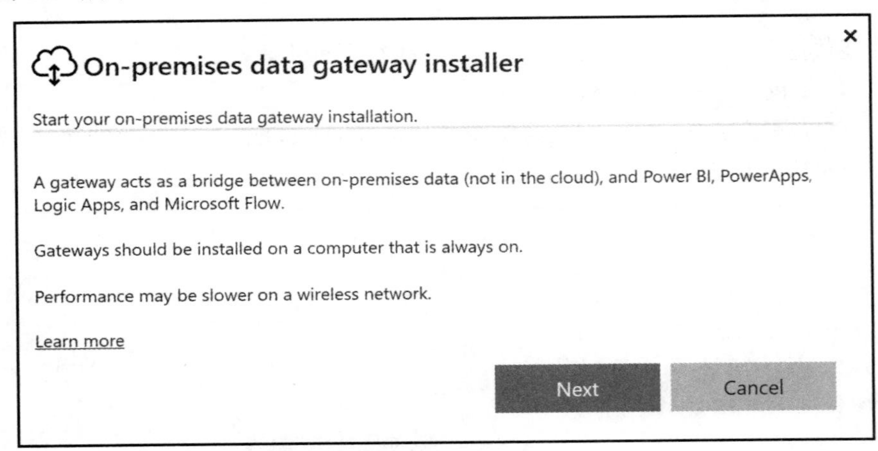

图 10.3　数据网关安装程序欢迎画面

（6）单击 Next 按钮，图 10.4 显示了可选的网关安装模式。

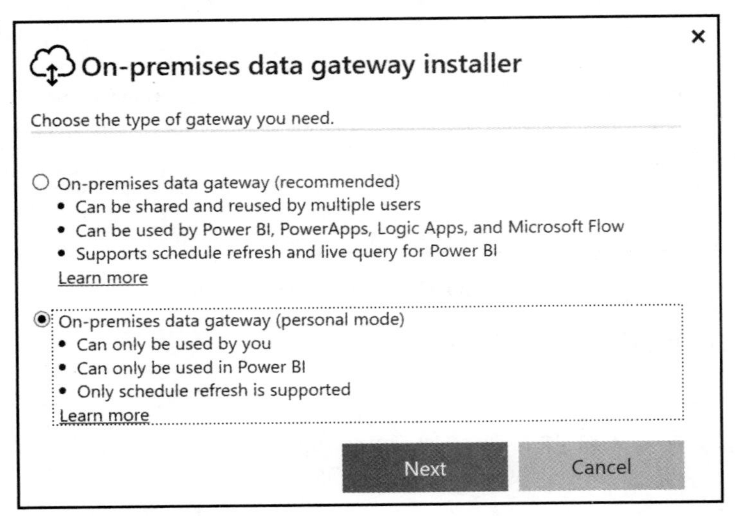

图 10.4　数据网关安装模式

（7）选择网关的安装模式，随后单击 Next 按钮。此时，网关将启动安装的准备工作，如图 10.5 所示。

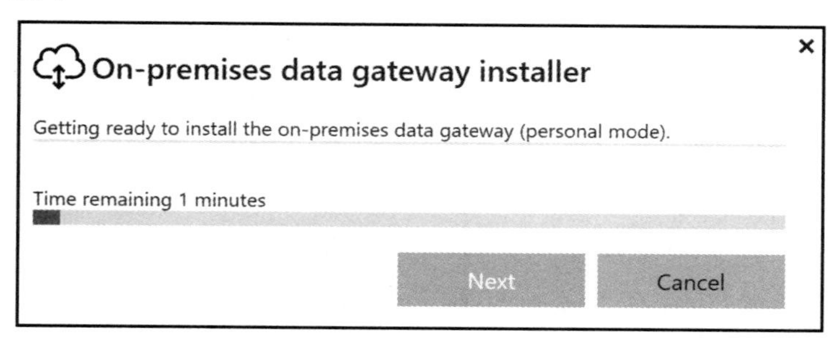

图 10.5　网关安装准备屏幕

提示：

如果仍对此存在疑虑，可选择管理员和非管理员用户均可安装的 Personal 模式。如果后续操作中需要使用 Standard 模式，则可再次在同一台计算机设备上以 Standard 模式安装网关——因为网关支持可在同一台计算机设备上以两种模式同步运行网关。

（8）等待网关自行准备安装，当安装过程结束后，安装程序屏幕将变为条款和安装条件页面，如图 10.6 所示。

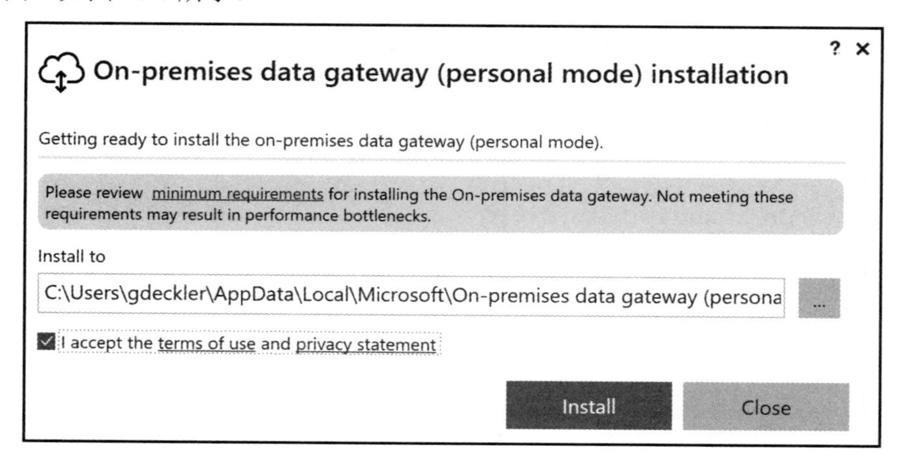

图 10.6　网关条款和条件页面

（9）在图 10.6 中，接受默认的 Install to 目录，或者也可修改为计算机设备上的另一个目录位置。阅读并选中 I accept the terms of use and privacy statement 复选框，随后单击 Install 按钮。此时将显示安装页面以及进度条。安装完毕后则显示如图 10.7 所示的页面，并提示输入网关所使用的电子邮件地址。

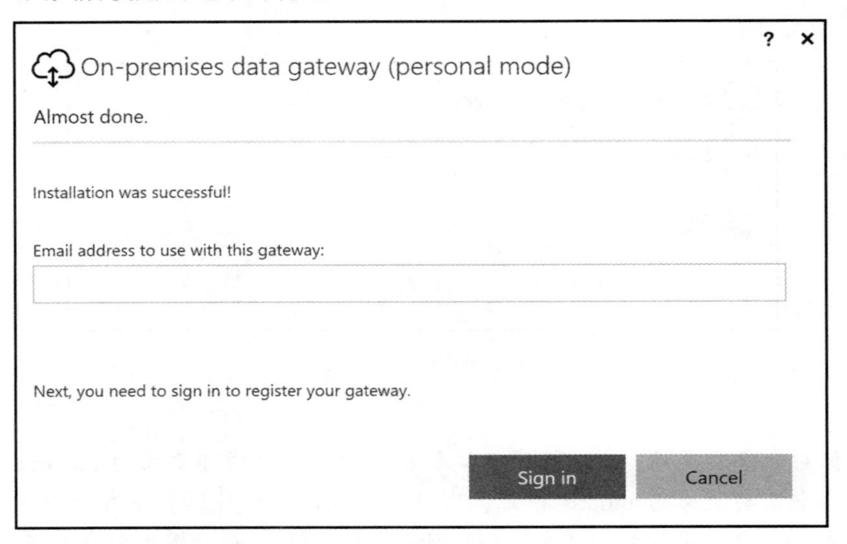

图 10.7　数据网关电子邮件地址

（10）输入所用的电子邮件地址，并登录至 Power BI Service 中，随后单击 Sign in 按钮。

（11）Standard Only：当以 Standard 模式安装时，安装网关程序页面将允许用户注册一个新的网关或移动、获取所有权或恢复现有的网关。选中 Register a new gateway on this computer 单选按钮，随后单击 Next 按钮，如图 10.8 所示。

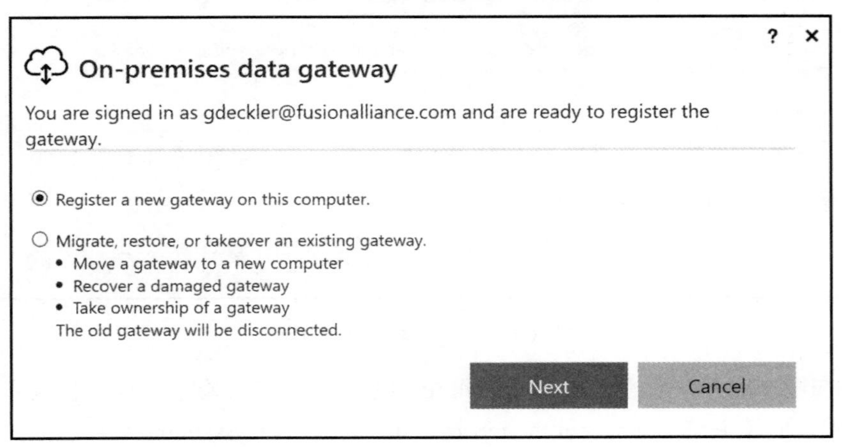

图 10.8　注册一个新的网关

（12）Standard Only：当以 Standard 模式进行安装时，将提示用户输入一个网关名称并提供一个恢复密钥（Recovery key）。当需要恢复网关时，一般需要使用恢复密钥。因此，应将恢复密钥保存至一个安全的地方。此外，还可将网关添加至已有的集群中。注意，只有在已经安装了网关并希望启用冗余时才执行该方案。除此之外，页面底部的选项还可进一步调整网关操作的区域——仅当用户十分熟悉操作内容时方可执行该方案。这里，网关区域基于 Power BI 登录所绑定的用户。如果针对另一区域安装了网关，则该网关无法对现有用户区域执行正确的操作。针对网关输入名称、恢复密钥，随后单击 Configure 按钮，如图 10.9 所示。

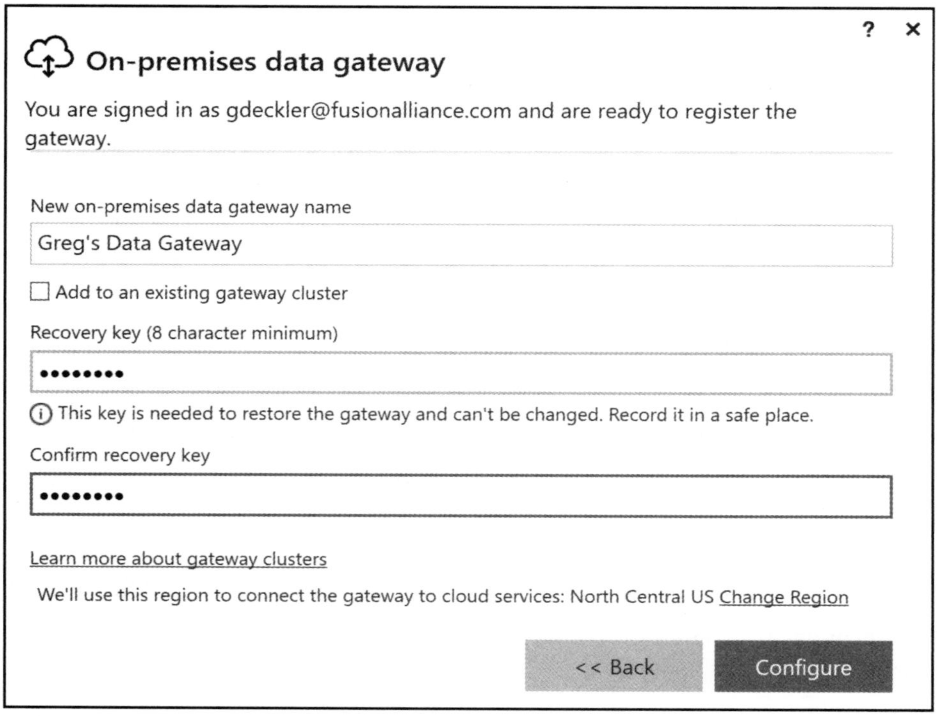

图 10.9　网关名称和恢复密钥

（13）当前，数据网关已安装完毕且处于就绪状态。根据具体的安装模式，实际显示的页面可能稍有不同。图 10.10 显示了数据网关管理页面，其中左侧为 Personal 模式；而右侧则为 Standard 模式。

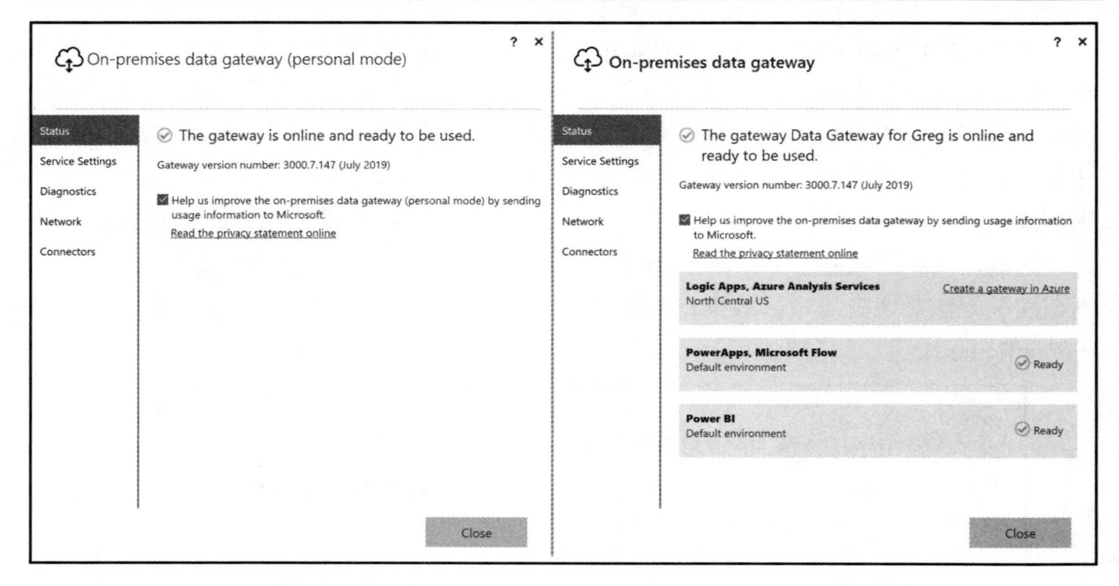

图 10.10　数据网关管理页面（左侧为 Personal 模式，右侧为 Standard 模式）

在网关安装完毕后，接下来将考查如何操作和使用网关。

10.2.2　运行数据网关

取决于相应的安装模式，即 Personal 或 Standard 模式，数据网关可作为计算机设备上的应用程序或服务运行。稍后将对这两种模式加以讨论。

1. Personal 模式

当以 Personal 模式进行安装时，网关作为后台进程运行，即 Microsoft.PowerBI.DataMovement.PersonalGateway。即使关闭了网关管理页面，该后台进程仍处于持续运行状态。然而，如果重启了计算机设备，那么网关在默认状态下将不会自动启动。对此，需要查找并运行 Windows Start 菜单中的 On-premises data gateway (personal mode)以弹出管理页面。

当在重启计算机设备并自动启动网关时，可执行下列步骤。

（1）使用 Windows Start 菜单启动 Task Manager，随后将显示如图 10.11 所示的页面。

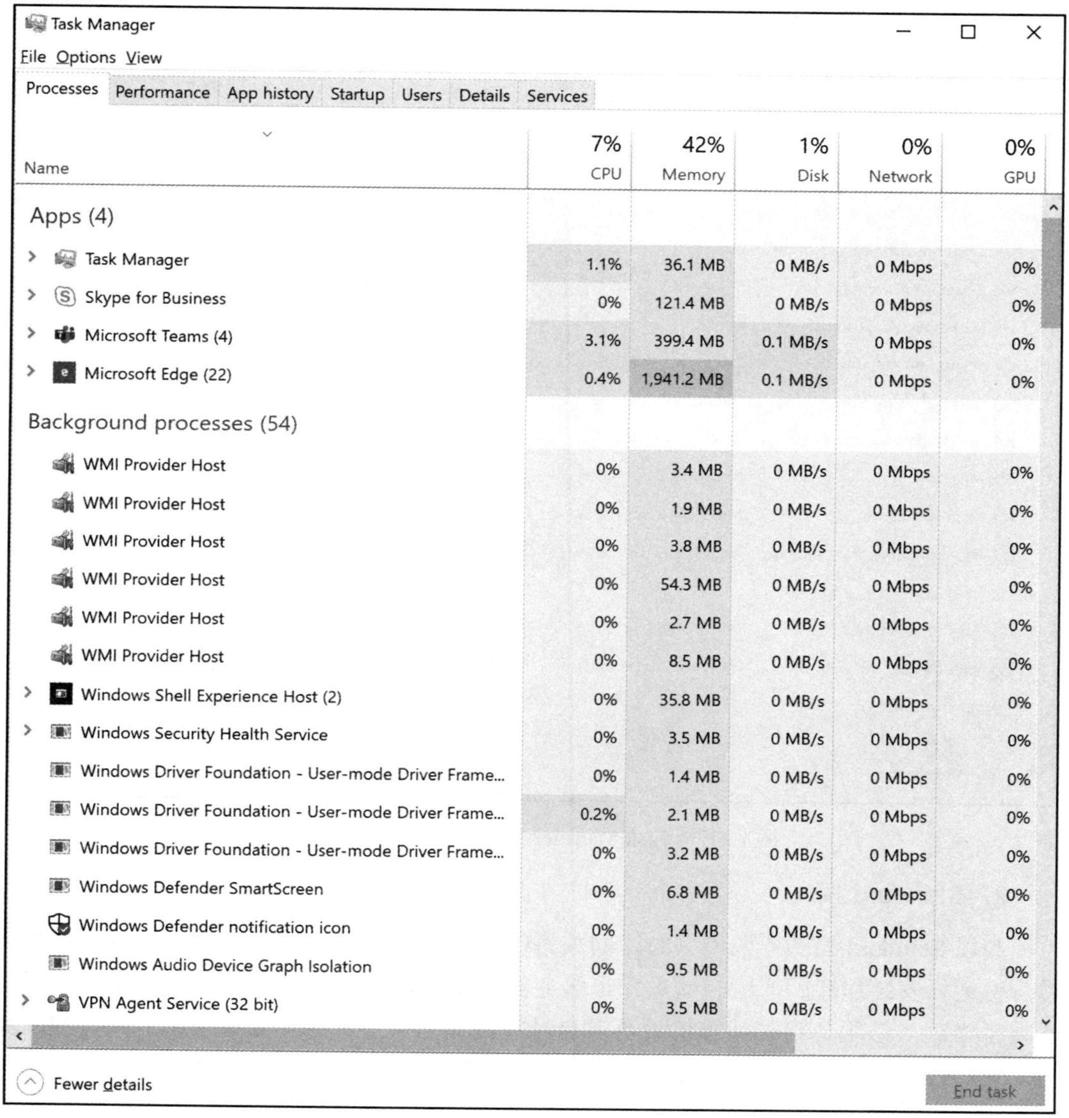

Task Manager

File Options View

Processes | Performance | App history | Startup | Users | Details | Services

Name	7% CPU	42% Memory	1% Disk	0% Network	0% GPU
Apps (4)					
Task Manager	1.1%	36.1 MB	0 MB/s	0 Mbps	0%
Skype for Business	0%	121.4 MB	0 MB/s	0 Mbps	0%
Microsoft Teams (4)	3.1%	399.4 MB	0.1 MB/s	0 Mbps	0%
Microsoft Edge (22)	0.4%	1,941.2 MB	0.1 MB/s	0 Mbps	0%
Background processes (54)					
WMI Provider Host	0%	3.4 MB	0 MB/s	0 Mbps	0%
WMI Provider Host	0%	1.9 MB	0 MB/s	0 Mbps	0%
WMI Provider Host	0%	3.8 MB	0 MB/s	0 Mbps	0%
WMI Provider Host	0%	54.3 MB	0 MB/s	0 Mbps	0%
WMI Provider Host	0%	2.7 MB	0 MB/s	0 Mbps	0%
WMI Provider Host	0%	8.5 MB	0 MB/s	0 Mbps	0%
Windows Shell Experience Host (2)	0%	35.8 MB	0 MB/s	0 Mbps	0%
Windows Security Health Service	0%	3.5 MB	0 MB/s	0 Mbps	0%
Windows Driver Foundation - User-mode Driver Frame...	0%	1.4 MB	0 MB/s	0 Mbps	0%
Windows Driver Foundation - User-mode Driver Frame...	0.2%	2.1 MB	0 MB/s	0 Mbps	0%
Windows Driver Foundation - User-mode Driver Frame...	0%	3.2 MB	0 MB/s	0 Mbps	0%
Windows Defender SmartScreen	0%	6.8 MB	0 MB/s	0 Mbps	0%
Windows Defender notification icon	0%	1.4 MB	0 MB/s	0 Mbps	0%
Windows Audio Device Graph Isolation	0%	9.5 MB	0 MB/s	0 Mbps	0%
VPN Agent Service (32 bit)	0%	3.5 MB	0 MB/s	0 Mbps	0%

Fewer details　　End task

图 10.11　Task Manager

（2）在 Task Manager 窗口中，切换至 Startup 选项卡，如图 10.12 所示。

（3）右击 PersonalGatewayConfigurator 并选择 Enable。

当前，网关将在重启后自动开启。

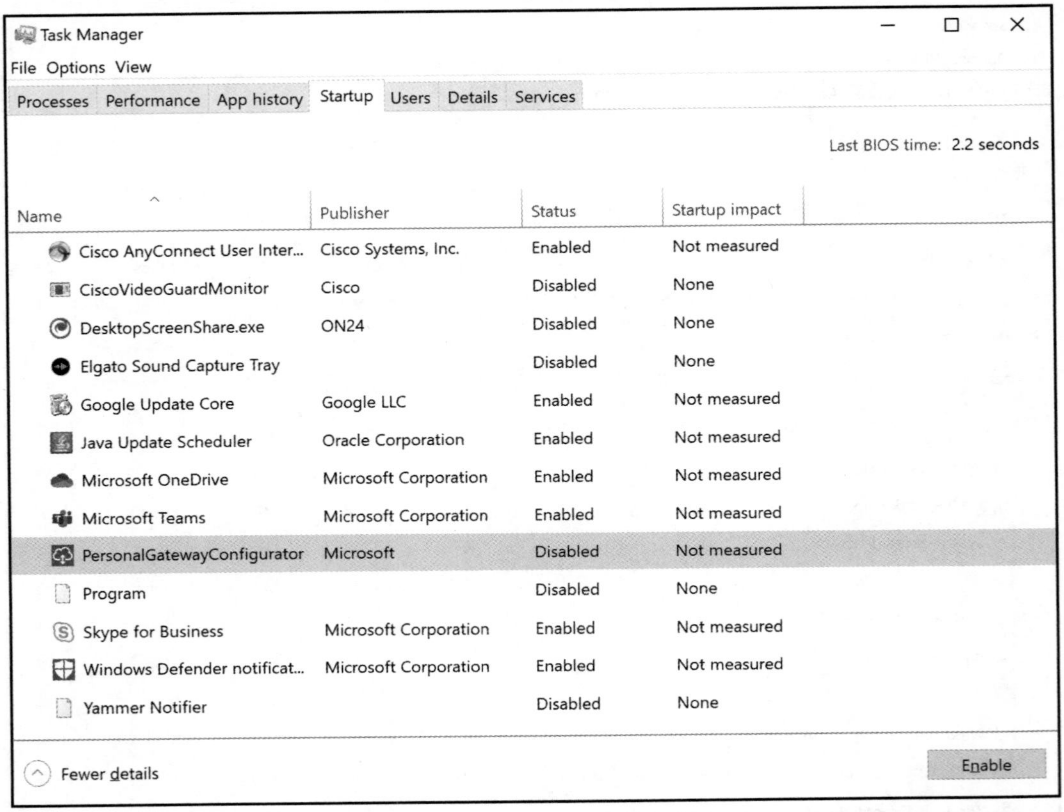

Task Manager

File Options View

Processes | Performance | App history | Startup | Users | Details | Services

Last BIOS time: 2.2 seconds

Name	Publisher	Status	Startup impact
Cisco AnyConnect User Inter...	Cisco Systems, Inc.	Enabled	Not measured
CiscoVideoGuardMonitor	Cisco	Disabled	None
DesktopScreenShare.exe	ON24	Disabled	None
Elgato Sound Capture Tray		Disabled	None
Google Update Core	Google LLC	Enabled	Not measured
Java Update Scheduler	Oracle Corporation	Enabled	Not measured
Microsoft OneDrive	Microsoft Corporation	Enabled	Not measured
Microsoft Teams	Microsoft Corporation	Enabled	Not measured
PersonalGatewayConfigurator	Microsoft	Disabled	Not measured
Program		Disabled	None
Skype for Business	Microsoft Corporation	Enabled	Not measured
Windows Defender notificat...	Microsoft Corporation	Enabled	Not measured
Yammer Notifier		Disabled	None

Fewer details　　Enable

图 10.12　Task Manager 窗口中的 Startup 选项卡

2. Standard 模式

当以 Standard 模式安装网关时，网关将作为 Windows 服务运行，这也是需要以管理员身份运行安装程序的原因。这里，该服务被称作 On-premises data gateway service。当安装完毕后，该服务将在计算机设备重启时被设置为自动启动。即使关闭了网关管理页面，该 Windows 服务仍持续运行。如果关闭了管理应用程序，我们仍可查找和运行 Windows Start 菜单中的 On-premises data gateway 再次显示管理页面。

10.2.3　配置数据网关

需要说明的是，数据网关还包含了一些额外的配置信息，需要我们进一步理解。此类配置设置项位于网关管理页面中。10.2.1 节结尾部分介绍了应用程序的 Status 页面，其他相关页面如下所示。

- ❑ Service Settings。
- ❑ Diagnostics。
- ❑ Network。
- ❑ Connectors。

1. Service Settings 页面

图 10.13 显示了 Service Settings 页面，其中左侧为 Personal 模式；右侧则为 Standard 模式。

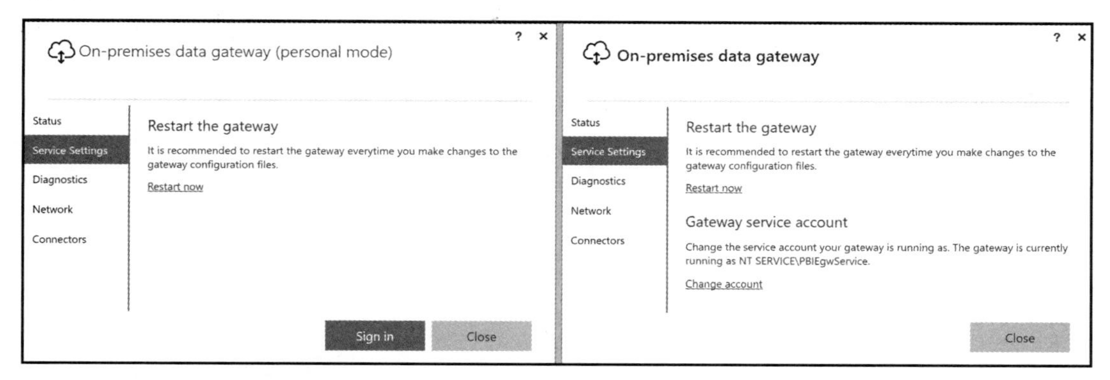

图 10.13　网关 Service Settings 页面

在网关 Service Settings 页面中，单击 Restart now 链接可重启网关。这里，建议每次修改配置内容后重启网关。此外，Standard 模式还可修改用于运行 Windows 服务的账户，对此，可单击 Change account 链接。默认状态下，该服务作为 NT SERVICE\PBIEgwService 内部账户运行。如果希望将服务作为 Active Directory 域账户运行，则可更改此设置。

2. Diagnostics 页面

Diagnostics 页面与网关模式界面基本相同，如图 10.14 所示。如果网关出现问题，则可于此处排除故障。通过将 Additional logging 滑块移至右侧，该页面可显示详细的日志信息。这些日志可用于故障排除，但一般情况下不应予以启用，除非遇到网关问题——启用日志机制可能会导致性能问题。另外，通过单击 Gateway logs 标题下方的 Export logs 链接，此类日志可导出为.zip 文件。最后，通过单击 Network ports test 标题下的 Start new test 链接，可以确保网关和服务之间的通信路径是开放的。当查看是否存在防火墙之类的应用阻止通信时，这将非常有用。

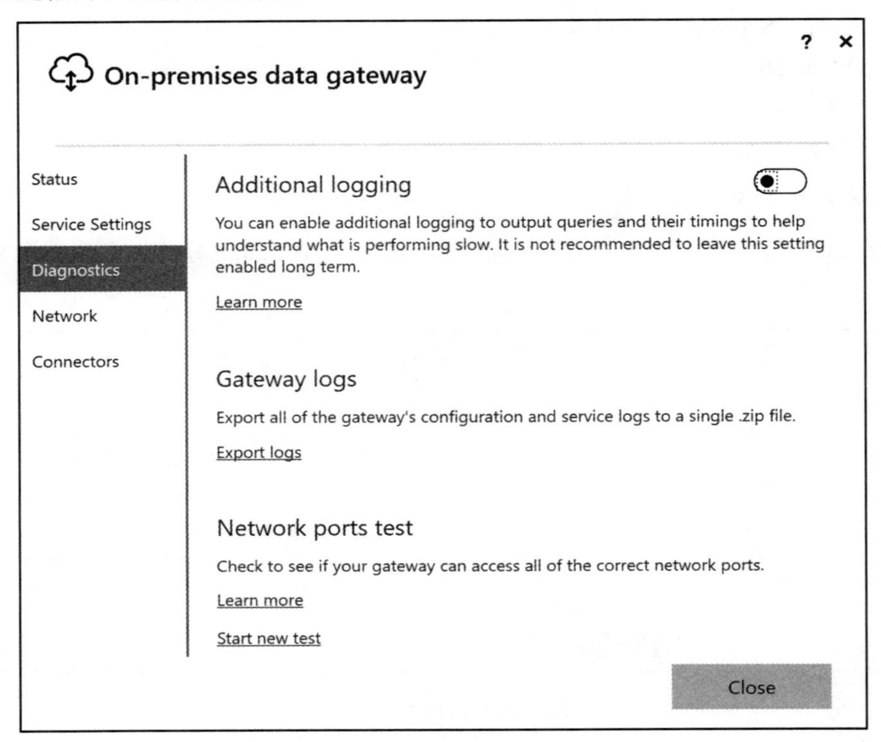

图 10.14　网关 Diagnostics 页面

3. Network 页面

Network 页面与网关的模式页面基本相同，并可查看网关与服务间的网络连接状态。除此之外，还可开启或关闭 HTTPS mode，以强制网关将 HyperText Transfer Protocol Secure （HTTPS）或 Transmission Control Protocol （TCP）用作网络通信协议。无论采用哪一种模式，网络流量均处于加密状态。这里，建议 HTTPS mode 保留其默认的设置项。当 HTTPS mode 处于关闭状态时，如果网关不能通过直接 TCP 通信，它仍然会自动切换到 HTTPS 模式。该设置项反映了网关所使用的当前网络通信协议。Network 页面如图 10.15 所示。

4. Connectors 页面

Connectors 页面基本等同于网关模式。Power BI 是一个可扩展的平台，同样，数据网关也是如此。Connectors 页面可指定自定义数据连接器的文件位置。自定义数据连接器可使开发人员创建 Power BI 目前尚未支持的应用程序、服务和数据源的数据连接器。图 10.16 显示了 Connectors 页面。

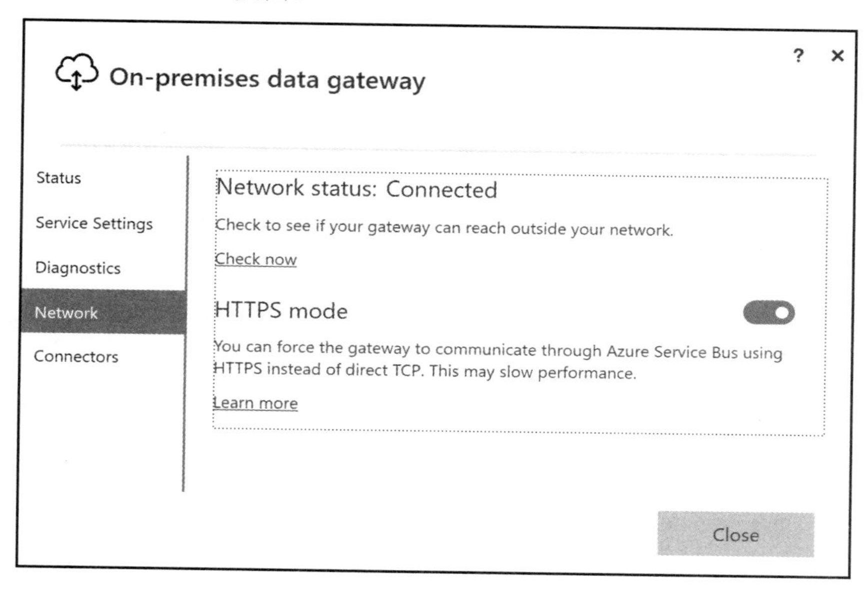

图 10.15　网关 Network 页面

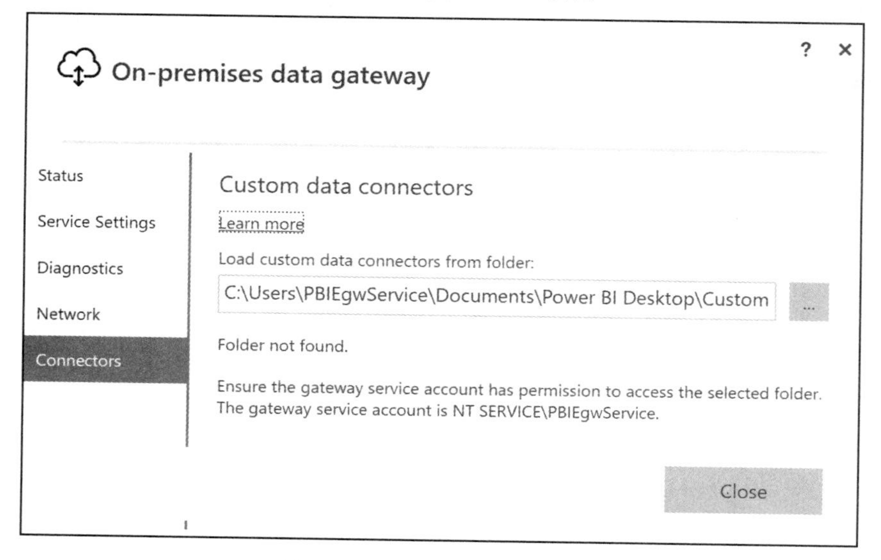

图 10.16　网关 Connectors 页面

10.2.4　管理数据网关

当网关安装和配置完毕后，针对 Standard 模式网关可通过 Power BI Service 加以管理。当管理 Standard 模式的网关时，可执行下列步骤。

（1）登录 Power BI Service。

（2）单击右上角的齿轮图标，然后选择 Manage gateways，如图 10.17 所示。

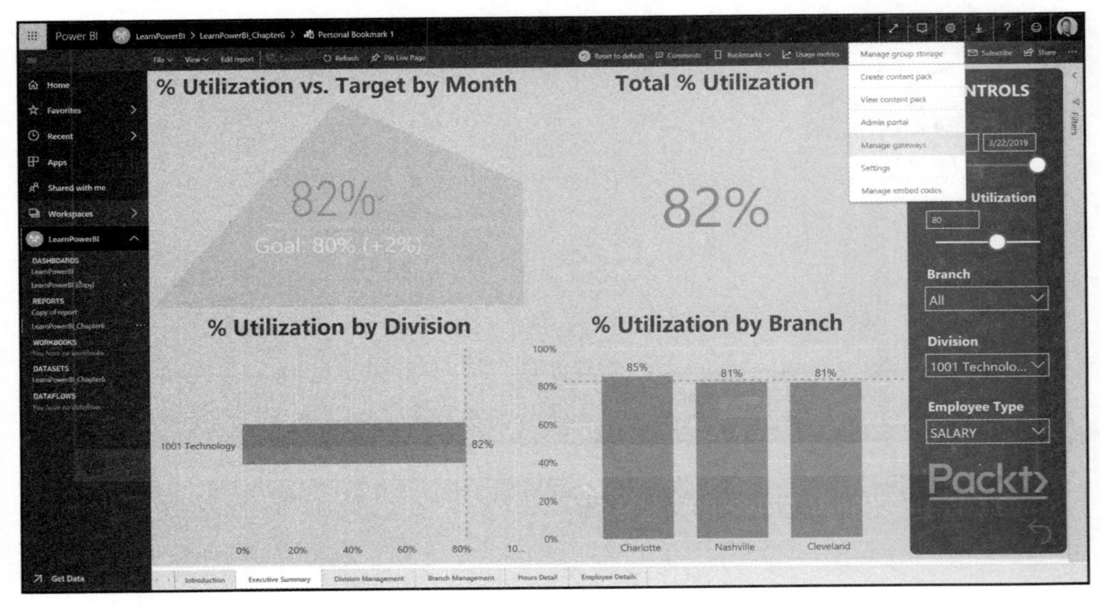

图 10.17　访问 Manage gateways 链接

1. 网关集群设置和管理器

在单击了 Power BI Service 中齿轮图标的 Manage gateways 链接后，将显示如图 10.18 所示的页面。

Gateway Cluster Settings 页面的左侧列出了 Standard 模式安装的网关集群，并可供拥有管理员身份的用户访问，此类网关集群在 GATEWAY CLUSTERS 下方被列出。需要注意的是，该页面仅列出了 Standard 模式的安装的网关，但并不会列出以 Personal 模式安装的网关。其次，令人稍感奇怪的是，即使仅安装了单一网关，该网关也会显示于 GATEWAY CLUSTER 下方。然而，即使单一网关的安装实际上也会创建一个网关集群，随后将该单一网关添加至集群中。针对冗余和负载平衡，还可向集群添加其他网关。对此，可简单地在另一台计算机设备上安装网关，并在安装过程中选择 Add to an existing gateway cluster 选项。Power BI Service 负责处理网关集群的各方面内容，包括网关之间的故障转移和负载平衡。

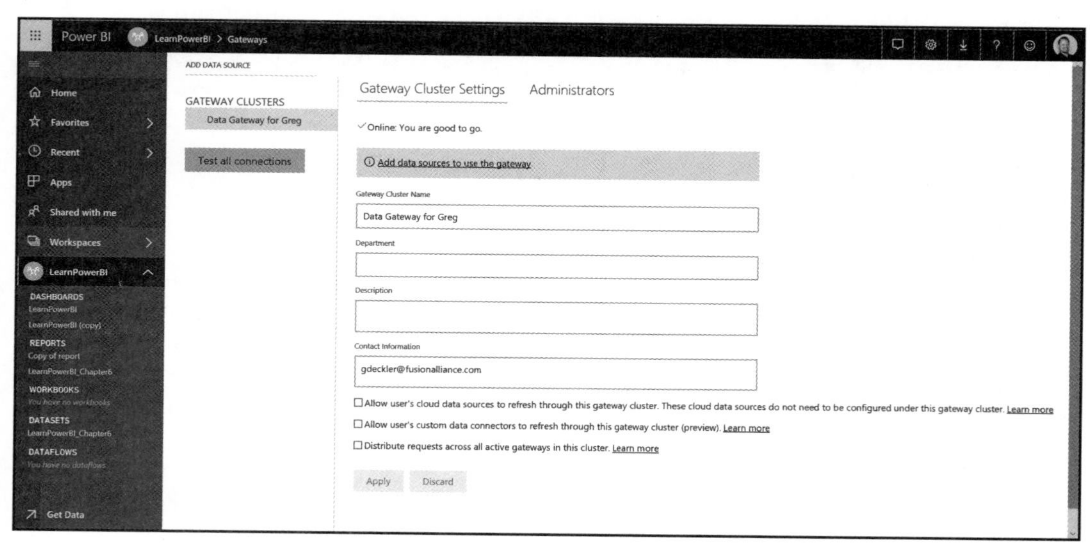

图 10.18　Gateway Cluster Settings 页面

Gateway Cluster Settings 下方列出的前 4 项设置显示了相关信息，包括 Gateway Cluster Name、Department、Description 和 Contact information。随后是 3 个复选框，如下所示。

- 第一个复选框是 Allow user's cloud data sources to refresh through this gateway cluster. These cloud data sources do not need to be configured under this gateway cluster。当希望拥有合并或添加云和本地数据源的单一 Power Query 查询时，可使用该项设置。启用该项设置是一个好主意；否则，合并单一查询中云数据源和本地数据源的任何查询操作都将无法执行刷新操作。
- 第二个复选框是 Allow user's custom data connectors to refresh through this gateway cluster(preview)。该设置可使自定义数据连接器通过当前网关进行刷新。注意，自定义数据连接器需要在网关的自定义数据连接器文件夹中安装，并在网关配置应用程序的 Connectors 页面中加以指定。当使用自定义数据连接器时，应选中该复选框。
- 最后一个复选框是 Distribute requests across all gateways in this cluster。安装网关将生成单个网关集群。如果在单一集群中安装额外的网关，默认状态下，集群中网关的负载平衡将处于随机状态。选中该复选框将强制刷新请求在集群中的所有网关之间均匀分布。仅当在单一集群中使用多个网关，且希望负载平衡不呈现为随机状态时，方可选中该复选框。

Administrators 选项卡允许用户为网关指定除自己之外的其他管理员。对此，可在 Power BI 租户中输入某人的电子邮件地址，随后单击 Add 按钮，如图 10.19 所示。

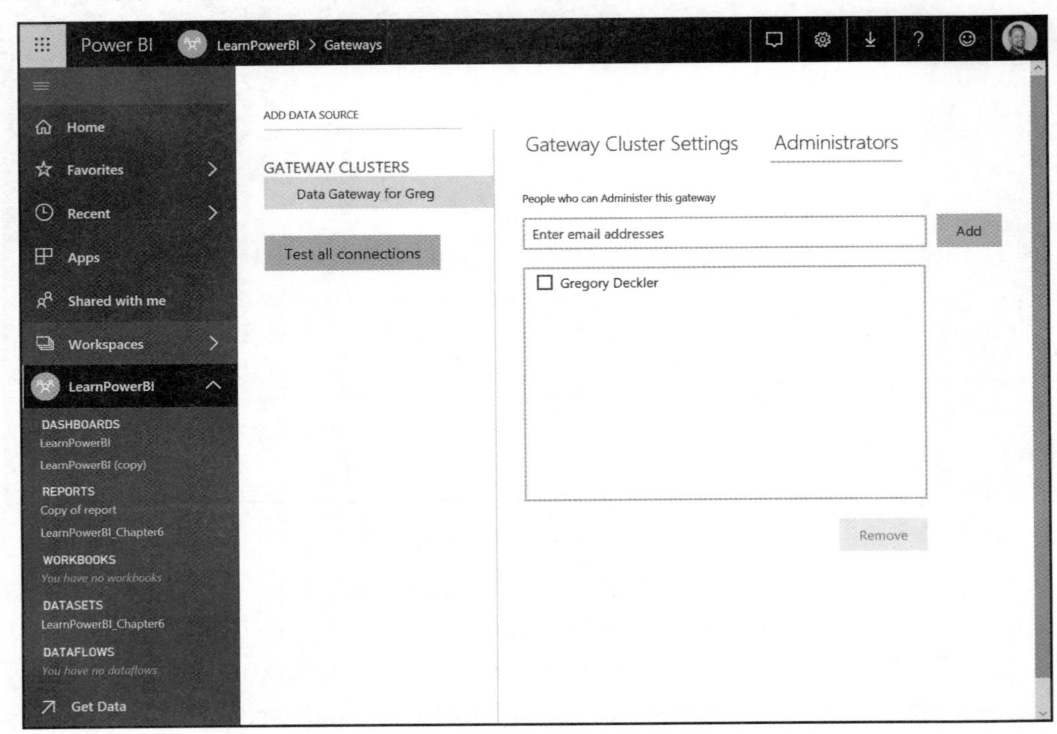

图 10.19　网关 Administrators 页面

2．移除网关并添加数据源

即使从计算机设备中卸载了网关，或者关闭了安装网关的计算机设备，网关集群仍保留于 Power BI Service 中。当移除网关集群时，可执行下列步骤。

（1）将鼠标光标悬停于网关名称上。

（2）单击网关名称右侧的省略号（...），注意，该省略号第一眼看上去很容易被忽略。该省略号菜单提供了 REMOVE 选项，选择选项可移除网关集群，如图 10.20 所示。

（3）除了移除网关集群之外，省略号菜单还提供了 ADD DATA SOURCE 选项，选择该选项可在网关集群下创建一个新的数据源，随后显示 Data Source Settings 页面，如图 10.21 所示。

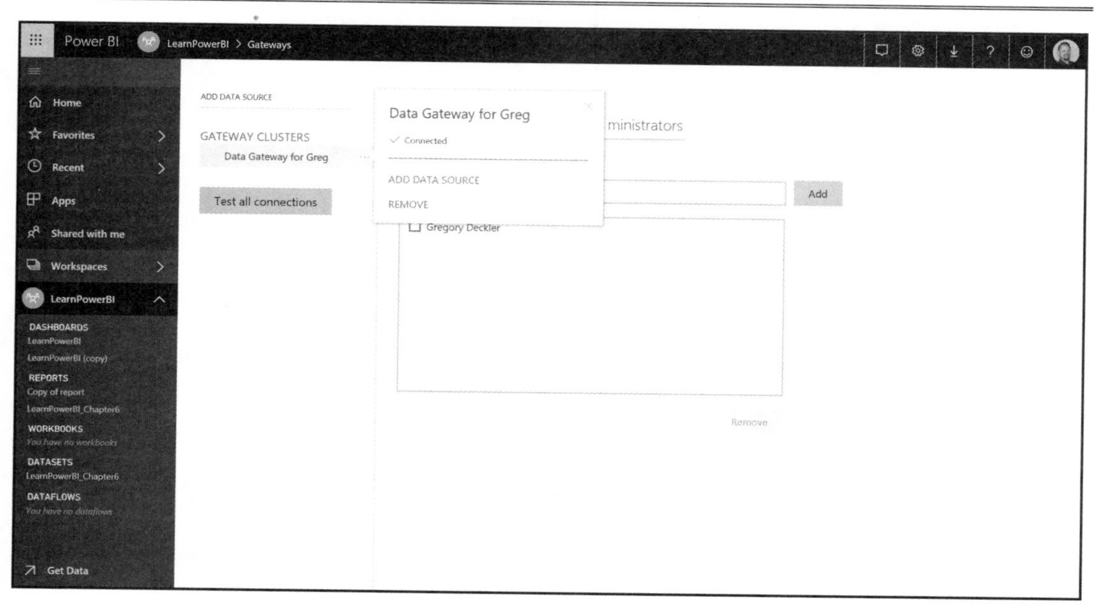

图 10.20　网关的省略号菜单

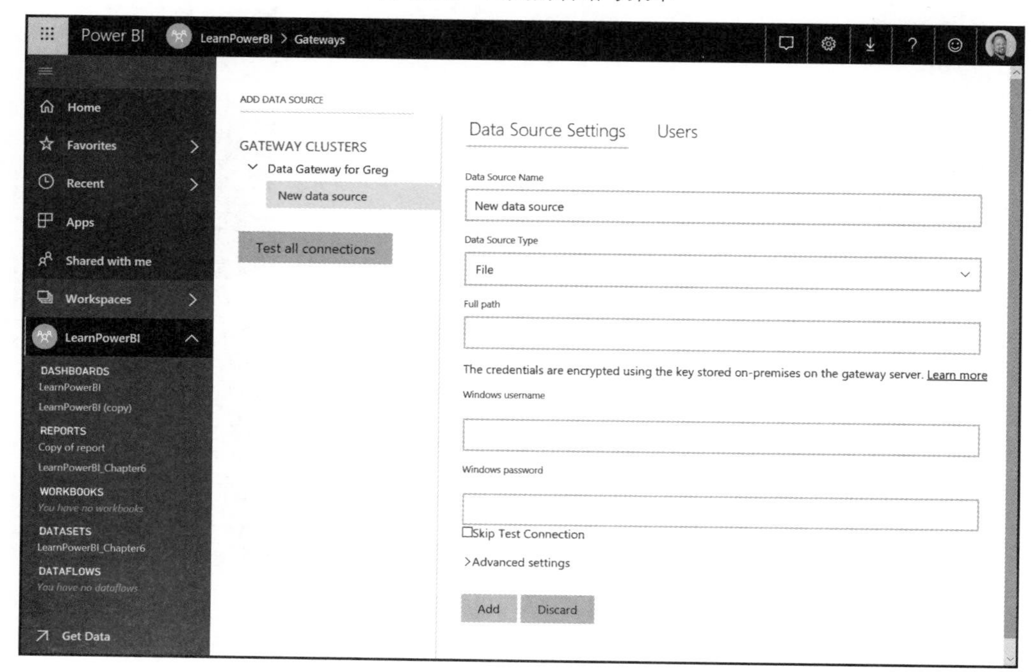

图 10.21　采用手动方式添加一个数据源

取决于所选的 Data Source Type，Data Source Settings 页面实际内容将有所变化。一般情况下，此页面允许网关管理员以手动方式定义使用网关刷新的数据源，也允许使用该数据源连接刷新其数据的 Users。当前设置模拟了在 Power BI Desktop 中创建查询时需要输入的信息。稍后将介绍创建网关数据源时的一种简单方法。

10.3　刷新数据集

在网关安装和配置完毕后，接下来将启用数据源并实现自动刷新。这意味着，当在文件或数据库中添加或替换数据时，Power BI Service 可自动刷新发布的数据集中的数据，以使所关联的仪表板和报表保持最新状态。

当针对数据集预置刷新操作时，需要登录至 Power BI Service 并执行下列步骤。

（1）在 Power BI Service 中，展开 Navigation 面板中的 Workspaces，随后在 DATASETS 下方单击省略号（...）菜单，此时将显示如图 10.22 所示的弹出菜单。

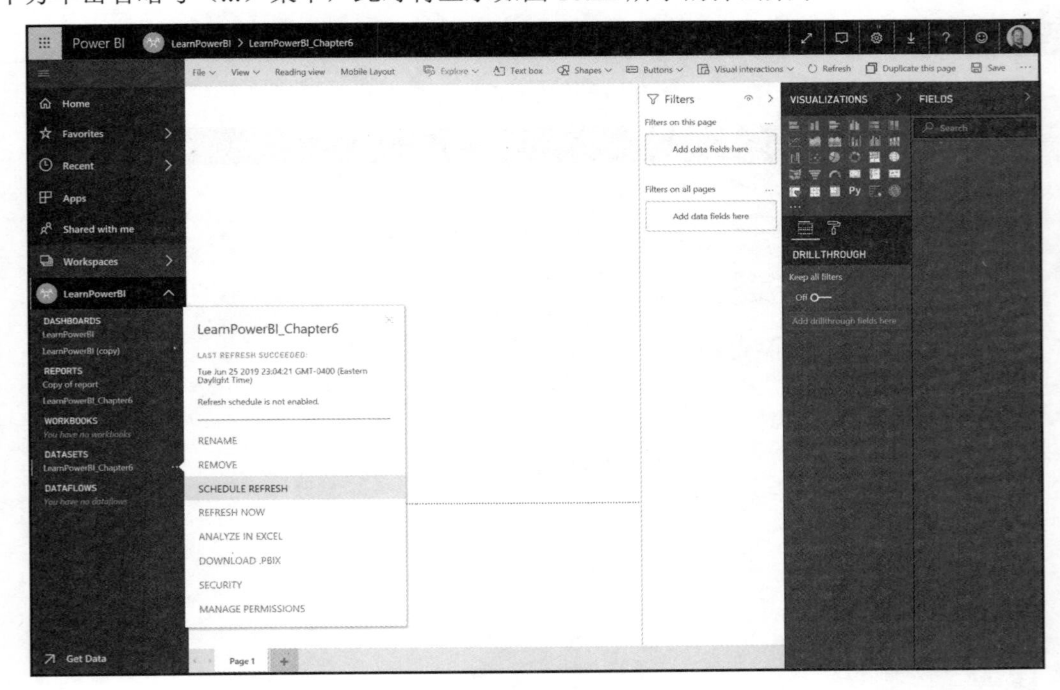

图 10.22　访问数据集的 SCHEDULE REFRESH 选项

（2）选择菜单中的 SCHEDULE REFRESH，随后将显示 Datasets 设置页面，如图 10.23 所示。

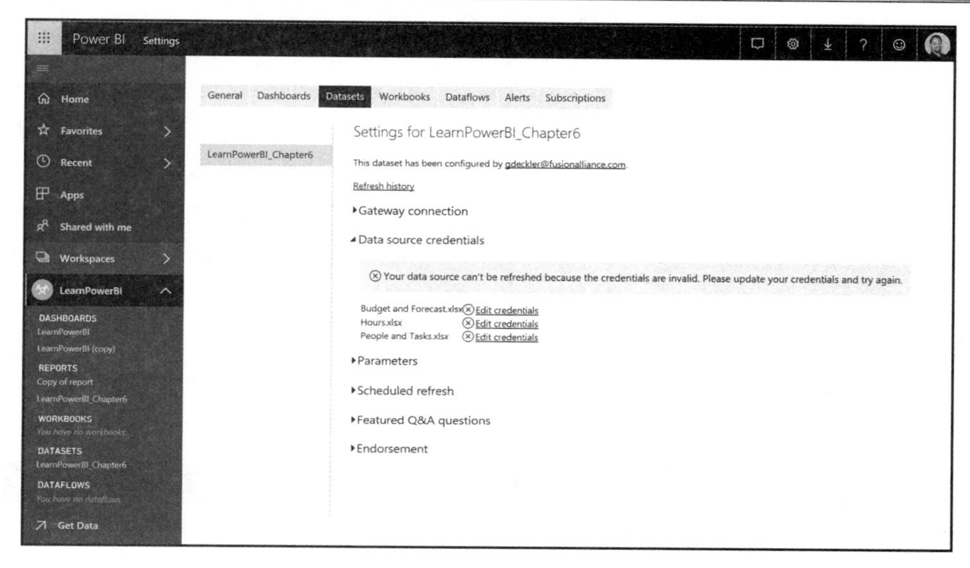

图 10.23 Datasets 设置页面

（3）展开 Gateway connection 部分，如图 10.24 所示。

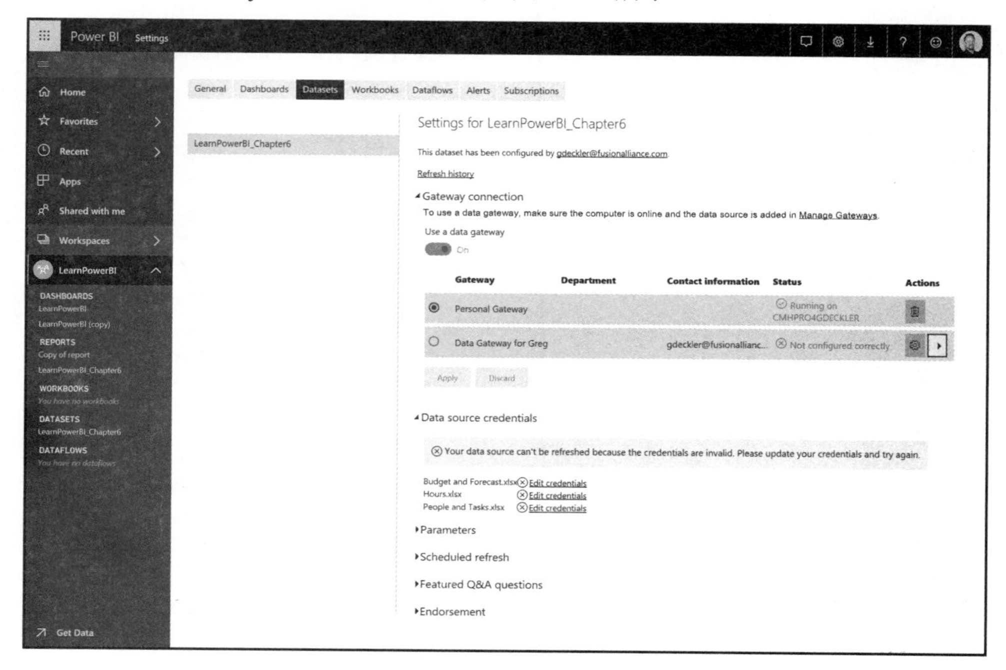

图 10.24 Gateway connection 部分

可以看到安装后的 Personal Gateway，以及可以访问的任何 Standard 模式网关，均显示于 Gateway connection 部分下。如果已安装并正在运行 Personal 模式的网关，则 Status 将显示绿色文本，且表明网关正处于 Running on（运行）状态；相比之下，Standard 模式网关将显示红色文本，且表明网关处于 Not configured correctly（未被正确地配置）状态。其原因在于，数据集所使用的数据源未添加至网关中，这也是不同网关模式间的重要区别。具体来说，以 Personal 模式安装的网关并不需要将数据源添加至网关并在其中进行管理，但以 Standard 模式安装的网关则需要采用额外的步骤。当使用 Personal Gateway 时，可跳至步骤（10），否则继续执行步骤（4）。

（4）Standard Mode Only：当向标准模式数据网关中添加数据源时，可单击右向图标，随后将显示一个 Data sources included in this dataset 列表，如图 10.25 所示。

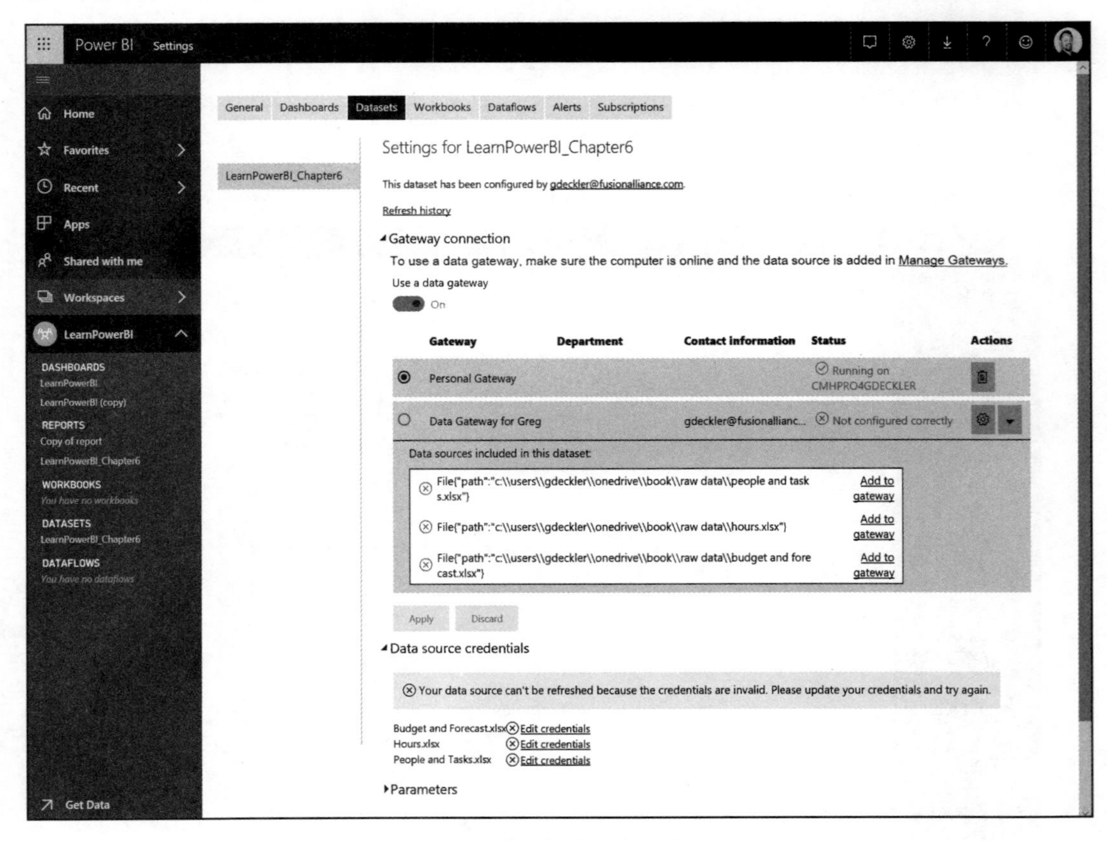

图 10.25　数据集中包含的数据源

（5）Standard Mode Only：当向数据网关中添加数据源时，可简单地单击数据源一侧的 Add to gateway 链接，这将导航至网关的 Data Source Settings 页面中，如图 10.26 所示。

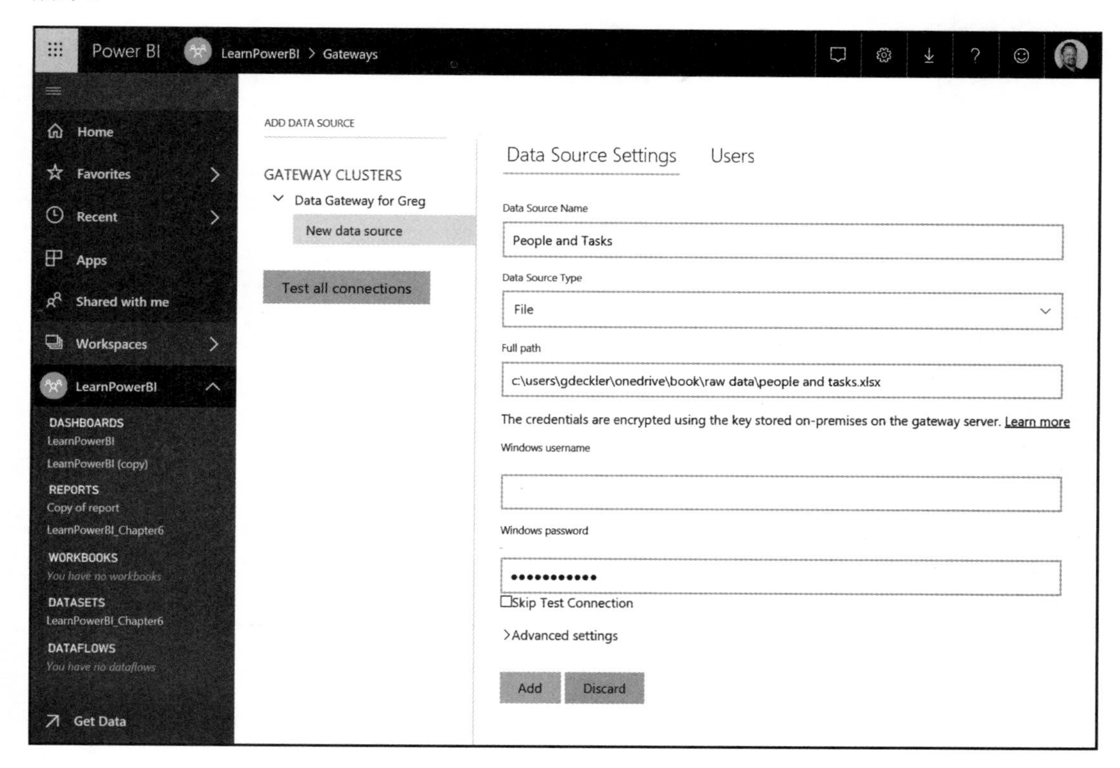

图 10.26　向网关中添加数据源

再次强调，根据数据源的类型，Data Source Settings 页面将有所不同。但在默认状态下，Data Source Type 和其他信息已经在该页中填写完毕。除此之外，在当前示例中，还需要添加比 New data source 更具描述性的 Data Source Name，以及 Windows username 和 Windows password。当操作完成后，单击 Add 按钮。

（6）Standard Mode Only：单击 Add 按钮之后，如果数据源已被成功设置和测试，将导航回 Datasets 设置页面中。展开 Gateway connection 部分并单击标准模式网关的 Actions 区域中的右箭头图标，如图 10.27 所示。

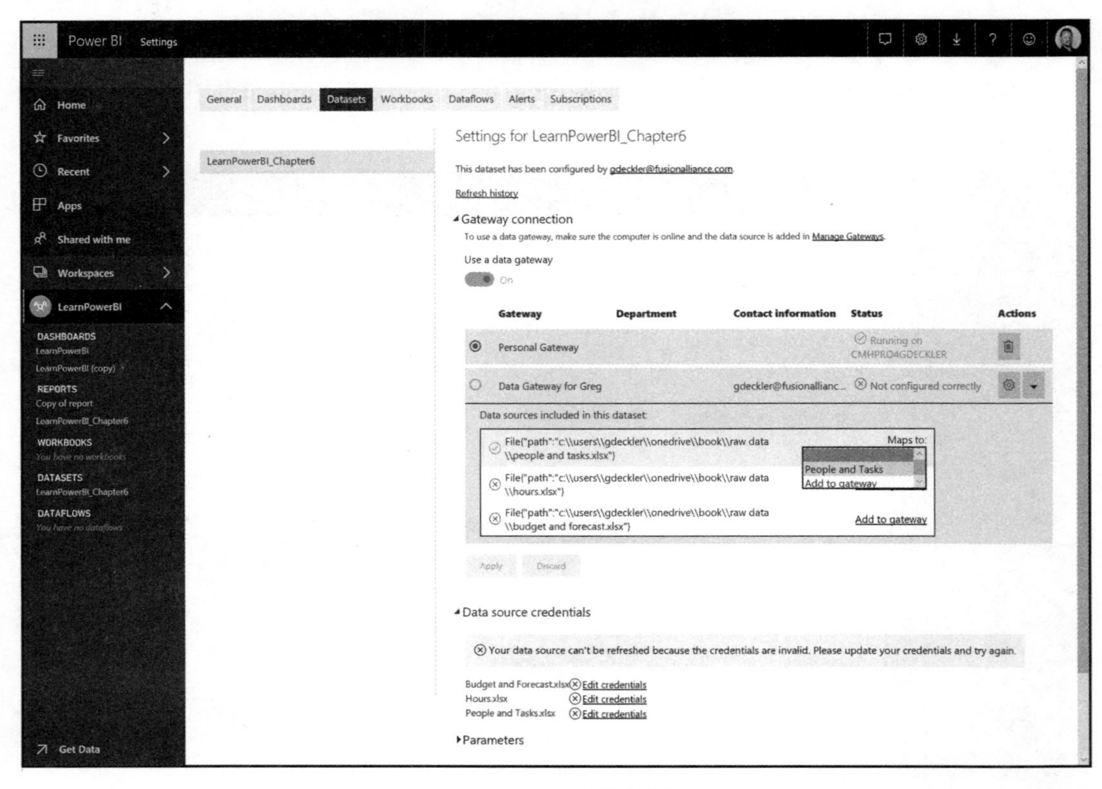

图 10.27　映射数据源

（7）Standard Mode Only：此时，第一个数据源一侧应该存在一个绿色的复选框标记，而不是一个红色的×。除此之外，此处应显示一个 Maps to 下拉列表框，而非 Add to gateway 链接。单击下拉列表框后可以看到新创建的网关数据源定义名称，在当前示例中为 People and Tasks。因而当定义网关数据源时提供良好、具有可描述性的名称十分重要。

（8）Standard Mode Only：针对额外的两个数据源，重复步骤（5）和步骤（7）。当操作结束后，标准模式网关应显示绿色文本和“Running on...”状态。除此之外，数据源应显示绿色的复选框标记，并包含一个 Maps to 下拉列表框，如图 10.28 所示。

（9）Standard Mode Only：使用 Maps to 下拉列表框将每个数据源映射至对应的网关数据源定义，随后单击 Apply 按钮。可以看到，在 Data source credentials 部分中，黄色的警告信息条幅将消失，且不再需要输入证书，其原因在于，证书已被定义为网关数据源定义的一部分内容。随后跳至步骤（11）。

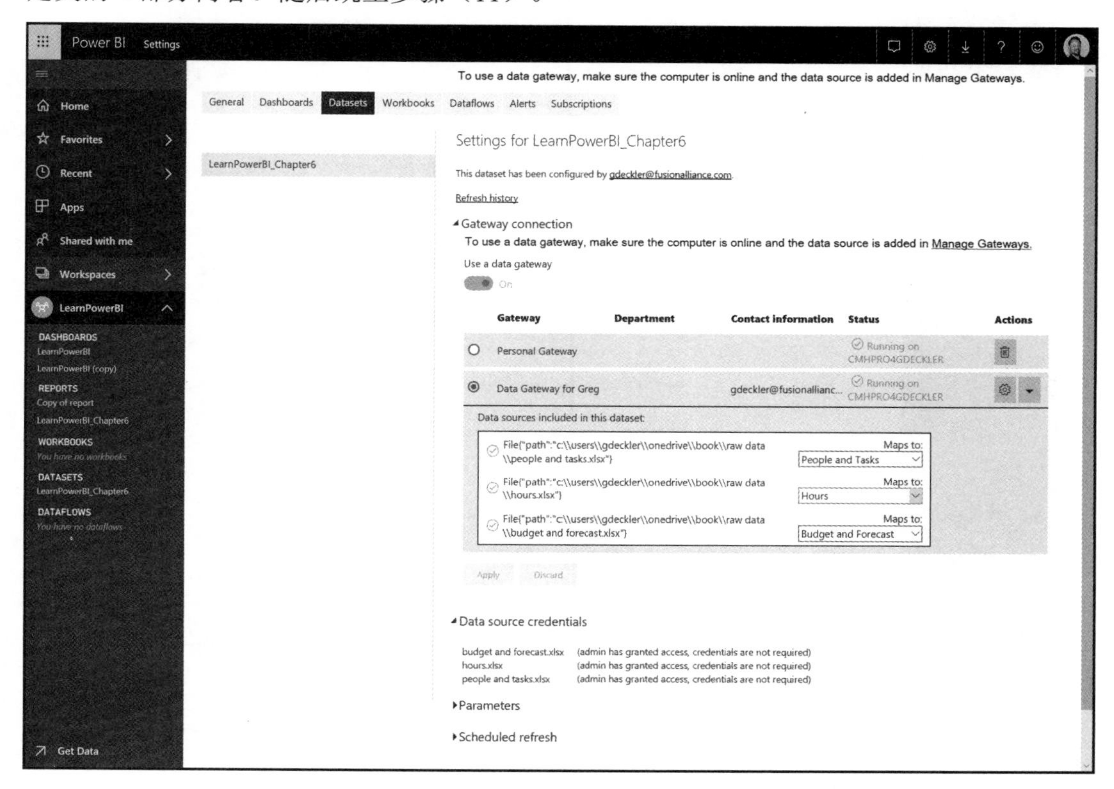

图 10.28　成功地添加和映射了数据源

（10）Personal Mode Only：当以 Personal 模式使用网关时，需要输入授权证书以用于访问 Data source credentials 部分中的数据。任何 Edit credentials 链接一侧包含 X 的数据源均需要输入证书。对此，可单击数据源一侧的 Edit credentials 链接并进行注册。接下来，针对每个数据源重复该操作。可以看到，当数据源被正确地配置后，X 图标则随之消失。一旦所有的数据源均已被正确配置，黄色的警告消息条幅就会消失，如图 10.29 所示。

（11）在配置了相应的网关和证书后，接下来将配置刷新调度。对此，展开 Scheduled refresh 部分，如图 10.30 所示。

（12）切换 Keep your data up to date 为 On，可以将 Refresh frequency 设置为 Daily 或 Weekly，也可以设置 Time zone。当采用 Daily 刷新时，单击 Time 区域下方的 Add another time 链接，如图 10.31 所示。

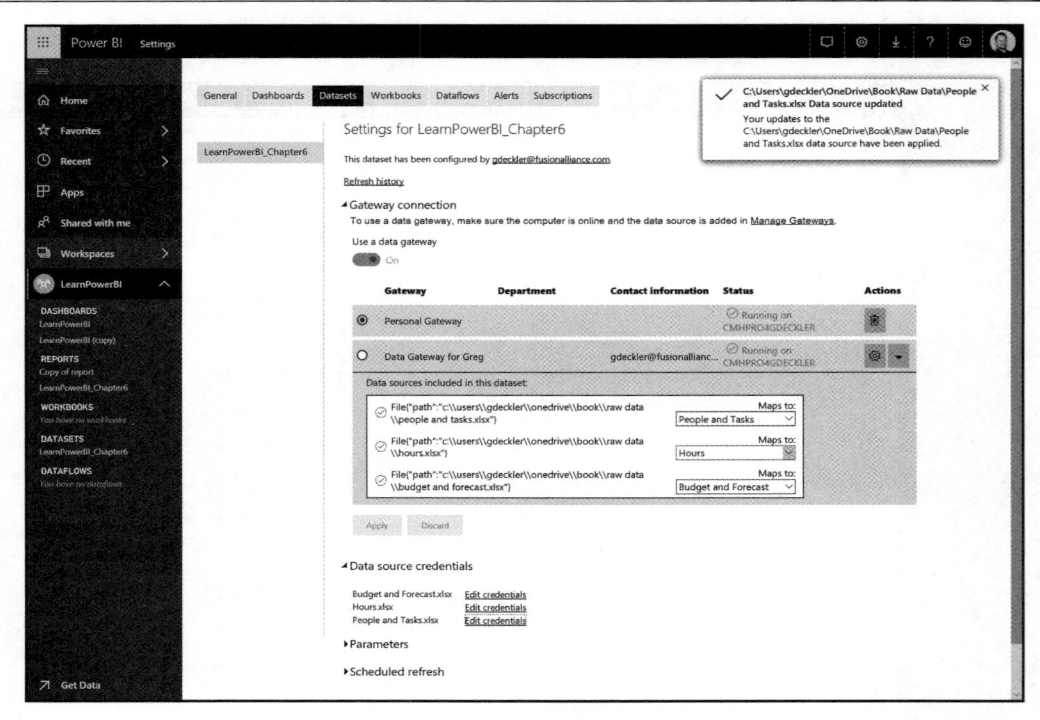

图 10.29　针对 Personal 模式网关正确地配置了证书

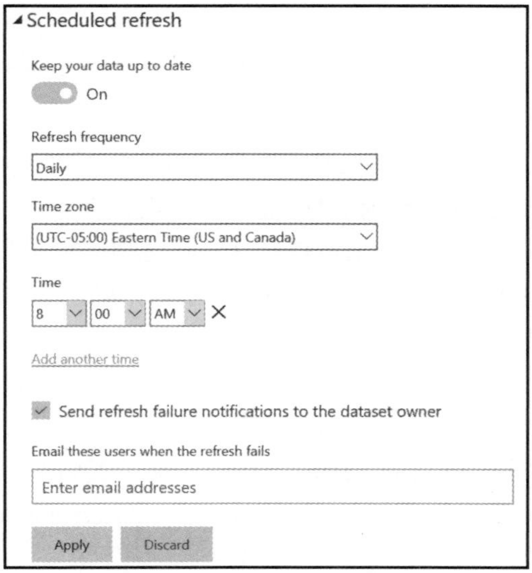

Scheduled refresh

Keep your data up to date

On

Refresh frequency

Daily

Time zone

(UTC-05:00) Eastern Time (US and Canada)

Time

8　00　AM　×

Add another time

Send refresh failure notifications to the dataset owner

Email these users when the refresh fails

Enter email addresses

Apply　Discard

图 10.30　Scheduled refresh 部分

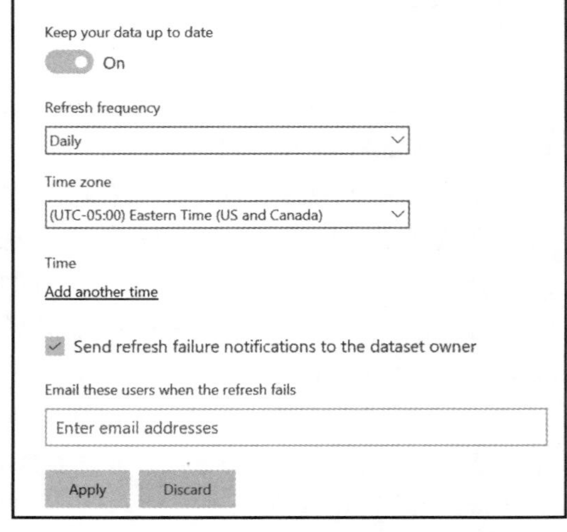

图 10.31　添加调度后的刷新时间

（13）通过下拉列表框针对刷新设置期望的 Time。通过单击 Add another time 链接，可以添加多个时间以全天候刷新的数据集。Power BI Pro 每天可配置多达 8 次定期刷新时间，而 Power BI Premium 每天则可配置多达 48 次刷新时间。

（14）在指定的刷新时间添加完毕后，输入一封电子邮件地址，如果数据刷新出现问题，则向该地址发送通知，随后单击 Apply 按钮。

10.4　本章小结

本章讨论了如何配置 Power BI 以使发布至 Power BI Service 的数据集自动处于更新状态。其间，我们学习了如何通过 Standard（Enterprise）和 Personal 模式下载、安装和配置本地数据网关。此外，本章还介绍了如何在 Power BI Service 中管理网关，以及如何配置网关中所用的数据源。最后，本章还考查了如何在 Power BI Service 中针对自动刷新调度数据集。

至此，读者已经学习了使用 Power BI 所需的所有基本技能，并打开了一扇通向全新而令人兴奋的世界的大门，即 Power BI 生态系统。

10.5　进一步思考

下列问题供读者进一步思考。

- 本地数据网关的功能是什么？
- 数据网关的两种安装模式是什么？
- 如何确保重启计算机设备后可保证数据网关自动启动？
- 当刷新数据时，哪种特性可支持冗余和负载平衡？
- 向数据网关中添加数据源的两种方法是什么？
- 数据集每天可被刷新多少次？

10.6　进一步阅读

- 安装本地数据网关：https://docs.microsoft.com/en-us/data-integration/gateway/service-gateway-install。
- 本地数据网关的含义：https://docs.microsoft.com/en-us/power-bi/service-gateway-

onprem。

- 深入理解本地数据网关：https://docs.microsoft.com/en-us/power-bi/service-gateway-onprem-indepth。
- 本地数据网关架构：https://docs.microsoft.com/en-us/data-integration/gateway/service-gateway-onprem-indepth。
- 在 Power BI 中使用个人网关：https://docs.microsoft.com/en-us/power-bi/service-gateway-personal-mode。
- Power BI 中网关的故障排除：https://docs.microsoft.com/en-us/power-bi/service-gateway-onprem-tshoot。
- 数据连接器入门：https://github.com/Microsoft/DataConnectors。
- Power BI 中的数据刷新：https://docs.microsoft.com/en-us/power-bi/refresh-data。
- 调度刷新的配置：https://docs.microsoft.com/en-us/power-bi/refresh-scheduled-refresh。